Adobe Premiere Pro CC 2018

经典教程

［英］马克西姆·亚戈（Maxim Jago）著

巩亚萍 译

人民邮电出版社

北京

图书在版编目（CIP）数据

Adobe Premiere Pro CC 2018经典教程 / （英）马克
西姆·亚戈（Maxim Jago）著；巩亚萍译. -- 北京：
人民邮电出版社，2020.7
ISBN 978-7-115-52702-8

Ⅰ．①A… Ⅱ．①马… ②巩… Ⅲ．①视频编辑软件—
教材 Ⅳ．①TP317.53

中国版本图书馆CIP数据核字(2019)第267717号

版权声明

◆ 著　　　[英] 马克西姆·亚戈（Maxim Jago）

　　译　　　巩亚萍

　　责任编辑　傅道坤

　　责任印制　王　郁　焦志炜

◆ 人民邮电出版社出版发行　北京市丰台区成寿寺路 11 号

　　邮编　100164　电子邮件　315@ptpress.com.cn

　　网址　http://www.ptpress.com.cn

　　固安县铭成印刷有限公司印刷

◆ 开本　800×1000　1/16

　　印张：29

　　字数：688 千字　　　　　　　2020 年 7 月第 1 版

　　印数：1 – 1 500 册　　　　　　2020 年 7 月河北第 1 次印刷

　　著作权合同登记号　图字：01-2017-9359 号

定价：89.90 元（附光盘）

读者服务热线：(010)81055410　印装质量热线：(010)81055316
反盗版热线：(010)81055315
广告经营许可证：京东市监广登字 20170147 号

内容提要

本书由 Adobe 公司编写，是 Adobe Premiere Pro CC 软件的官方培训手册。

本书共分为 18 课，每课都围绕着具体的示例讲解，步骤详细，重点明确，逐步指导读者进行实际操作。本书全面地介绍了 Adobe Premiere Pro CC 的操作流程，还详细介绍了 Premiere Pro CC 的新功能。书中给出了大量的提示和技巧，帮助读者更高效地使用 Premiere Pro CC。

本书各课重点突出，有利于读者掌握学习重点和学习进度。如果读者对 Premiere Pro 比较陌生，可以先了解使用 Premiere Pro 所需的基本概念和特性；如果读者是使用 Premiere Pro 的"老手"，则可以将主要精力放在新版本的技巧和技术的使用上。本书也适合与 Premiere 相关的培训班学员及广大自学人员参考。

致　谢

　　针对 Premiere Pro 这样的高级技术编写一本高效的学习材料离不开整个团队的努力。朋友、同事、电影制片人和技术专家都对本书做出了贡献。鉴于人员太多，无法一一提及，但是我要说的是：在英国我们经常开玩笑，我们不说"棒极了"，而是说"完全可以接受"。就写作本书而言，"完全可以接受"显然是不够的。对于那些通过分享、培养、关怀、显示、讲述、展示、制作和帮助等行为让世界变得更美好的人，他们的所作所为"超出了期待"。

　　本书中的所有内容都由富有经验的编辑团队进行了检查，他们纠正了拼写错误、命名错误、语法错误，消除了段落冗余和不一致问题。这支优秀的编辑队伍不仅标记出了需要修改的地方，还提出了供我选择而且我可以认可的修改，因此，从字面意义上来说，本书是许多人的功劳。我要感谢 Peachpit 和 Adobe Press 的整个团队，是他们创作了如此精美巧妙的图书。

　　在每写完一课的草稿之后，优秀且富有经验的 Victor Gavenda 都会检查所有的文字，确保本书是学习者的理想之选。卓越的媒体技术专家兼资深 Premiere Pro 专家 Jarle Leirpoll 检查了本书中所有使用到的技术。

　　本书有大量内容使用了 Rich Harrington 写作的早期版本的资料。最初的目录也是我们两人协力创作出来的，尽管我对他写作的章节进行了更新、改写和重述，但是依然有大量的内容未加修改，仍然与 Richard 的原作保持了一致。

　　最后，不要忘记 Adobe 公司。Adobe 公司优秀的员工为本书贡献了激情和热心，并且表现出了优秀的创造力，他们完全可以称得上是"最可接受的"。他们确实很棒！

——Maxim Jago

前　言

    Adobe Premiere Pro CC 是一个为视频编辑爱好者和专业人士准备的必不可少的编辑工具，它是一款具有高扩展性、高效和精确的视频编辑软件。它支持来自多家供应商和多种不同类型的摄像机的大量视频格式。Adobe Premiere Pro 能够使用户的工作更快速、更有创造力，而且无须转换媒体格式。Premiere Pro 这一整套功能强大、独一无二的工具可以使用户顺利克服在编辑、制作以及工作流程方面遇到的所有挑战，并交付满足用户要求的高质量作品。

    重要的是，Adobe 创建了一种直观、灵活、高效的用户体验，它在其多个应用程序中具有统一的设计元素，从而使得用户更容易探索和发现新的工作流程。

关于经典教程

    本书是 Adobe 图形、出版和视频创建软件系列官方培训教程之一。本书设计的出发点有利于读者按照自己的进度来学习。如果你是 Premiere Pro 的初学者，则需要学习与这款软件有关的基本概念和功能。本书还会讲解许多高级功能，包括使用这个新版本软件的提示和技巧。

    该版本的教程中包含许多动手实践环节，这些环节会用到比如色键抠像（chromakeying）、动态修剪、颜色校正、媒体管理、音频和视频效果，以及混音等功能。读者还将学习如何使用 Adobe Media Encoder 为 Web 和移动设备创建文件。Premiere Pro CC 现在可用于 Windows 和 macOS 系统。

必备知识

    在开始使用本书之前，请确保你的系统已经正确设置，并且安装了所需的软件和硬件。

    你应该具备计算机和操作系统方面的知识，而且应该知道如何使用鼠标和标准的菜单与命令，以及如何打开、保存和关闭文件。如果你需要复习一下这些技术，请参见 Windows 或 macOS 系统中包含的帮助文档。

安装 Premiere Pro CC

    你必须单独购买一个 Adobe Creative Cloud 订阅或者获得 Premiere Pro CC 的一个试用版本。关于安装该软件的系统要求和完整指南，请访问 Adobe 官方网站进行了解。你还可以通过访问 Adobe 官方网站来购买 Adobe Creative Cloud。请根据屏幕的提示操作。你可能想要安装 Adobe

Photoshop CC、Adobe After Effects CC、Audition CC、Adobe Prelude CC 和 Adobe Media Encoder CC，它们都包含在完整的 Adobe Creative Cloud 许可中。

优化性能

视频编辑工作对计算机的处理器和内存有很高的需求。一个快速的处理器和大量的内存会使你的编辑工作变得更快、更高效，这会带来更流畅和更愉悦的创作体验。

Premiere Pro 会充分利用多核处理器（CPU）和多处理器系统。处理器的速度越快，数量越多，Premiere Pro 的性能也就越好。

系统内存的最低要求是 8GB，对于超高清媒体来说，推荐使用 16GB 或更大的内存。

用户用来播放视频的存储驱动器的速度也会带来影响。建议为媒体使用一个专用的快速存储驱动器。强烈建议使用 RAID 磁盘阵列或快速固态磁盘，尤其是要处理 4K 或者更高分辨率的内容时。在同一个硬盘驱动器上存储媒体文件或程序文件时，也会给性能带来影响。如果可能的话，要将媒体文件保存在一个单独的磁盘中，这既可以提高处理速度，也可以方便管理媒体。

Premiere Pro 中的水银回放引擎（Mercury Playback Engine）可以利用计算机中的图形处理单元（GPU）的性能来提升播放性能。GPU 加速带来了显著的性能提升，而且大多数带有 1GB 以上专用内存的显卡都可以用来提升性能。

使用课程文件

本书各课中使用的源文件包括视频剪辑、音频文件、照片，以及在 Photoshop 和 Illustrator 中创建的图像文件。要完成本书中的课程，必须将本书所附光盘中的所有课程文件复制到计算机的存储驱动器中。有些课程会用到其他课程中的文件，所以在学习本书时，需要将整个课程素材都放到存储驱动器中。除了安装 Premiere Pro 所需的空间之外，还需要大约 6.5GB 的存储空间。

下面介绍如何将这些素材从光盘复制到存储驱动器上。

1. 在"我的电脑"或 Windows 资源管理器（Windows）或者 Finder（macOS）中打开本书所附光盘。

2. 右键单击名为 Lessons 的文件夹，选择复制命令。

3. 导航到用于保存 Premiere Pro 项目的文件夹，然后单击右键，选择粘贴命令。

> **Pr** 提示：如果没有专门用于存储视频文件的驱动器，那么可以将课程文件存放到计算机的桌面上，这样更容易进行查找和处理。

重新链接课程文件

课程文件中包含的 Premiere Pro 项目会有指向特定媒体文件的链接。因为用户是将这些文件复制到一个新的位置，因此在首次打开项目时，需要更新这些链接。

如果打开了一个项目，但是 Premiere Pro 无法找到链接的媒体文件，这将会打开链接媒体对话框，要求用户重新链接离线文件。如果出现这种情况，则选择一个离线的视频剪辑，然后单击查找按钮，这将出现一个浏览面板用来查找该视频剪辑。

> **Pr** **注意**：如果媒体文件最初存储在多个位置，可能需要搜索多次，重新链接项目中所有的媒体文件。

使用左侧的导航器定位到 Lessons 文件夹，然后单击搜索按钮，Premiere Pro 会在 Lessons 文件夹内找到媒体文件。要隐藏其他所有的文件，以确保更容易地选择到正确的文件，可以选择一个选项，使其仅显示名字精确匹配的文件。

最后的已知文件路径、文件名、当前选择的文件路径和文件名将显示在面板的顶部，以供参考。选择文件后，单击确定按钮。

用于重新链接其他文件的选项在默认情况下是启用的，因此一旦用户已经重新链接了一个文件，剩余的文件将会自动重新链接。有关重新定位离线媒体文件的更多信息，请参阅第 17 课。

如何使用教程

本书中的课程提供了步骤式的讲解。每一课都是独立的，但是大多数课程是建立在前面课程的基础之上的。因此，学习本书的最好方式是按照顺序从头到尾学习。

在讲解新的技巧时，本书是按照用户真实使用这些技巧的顺序来介绍的。每一课都是从获取媒体文件开始，比如视频、音频、图像，然后创建一个粗糙的序列，并添加特效、美化音频，最终导出项目。

本书还穿插了许多"注意"和"提示"信息，旨在解释特定技术或提供可选的工作流程。在学习 Premiere Pro 时，虽然并不是必须阅读这些信息或者遵从这些信息中提供的工作流程，但是这部分内容确实很有趣，也很有用，因为它们会加深用户对后期制作的理解。

在学完本书之后，读者不仅能更好地理解完整的端到端视频后期制作的工作流程，而且能够掌握自行编辑视频所需的具体技能。

资源与支持

本书由异步社区出品，社区（https://www.epubit.com/）为您提供相关资源和后续服务。

提交勘误

作者和编辑尽最大努力来确保书中内容的准确性，但难免会存在疏漏。欢迎您将发现的问题反馈给我们，帮助我们提升图书的质量。

当您发现错误时，请登录异步社区，按书名搜索，进入本书页面，单击"提交勘误"，输入勘误信息，单击"提交"按钮即可，如下图所示。本书的作者和编辑会对您提交的勘误进行审核，确认并接受后，您将获赠异步社区的 100 积分。积分可用于在异步社区兑换优惠券、样书或奖品。

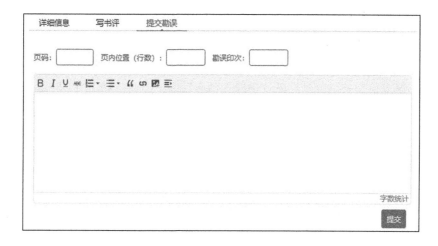

扫码关注本书

扫描下方二维码，您将会在异步社区微信服务号中看到本书信息及相关的服务提示。

与我们联系

我们的联系邮箱是 contact@epubit.com.cn。

如果您对本书有任何疑问或建议，请您发邮件给我们，并请在邮件标题中注明本书书名，以便我们更高效地做出反馈。

如果您有兴趣出版图书、录制教学视频，或者参与图书翻译、技术审校等工作，可以发邮件给我们；有意出版图书的作者也可以到异步社区在线提交投稿（直接访问 www.epubit.com/selfpublish/submission 即可）。

如果您所在的学校、培训机构或企业，想批量购买本书或异步社区出版的其他图书，也可以发邮件给我们。

如果您在网上发现有针对异步社区出品图书的各种形式的盗版行为，包括对图书全部或部分内容的非授权传播，请您将怀疑有侵权行为的链接发邮件给我们。您的这一举动是对作者权益的保护，也是我们持续为您提供有价值的内容的动力之源。

关于异步社区和异步图书

"异步社区"是人民邮电出版社旗下 IT 专业图书社区，致力于出版精品 IT 技术图书和相关学习产品，为作译者提供优质出版服务。异步社区创办于 2015 年 8 月，提供大量精品 IT 技术图书和电子书，以及高品质技术文章和视频课程。更多详情请访问异步社区官网 https://www.epubit.com。

"异步图书"是由异步社区编辑团队策划出版的精品 IT 专业图书的品牌，依托于人民邮电出版社近 30 年的计算机图书出版积累和专业编辑团队，相关图书在封面上印有异步图书的 LOGO。异步图书的出版领域包括软件开发、大数据、AI、测试、前端、网络技术等。

异步社区

微信服务号

目　录

第1课　Adobe Premiere Pro CC概述

课程概述

在本课中，你将学习以下内容：

- 执行非线性编辑；
- 探索标准的数字视频工作流；
- 使用高级功能增强工作流；
- 检查工作区；
- 自定义工作区；
- 设置键盘快捷键。

 本课大约需要 60 分钟。

在开始实际操作之前，你将对视频编辑有一个简单了解，还将了解到 Adobe Premiere Pro 如何成为后期制作工作流的中心。

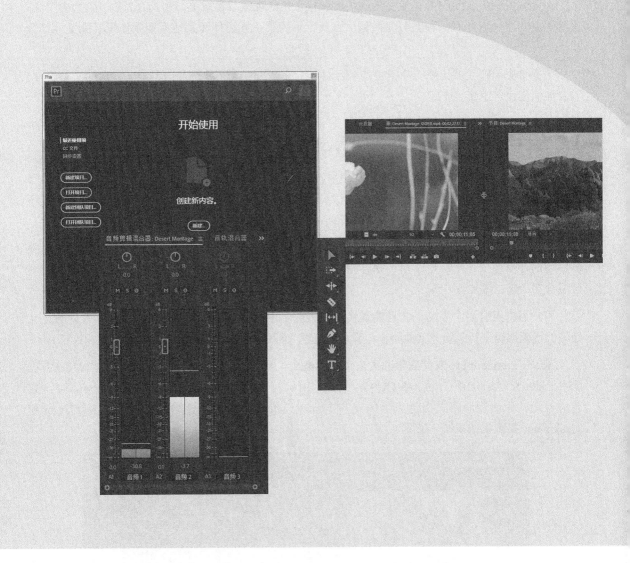

Adobe Premiere Pro 是一个支持新技术和摄像机的视频编辑系统，具有易用且强大的工具，并且这些工具几乎可以与所有视频采集源完美地结合使用。

1.1 开始

人们对高质量的视频内容有巨大的需求，而且当今的视频制作人和编辑是在一个新旧技术不断变化的环境中工作。尽管出现了这种快速的变化，但是视频编辑的目标是一样的：拍摄素材并使用原始版本加以调整，以便有效地与观众进行沟通。

Adobe Premiere Pro CC 是支持最新技术和摄像机的视频编辑系统，它具有易用且强大的工具。这些工具几乎可以与每一种类型的视频，以及大量的第三方插件和其他后期制作工具完美地结合起来。

下面首先回顾大多数编辑遵循的基本后期制作流程，然后学习 Premiere Pro 界面的主要组件，以及如何创建自定义工作区。

1.2 在 Adobe Premiere Pro 中执行非线性编辑

Adobe Premiere Pro 是一个非线性编辑系统（NLE）。与文字处理器一样，Adobe Premiere Pro 允许用户在最终编辑的视频中随意放置、替换和移动视频、音频和图像。用户无须按照特定顺序来执行编辑，并且可以随时对视频项目的任何部分进行更改。

用户可以将多个视频片段（称之为剪辑）组合起来，创建一个序列。用户可以以任意顺序编辑序列的任何部分，然后更改内容并移动视频剪辑，以改变它们在视频中的播放顺序、将视频图层混合在一起、添加特效等。

用户可以组合多个序列，并且能跳转到视频剪辑中的任意时刻，而无须快进或倒带。对正在处理的视频剪辑进行组织，就如同在计算机上组织文件那样简单。

Adobe Premiere Pro 支持磁带和无磁带媒体格式，包括 XDCAM EX、XDCAMHD 422、DPX、DVCProHD、AVCHD（包括 AVCCAM 和 NXCAM）、AVC-Intra、DSLR 视频和 Canon XF。它还对最新的原始视频格式提供原生的支持（native support），包括来自 RED、ARRI、Canon 和 Blackmagic 摄像机的视频（见图 1.1）。

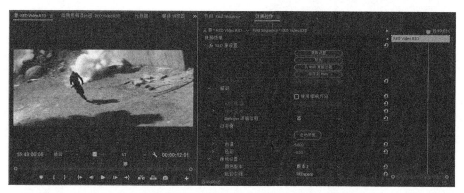

图1.1　Premiere Pro的特色是对来自RED摄像机的原始媒体提供原生的支持

Pr 注意：单词 clip（剪辑）来自于胶片编辑的时代，当时会将一段电影胶片剪下来，让它与一个胶片卷筒分离。

1.2.1 标准的数字视频工作流

在获得了编辑经验后，用户将形成自己的偏好，即以哪种顺序处理项目的不同方面。每个阶段需要某种特殊的注意力和不同的工具。此外，与其他阶段相比，一些项目在某个阶段花费的时间可能会更多。

无论是快速地跳过一些阶段，还是花几个小时（或者几天）来完善项目的某个方面，通常都会经历以下这些步骤。

1. 获取媒体。这意味着为一个项目录制原始素材或者是收集素材。

2. 将视频摄取（或从磁带捕获）到存储驱动器。对于无磁带媒体，Premiere Pro 可以直接读取媒体文件，通常也不需要进行转换。如果使用的是无磁带媒体，那么一定要将文件备份到另一个位置，原因是存储驱动器有时会毫无征兆地失效。对于基于磁带的格式，Premiere Pro（借助于适当的硬件）可以将视频转换为数字文件。

3. 组织视频剪辑。在项目中有许多视频内容可供选择。花些时间将视频剪辑放置到项目中的特殊文件夹中（名为 bins）。用户也可以添加颜色标签和其他元数据（有关剪辑的其他信息），来保持一切井然有序。

4. 创建序列。在时间轴面板中，将想要的视频部分和音频剪辑合并成一个序列。

5. 添加过渡。在剪辑之间放置特殊的过渡效果，添加视频效果，并通过在多个图层（在时间轴面板中称为轨道）上放置剪辑来创建综合的视觉效果。

6. 创建或导入字幕和图形。并如同添加视频剪辑那样将它们添加到序列中。

7. 调整音频混音。调整音频剪辑的音量，使混合后的结果恰到好处，然后在音频剪辑上使用过渡和特效来改善声音。

8. 输出。将完成后的项目导出到文件或录像带中。

Adobe Premiere Pro 以其业界领先的工具支持以上这些步骤。一个大型的由创意人士和技术人士组成的社区正在分享它们的经验，并为用户在视频编辑行业中的成长提供支持。

1.2.2 使用 Premiere Pro 增强工作流

Adobe Premiere Pro 具有方便使用的视频编辑工具。它还提供了用来处理、调整和优化项目的高级工具。

在最初的几个视频项目中，用户可能不会用到以下所有功能。但随着经验逐渐丰富并对非线性编辑越来越了解，你会想要提升你的技能。

本书将会介绍以下主题。

- **高级音频编辑**：Adobe Premiere Pro 提供了其他非线性编辑器无法比拟的音频效果和编辑功能。它可以创建和放置 5.1 环绕声音频通道，编辑取样电平，在音频剪辑或音轨上应用多种音频效果，并使用先进的插件以及第三方 VST（Virtual Studio Technology，虚拟工作室技术）插件。

- **色彩校正和分级**：用高级色彩校正滤镜（包括 Lumetri，这是一个专用的色彩校正和分级面板）校正和增强视频效果。它还可以进行二级色彩校正选择，调整独立的色彩和部分图像，以提升合成图像。

- **关键帧控制**：Premiere Pro 提供了精确的控制功能，使用户无须使用合成或运动图形应用程序，就可以微调视觉和运动效果的时间。关键帧使用标准界面设计，因此只需要在 Premiere Pro 中学习使用它们，就会了解在所有 Adobe Creative Cloud 产品中如何使用它们。

- **广泛的硬件支持**：专用的输入/输出硬件的可选择范围很大，组装系统时，可以根据用户的需要和预算进行选择。Premiere Pro 系统规范既支持用于数字视频编辑的低成本计算机，也支持可以轻松编辑 3D 立体视频、高清（HD）、4K 和 360° 视频等的高性能工作站。

- **GPU 加速**：水银回放引擎有两种运行模式，即纯软件模式和图形处理单元（GPU）加速模式。GPU 加速模式要求工作站中的显卡满足最低的规范要求。有关经过测试的显卡的列表，请访问 Adobe 官网进行查询。具有 1GB 专用显存的大多数显卡都可以胜任。

- **多机位编辑**：可以快速、轻松地编辑由多个摄像机拍摄的素材。Premiere Pro 在一个分割显示的窗口中显示多个摄像机源，用户可以通过单击相应的屏幕或者使用快捷键来选择一个摄像机视图，也可以根据剪辑音频或时间码自动同步多个摄像机角度。

- **项目管理**：通过一个对话框就可以管理媒体文件。用户可以查看、删除、移动、搜索、重组剪辑和文件夹。通过将那些真正在序列中用到的媒体复制到一个位置，以此来合并项目，然后删除未使用的媒体文件，释放硬盘空间。

- **元数据**：Premiere Pro 支持 Adobe XMP，后者将与媒体相关的额外信息存储为可被多个应用程序访问的元数据。这些信息可以用来找到剪辑或者用来沟通重要的信息，比如喜欢的照片或版权通知。

- **有创意的字幕**：使用基本图形面板可以创建字幕和图形。用户可以使用在任何合适的软件中创建的图形，此外，Adobe Photoshop 文档可以导入为拼合图像或者是单独的图层（可以有选择性地合并、组合和制作动画）。

- **高级修剪**：使用特殊的修剪工具可以对序列中剪辑的开始点和结束点进行精确调整。

Premiere Pro 提供了快速、便利的修剪快捷键和高级的屏幕（on-screen）修剪工具，可以对多个剪辑进行复杂的时序调整。

- **媒体编码**：导出序列以创建符合自己需要的视频和音频文件。使用 Adobe Media Encoder 的高级功能，并以详细的首选项为基础，可以用多种不同的格式创建已完成序列的副本。只需一个步骤就可以将媒体文件上传到设计媒体平台上。

- **用于 VR 头盔的 360° 视频**：使用一种特殊的 VR 视频显示模式来编辑和后期制作 360° 的视频素材，用户能够通过这种显示模式查看图片的特定区域，也可以通过 VR 头盔来查看视频和正在编辑中的剪辑，以获得更自然和直观的编辑体验。现在有专门用于 360° 视频的视觉特效。

1.3 扩展工作流

尽管 Premiere Pro 可以作为独立的应用程序使用，也可以与其他应用程序一起使用。Premiere Pro 是 Adobe Creative Cloud 的一部分，这意味着用户可以访问其他许多专用工具，比如 After Effects、Audition 和 Prelude。了解这些软件组件如何协同工作，可以提高效率，并给用户带来更大的创作自由度。

1.3.1 将其他组件纳入编辑工作流中

虽然 Adobe Premiere Pro 是一个多功能的视频和音频后期制作工具，但它仅是 Adobe Creative Cloud 的其中一个组件。Adobe Creative Cloud 是 Adobe 完整的印刷、网络和视频环境，它包含可以完成以下工作的视频软件：

- 创建高端的 3D 运动效果；
- 生成复杂的文本动画；
- 制作带图层的图形；
- 创建矢量作品；
- 制作音频；
- 管理媒体。

要将这些功能中的一个或多个纳入到生产中，可以使用 Adobe Creative Cloud 的其他组件。该软件集具有制作高级、专业的视频作品所需的所有工具。

下面简要地介绍其他组件。

- **Adobe After Effects CC**：非常受运动图像、动画和视觉特效艺术家欢迎的工具。

- **Adobe Photoshop CC**：行业标准的图像编辑和图形创作产品。它可以处理照片、视频和

3D 对象，以便为项目做好准备。

- **Adobe Audition CC**：一款功能强大的工具，可以进行音频编辑、音频清理和美化、音乐创作和调整、多轨混音等工作。

- **Adobe Illustrator CC**：用于印刷、视频和 Web 的专业的矢量图形创作软件。

- **Adobe Dynamic Link CC**：一个跨产品间的连接，使用户能够实时处理在 After Effects、Audition 和 Premiere Pro 之间共享的媒体、合成图像和序列。

- **Adobe Prelude CC**：一个工具，可以摄取、转码和添加元数据、标记和标签到基于文件的素材。然后创建直接与 Premiere Pro 共享或与其他 NLE 共享的粗剪（rough cut）。

- **Adobe Media Encoder CC**：一个工具，允许用户对文件进行处理，以便直接为 Premiere Pro 和 Adobe After Effects 的任意屏幕生成内容。

1.3.2　Adobe Creative Cloud 视频工作流

Premiere Pro 和 Creative Cloud 工作流会随着创作的需要而变化。下面是一些场景。

- 使用 Photoshop CC 对来自数码摄像机、扫描仪或视频剪辑的静态图像和分层图像进行润色并应用特效，然后在 Premiere Pro 中将它们用作媒体。

- 使用 Prelude 导入和管理大量媒体文件，添加有价值的元数据、临时注释和标签。根据 Adobe Prelude 中的剪辑和子剪辑创建序列，并将它们发送给 Premiere Pro，以继续进行编辑。

- 将 Premiere Pro Timeline 中的剪辑直接发送到 Adobe Audition，以完成专业的音频清理和美化。

- 将一个完整的 Premiere Pro 序列发送到 Adobe Audition，以完成专业的音频混合。Premiere Pro 可基于序列创建一个 Adobe Audition 会话；这个会话能包含视频，因此可以基于行为（action）编排和调整音频水平。

- 使用 Dynamic Link，在 After Effects 中打开 Premiere Pro 视频剪辑。应用特效、添加动画，然后添加视觉元素；然后在 Premiere Pro 中查看结果。可以在 Premiere Pro 中播放 After Effects 合成图像，而无须预先导出它们。

- 使用 After Effects 创建包含高级文本动画的合成图像，比如一个打开或关闭的字幕序列。然后结合 Dynamic Link 在 Premiere Pro 中使用这些合成图像。在 After Effects 中进行的调整会立即出现在 Premiere Pro 中。

- 借助于内置的预设和特效、集成的社交媒体的支持，使用 Adobe Media Encoder 将视频项目以多种分辨率和编解码器导出，以便在网站、社交媒体上显示，或用于归档。

本书主要介绍只涉及 Premiere Pro 的标准工作流。但是，本书还将解释如何在自己的工作流中使用 Adobe Creative Cloud 组件，以创建出更好的效果。

1.4 Premiere Pro 界面概述

首先了解编辑界面会很有用，这样在后续课程中与编辑界面打交道时，可以认出里面的工具。为了能更简单地配置用户界面，Adobe Premiere Pro 提供了工作区（workspace）。工作区可以在屏幕上快速配置各种面板和工具，这样有助于完成特定的行为，比如编辑、应用特效或混合音频。

首先，大致了解一下编辑工作区。在本练习中，你将使用本书配套光盘中提供的 Premiere Pro 项目。

1. 确保已将光盘中的所有课程文件夹及其内容复制到硬盘中。

2. 启动 Premiere Pro，如图 1.2 所示。

第一次启动 Premiere Pro 时，将看到一个欢迎屏幕，屏幕上的链接指向有助于读者入门 Premiere Pro 的在线培训视频。

图1.2　你看到的第一个屏幕提供了培训相关的链接

如果单击跳过按钮，则会看到开始屏幕，如图 1.3 所示。

如果之前曾经打开过 Premiere Pro 项目，将会在开始屏幕的中间显示一个列表。

在开始屏幕的顶部，将看到 Work 和 Learn。尽管这两个单词看起来像是浮动在屏幕上，但它们实际上是可以单击的按钮。

单击开始屏幕顶部的 Learn 按钮，可以看到一些有用教程的链接。

单击开始屏幕顶部的 Work 按钮，返回主要的选项，如图 1.4 所示。

Premiere Pro 项目文件包含了项目中的所有创造性决策、可访问所选媒体文件的链接（也称为剪辑）、合并剪辑后形成的序列、特效设置等内容。Premiere Pro 项目文件的扩展名为 .prproj。

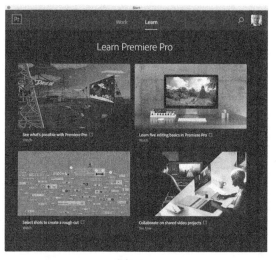

图1.3 "开始"屏幕给出了入门的简洁指导　　　　　　　　　　图1.4

注意：所有 Premiere Pro 项目文件的扩展名都是 .proproj。

当在 Premiere Pro 中工作时，用户可能会对项目文件进行调整。比如，用户需要创建一个新的项目文件，或者打开一个现有的文件，才能使用 Premiere Pro。

这就是为什么在"开始"屏幕中显著的功能是 4 个排成一列的椭圆形按钮。为了快速进入一个项目，可单击下面的按钮。

- 新建项目：创建一个新的空项目文件。可以对一个 Premiere Pro 项目文件进行命名，但是最好选择便于日后识别的名字（也就是说，不要使用 New Project 这样的名字）。

- 打开项目：通过浏览存储驱动器中的项目文件，打开一个现有的项目。

- 新建团队项目或打开团队项目：将使用 Premiere Pro 的一个新功能，该功能允许多人处理同一个项目。团队项目不在本书的讲解范围之内。

注意：如果 Premiere Pro 没有成功打开一个项目，请尝试将 Playback Renderer（播放渲染器）修改为一个不同的设置。为此，在"开始"屏幕中单击新建项目按钮，然后在视频渲染与播放 - 渲染器菜单中选择一个选项。如果有一个 AMD 的显卡，选择 OpenCL GPU 加速，可能会有更好的性能；如果有一个 NVIDIA 显卡，则可能需要选择 CUDA。当单击确定按钮创建新项目时，Premiere Pro 就会为打开的新项目或已有项目使用 GPU 加速设置。

如果在"开始"屏幕中单击下面的这些按钮，则会在屏幕中间显示现有的项目列表。

- 最近使用项：显示最近存储在本地的项目。

- CC 文件：列出存储在 Creative Cloud Files 文件夹中并和 Creative Cloud 同步过的项目。

- 同步设置：不会打开项目，但是允许用户在多台计算机上同步用户首选项。

3. 单击打开项目按钮。

4. 在"文件导航"对话框中，导航到 Lessons 文件夹中的 Lesson 01 文件夹，然后双击 Lesson 01.prproj 项目文件，打开第 1 课，如图 1.5 所示。

在打开一个现有的项目文件后，系统可能会弹出一个对话框，询问某个媒体文件的保存位置。当原始媒体文件的存放位置与使用的文件不同时，会发生这种情况。用户需要告诉 Premiere Pro 此文件的位置。

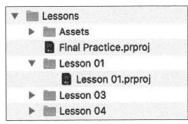

图1.5

在提示用户打开文件的对话框中，导航到 Lessons/Assets 文件夹，选择所描述的文件。Adobe Premiere Pro 会将该位置当作其他文件的位置，并自动打开这些文件。

> **Pr** 注意：最好将所有的课程素材都从 DVD 复制到计算机的存储驱动器上，并在学完本书之前保留它们的路径不变，因为有些课程会引用前面课程中的素材。

1.4.1 使用工作区

工作区是面板的预设排列，之所以这样组织面板，是为了能更加容易地进行特定的任务。例如，有用来进行编辑的工作区，有用来处理音频的工作区，还有用来进行颜色校正的工作区。

尽管可以通过 Windows 菜单访问每一个面板，但是通过工作区可以更快速地访问多个面板，这只需要一个步骤就可以实现，而且这些面板都按照需求精确布置。

在开始使用该软件之前，通过选择屏幕顶部工作区面板中的编辑工作区选项，确保使用的是默认的编辑工作区。

然后，重置编辑工作区，单击靠近工作区面板上编辑选项附近的小面板菜单图标（ ▤ ），然后选择重置为已保存的布局。

如果工作区面板是不可见的，可选择窗口 > 工作区 > 编辑。然后通过选择窗口 > 工作区 > 重置为已保存的布局，重置编辑工作区，如图 1.6 所示。

注意，各个工作区的名字在工作区面板中显示为可以单击的单词。可以将这些单词当成按钮，这是一种很优雅的设计，

图1.6

在 Premiere Pro 中的许多地方都很常见。

如果用户之前没有接触过非线性编辑工具，则可能会觉得默认的编辑工作区上有许多按钮和菜单。了解这些按钮的作用之后，事情就变得简单多了。这样的界面布局旨在简化视频编辑，这样一来，用户可以立即访问到常用的控件。

工作区内的每一个项目都显示在它自己的面板中，而且多个面板可以被合并在一个框架中，每个面板的名字显示在框架顶部，如图 1.7 所示。

图1.7

在将多个面板合并时，可能无法看到面板所有的名字。此时，则会显示一个额外的面板菜单。单击该菜单，可以访问框架中的隐藏面板，如图 1.8 所示。

通过在窗口菜单中进行选择，可显示任何面板。如果无法找到一个面板，只需要在这个菜单中查找。

主要元素如图 1.9 所示。

主要的用户界面元素如下所示。

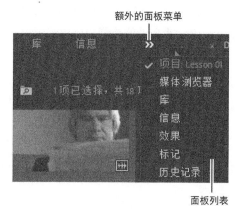

图1.8

- **项目面板**：在这里组织到 bin 中媒体文件（称之为剪辑）、序列和图像的链接。bin 与文件夹类似，可以将一个 bin 放到另外一个 bin 中，以便对媒体素材进行高级管理。

- **时间轴面板**：大部分的编辑工作在这里完成。用户将在时间轴面板中查看并处理序列（这是一个术语，是指一起进行编辑的视频片段）。序列的一个优点是可以嵌套它们（将一个序列放置到另一个序列中）。用这种方法，我们可以将一个作品拆分为可管理的小块，或者创建独特的特效。

- **轨道**：可以在无限数量的轨道上分层（或合成）视频剪辑、图像、图形和字幕。在时间轴上，位于顶部视频轨道上的视频和图形剪辑会覆盖其下面的任何内容。因此，如果想显示位于较低轨道上的剪辑，需要为较高轨道上的剪辑设置透明度，或者缩小其尺寸。

- **监视器面板**：使用源监视器（位于左侧）来查看和选择部分剪辑（用户的原始素材）。要在源监视器中查看剪辑，请在项目面板中双击该剪辑。节目监视器（位于右侧）用来查看用户的当前序列（显示在时间轴面板中）。

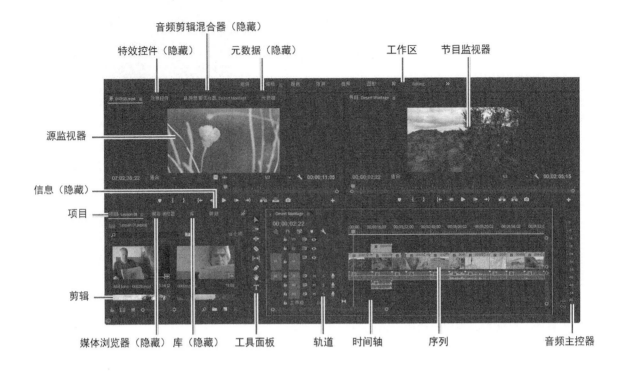

音频剪辑混合器（隐藏）
特效控件（隐藏）　　元数据（隐藏）　　　　　　　　工作区　　节目监视器

源监视器

信息（隐藏）

项目

剪辑

媒体浏览器（隐藏）　库（隐藏）　工具面板　　轨道　时间轴　　序列　　　　音频主控器

图1.9

- **媒体浏览器**：该面板允许用户浏览硬盘以查找媒体。它特别适用于查找基于文件的摄像机媒体文件和 RAW 文件。

- **库**：该面板可以用来访问添加到存储驱动器中 Creative Cloud Files 文件夹中的文件，以自定义 Lumetri 颜色外观，以及出于协作目的而共享库。这个面板充当 Adobe Stock 服务的浏览器和商店。

- **效果面板**：该面板（见图 1.10）包含将在序列中使用的效果，包括视频滤镜、音频效果和过渡。效果按类型分组，这样可以方便寻找。而且面板顶部还有一个搜索框，可以快速找到一个效果。在应用效果后，这些效果的控件将显示在效果控件面板中。

- **音频剪辑混合器**：该面板（见图 1.11）看起来很像一

图1.10　Effects（效果）面板

台用于音频制作的工作室硬件设备，它带有音量滑块和平移控件。在时间轴上每个音轨都有一套控件。用户做出的调整会应用到音频剪辑中。还有一个音轨混合器用来将音频调整应用到轨道（而非剪辑）中。

- **效果控件面板**：该面板（见图 1.12）显示应用到一个剪辑上的任意效果的控件，这个剪辑既可以在序列中选择，也可以在源监控器中打开。如果在时间轴面板中选择了一个视频剪辑，运动、不透明度和时间重映射控件都将是可用的。大多数效果参数都可以随时间进行调整。

- **工具面板**：该面板（见图 1.13）中的每个图标都可以访问在时间轴面板中执行一个特定功能的工具。选取工具与上下文相关，这表示它根据用户点击的地方改变其功能。如果发现鼠标未像预期一样工作，可能是因为用户选择了错误的工具。

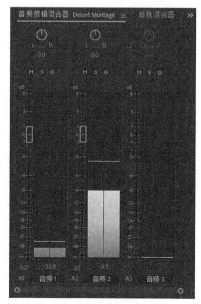

图1.11　音频剪辑混合器面板

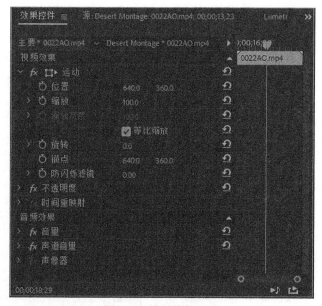

图1.12　效果控件面板

图1.13　工具面板

有些工具带有小三角形图标，表示这是一个附加工具菜单，单击并按住其中一个工具，将看到工具菜单。

- **信息面板**：该面板显示项目面板中所选素材或序列中所选剪辑或过渡的信息。

- **历史记录面板**：该面板会跟踪执行的步骤并可轻松备份。它是一种可视的撤销列表。如果选择前一个步骤，则在该步骤之后的所有操作步骤也将被撤销。

每一个面板的名字显示在面板的顶部。在显示一个面板时，面板的名字带有下划线，靠近面板名的地方会出现一个面板菜单，它包含与该面板相关的选项。

1.4.2　自定义工作区

除了在默认工作区之间进行选择之外，还可以调整面板的位置以创建最适合自己的工作区。用户也可以针对不同的任务创建多个工作区。

- 当更改一个框架的尺寸时，其他框架的尺寸会随之发生相应的调整。

- 框架中的所有面板都可以通过单击其名字来访问。

- 所有面板都可停靠，可以将面板从一个框架拖放到另一个框架。

- 可以将一个面板从原来的框架中拖出，使它成为一个单独的浮动面板。

在本练习中，我们会尝试所有这些功能，并保存一个自定义工作区。

1. 单击源监视器面板（如果需要，可选择其名字），然后将鼠标指针定位到源监视器和节目显示器之间的垂直分隔条上。当放到正确的位置时，鼠标指针将变成一个双箭头（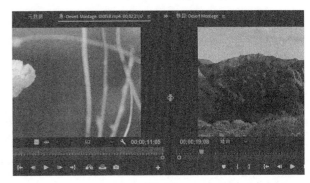）。左右拖动鼠标以更改这些框架的尺寸，如图1.14所示。用户可以选择不同的尺寸来显示视频。

2. 将指针定位到节目显示器和时间轴之间的水平分隔条上。当放到正确的位置时，鼠标指针将发生变化。再上下拖动鼠标改变这些框架的尺寸。

图1.14

3. 单击效果面板的名字（在面板的顶部），将它拖到源监视器的中间，将效果面板定位到该框架中，如图 1.15 所示。记住，如果不能看到效果面板，可以在 Window 菜单中选择它。

图1.15   拖曳区域显示为中心高亮的区域

4. 单击效果面板顶部的名字，将面板拖曳到靠近项目面板右侧的位置，将它放置到自己的框架内。

在释放鼠标按钮之前，拖曳区域是一个梯形，它覆盖了项目面板的右半部分。释放鼠标按钮，这时工作区应该有一个只包含效果面板的新框架。

用户还可以将面板拖出来形成浮动面板。

5. 单击源监视器面板的名字，在将它拖出框架的同时按住 Ctrl（Windows）或 Command（macOS）键，如图 1.16 所示。

6. 将源监视器随便拖到一个位置，创建浮动面板。用户可以通过拖动面板的一个角或者一条边来调整面板的大小。

随着经验的增加，也许用户想要创建和保存自己的面板布局，以作为自定义的工作区。为此，可选择窗口 > 工作区 > 另存为新工作区，输入名字，然后单击确定按钮。

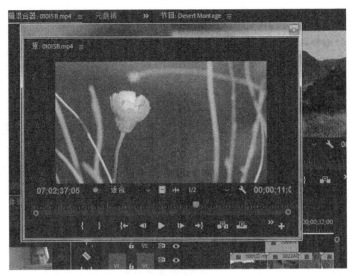

图1.16

如果想使一个工作区恢复为其默认布局，可选择窗口 > 工作区 > 重置为保存的布局。

7. 要返回到一个可识别的起点，请选择预设的编辑工作区并重置它。

> **Pr** | **注意**：用户可以调整项目面板中的字体大小，其方法是单击面板菜单，选择字体大小，然后从子菜单中选择小、默认、大或 Extra Large。

1.4.3 首选项简介

编辑的视频越多，就越想自定义 Premiere Pro 来满足自己的具体要求。Premiere Pro 有几种类型的设置。例如，可以通过单击面板名附近的菜单按钮来访问的面板菜单，这个菜单带有与各自面板相关的选项。序列中各自的剪辑也有一些通过右键单击的方式来访问的设置。

值得注意的是，显示在每个面板顶部的面板名，通常称为面板选项卡。用户可以使用面板的这个位置来移动面板，这很像一个可以用来抓住面板的手柄。

还有应用程序首选项，为了便于访问，这些首选项都被分组到一个面板中。本书将详细介绍首选项，因为它们与本书各课内容都相关。我们来看一个简单的例子。

1. 在 Windows 下，选择编辑 > 首选项 > 外观，而在 macOS 下，则选择 Premiere Pro> 首选项 > 外观。

2. 向右移动亮度滑块，以适合用户的需求，如图 1.17 所示。

默认亮度是深灰色，可以帮助用户正确地查看颜色（人类对色彩的感知容易受到周围颜色的影响）。有多种附加选项可以控制界面亮度。

3. 体验交互式控件和焦点指示器亮度滑块。屏幕上显示的示例具有很微妙的差异，但是通过调整这些滑块可以给用户的编辑体验带来很大的不同。

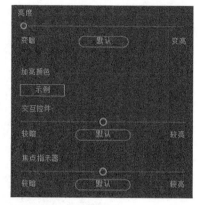

4. 在结束之后，单击这三个设置的默认按钮，将其都设置为默认。

5. 单击左侧的首选项名字，切换到自动保存首选项。

试想工作时突然断电，如果没有保存的话，你将丢失大量的工作。通过自动保存对话框，你可以决定多久让 Premiere Pro 自动保存你的项目副本一次，以及你想要总计保存多少个版本。

图1.17

相较于媒体文件，项目文件要小一些，因此增加项目版本的数量并不会影响系统性能。

你还将注意到，有一个选项可以将一个备份项目保存到 Creative Cloud，如图 1.18 所示。

这个选项会在 Creative Cloud Files 文件夹中添加一个项目文件的备份。如果用户在工作期间遇到系统故障，可以使用 Adobe ID 登录任何 Premiere Pro 编辑系统，访问备份的项目文件，并迅速恢复工作。

6. 单击取消按钮，关闭首选项对话框，不保存任何修改。

图1.18

1.5 键盘快捷键

Premiere Pro 使用了大量的键盘快捷键。相较于鼠标操作，键盘快捷键通常更迅速而且更方便。许多键盘快捷键通常在非线性编辑系统中是共享的。例如，空格键可以开始和停止播放——这甚至在有些网站上也会奏效。

有些标准的键盘快捷键来自于传统的胶片电影编辑。比如，I 和 O 键，用来在素材和序列中设置 In 和 Out 标记。这些用来指示所需片段的起点和终点的标记，最初是直接画在电影胶片上的。

其他的键盘快捷键尽管可用，但是无法进行配置。这在设置你的键盘时，带来了灵活性。

选择编辑 > 键盘快捷键命令（Windows）或 Premiere Pro CC > 键盘快捷键（macOS），出现如图 1.19 所示的界面。

看到这么多可用的键盘快捷键可能很让人崩溃，但是在学完本书之后，你将识别出这里列出的大多数快捷键。

图1.19

有些专用的键盘带有印刷在自身上的快捷键和彩色编码键。这使得用户更容易记住常用的快捷键。

试着按 Ctrl（Windows）或者 Command（macOS）键，出现如图 1.20 所示的界面。

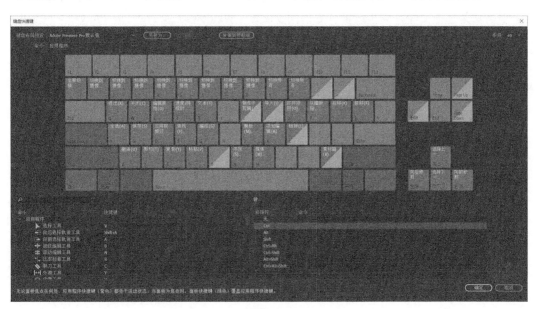

图1.20

键盘快捷键的显示会发生更新，以显示将快捷键与修饰键进行组合后的结果。可以注意到，在使用修饰键时，有很多键并没有被分配快捷键。

尝试组合 Shift + Alt（Windows）或 Shift + Option（macOS）在内的修饰键。用户可以使用任何修饰键的组合来设置键盘快捷键。

如果按下了一个快捷键，或者按下快捷键和修饰键的组合，将显示快捷键的信息。

这个窗口左侧底部的列表包含了用户可以指派给一个键的所有选项。在用户发现了打算指派给一个键的选项时，将它从列表中拖动到这个窗口上面的键上即可。

要移除一个快捷键，单击它，然后选择清除命令。

有些键盘快捷键是某些面板特有的，可以通过单击命令菜单进行查看。

现在，单击取消按钮。

1.5.1 移动、备份和同步用户设置

用户首选项包含许多重要的选项。在大多数情况下，默认设置工作得很好，但是用户很有可能想要进行一些调整。例如，用户可能更希望界面比默认值亮一些。

Premiere Pro 包含了可以在多台机器之间共享用户首选项的选项：在安装 Premiere Pro 时，需要输入 Adobe ID 来确认软件许可。你可以使用同一个 ID 将用户首选项存储到 Creative Cloud 中，以便从任何 Premiere Pro 安装中同步和更新它们。

用户可以在"开始"界面中选择同步设置来同步首选项，也可以在使用 Premiere Pro 时同步首选项。其方法是选择文件 > 同步设置 > 立即同步设置（Windows）或 Premiere Pro CC > 同步设置 > 立即同步设置（macOS）。

现在，关闭 Premiere Pro，方法是选择文件 > 退出（Windows），或者选择 Premiere Pro CC > 退出 Premiere Pro（macOS）。

如果出现一个对话框，询问是否保存所做的更改，请单击不保存按钮。

1.6 复习题

1. 为什么 Premiere Pro 被视为非线性编辑工具？

2. 描述基本的视频编辑工作流。

3. 媒体浏览器的作用是什么？

4. 可以保存自定义的工作区吗？

5. 源监视器和节目监视器的用途是什么？

6. 如何将一个面板拖动为浮动面板？

1.7 复习题答案

1. Premiere Pro 允许用户将视频剪辑、音频剪辑和图形放置到序列中的任何位置；重新排列序列中已有的项目；添加过渡；应用效果，以及以适合自己的任何顺序执行大量其他的视频编辑步骤。

2. 拍摄视频；将视频传输到计算机上；在时间轴上创建视频、音频和静态图像剪辑序列；添加效果和过渡；添加文本和图形；混合音频，以及导出完成的作品。

3. 媒体浏览器允许用户在无需打开外部浏览器的情况下浏览并导入媒体文件。处理基于文件的摄像机素材时，它特别有用。

4. 是的，可以保存任何自定义的工作区，方法是选择窗口 > 工作区 > 保存为新工作区命令。

5. 可以使用监视器面板来查看原始剪辑和序列。在源监视器中可以查看和修剪原始素材，而使用节目监视器可以在构建时查看时间轴序列。

6. 按住 Ctrl（Windows）或 Command（macOS）键，同时使用鼠标拖动面板选项卡（面板的名字）。

第2课 设置项目

课程概述

在本课中，你将学习以下内容：

- 选择项目设置；
- 选择视频渲染和播放设置；
- 选择视频和音频显示设置；
- 创建暂存盘；
- 使用序列预设；
- 自定义序列设置。

本课大约需要 1 小时。

开始编辑之前，需要创建一个新项目并为第一个序列选择一些设置。如果不熟悉视频和音频技术，则可能会发现所有选项有些令人崩溃。幸运的是，Adobe Premiere Pro CC 提供了简单的快捷键。此外，无论是在创建视频还是音频，视频和音频的再现原则是一样的。

问题是要知道自己想做什么。为了帮助用户计划和管理项目，本课包含很多有关格式和视频技术的信息，方便用户逐渐熟悉 Premiere Pro 和非线性视频编辑。

实际上，在创建一个新项目时，我们可能不会修改默认设置，但是了解所有选项的含义终归是有帮助的。

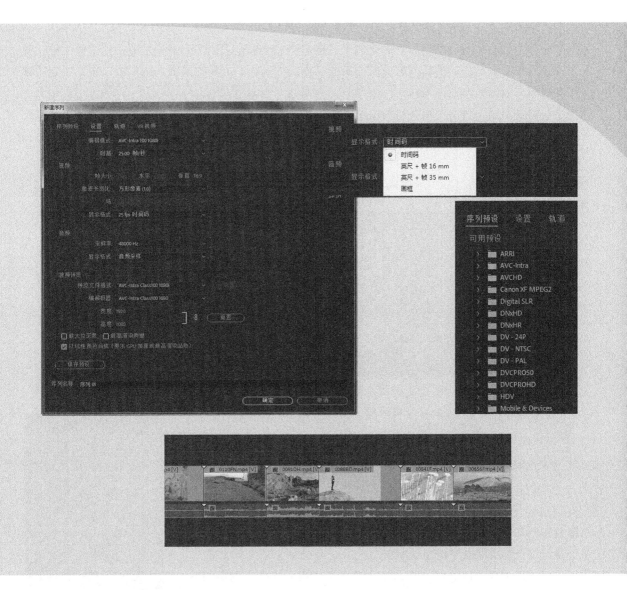

本课将介绍如何创建一个新项目并选择一些序列设置，来控制 Premiere Pro 如何播放视频和音频剪辑。

2.1 开始

Adobe Premiere Pro 项目文件保存已经导入的所有视频、图形和声音文件的链接。每一个项目作为剪辑显示在项目面板中。名字"剪辑"最初描述的是分段的电影胶片（成段的胶片被剪下来，以便与胶片卷筒相分离），但是现在这个术语指的是项目中的任何素材，而不管这些素材是哪种媒体类型。例如，一个音频剪辑或者一个图像序列剪辑。

在项目面板中显示的剪辑看起来似乎是媒体文件，但是它们实际上只是链接到这些文件。要重点理解项目面板中的剪辑与剪辑所链接的媒体文件是两个分开的事物。用户可以在不影响后续其他剪辑的情况下，删除其中一个剪辑。

在处理一个项目时，将至少创建一个序列（即一系列相继播放的剪辑，而且带有特殊的效果、字幕和声音，以形成最终的创意工作）。在进行编辑时，还要选择要使用剪辑的哪些部分，以及它们的播放顺序。

使用 Premiere Pro 进行非线性编辑的好处是，可以随时随地对任何地方进行修改（见图 2.1）。

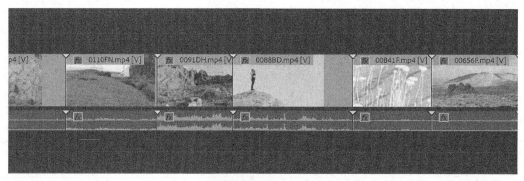

图2.1　序列包含一系列相继播放的剪辑

Premiere Pro 项目文件的文件扩展名为 .prproj。

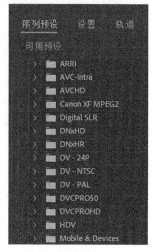

用户可以很容易地开始一个新项目。用户可以创建一个新项目文件，导入媒体，选择一个序列预设，然后开始编辑。

在创建序列时，需要选择播放设置（比如帧速率和帧尺寸），并在序列中添加多个剪辑。要重点理解序列设置如何修改 Premiere Pro 播放视频和音频剪辑的方式。要加速编辑，可以使用一个序列预设来选择设置，然后根据需要进行调整。

用户需要知道摄像机录制的视频和音频的类型，因为序列设置通常基于最初的源素材。大多数 Premiere Pro 序列预设是以摄像机命名的。如果用户知道拍摄素材所用的摄像机，以及录制时采用的特定视频格式，也就知道要选择哪个序列预设了，如图 2.2 所示。

图2.2

在本课中，我们将学习如何创建一个新项目，并选择用来控制 Premiere Pro 如何播放剪辑的序列预设，还将学习不同种类的音轨以及什么是预览文件。

2.2 创建一个项目

我们首先创建一个新项目。

1. 启动 Premiere Pro，出现如图 2.3 所示的"开始"屏幕。

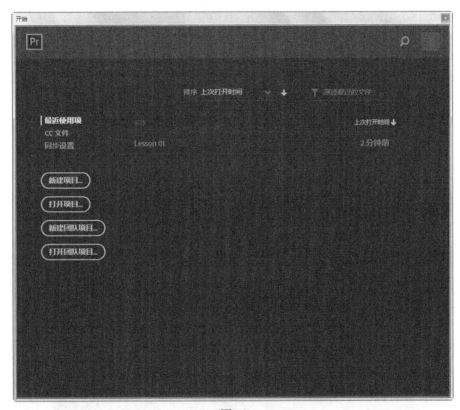

图2.3

名称标题列出之前打开的项目列表，可以在该标题下看到 Lesson 01。

在该窗口中还有其他几个选项。

- **最近使用项**：显示最近打开的存储在本地的项目文件（这是默认选项）。

- **CC 文件**：显示最近打开的存储在 Creative Cloud Files 文件夹中的项目文件。这些文件与其他任何项目文件一样，但是除了存储在本地之外，它们还将自动存储到云上。

- **新建项目**：单击该链接，将打开新建项目对话框。

- **打开项目**：单击该链接，将浏览和打开一个已有的 Premiere Pro 项目文件。

- **新建团队项目**：如果用户有一个 Creative Cloud for Teams 许可，则可以通过该选项创建动态共享的 Premiere Pro 项目。

- **打开团队项目**：如果能够访问 Creative Cloud for Teams 项目，则可以单击该选项打开这个项目。

- **放大镜图标**：位于"开始"屏幕顶部右侧的放大镜图标可以打开一个搜索选项，显示来自在线帮助系统的信息。需要连接到 Internet 才能访问 Adobe Premiere Pro 帮助文档。

- **用户图标**：靠近放大镜图标，能够显示 Adobe ID 照片的缩略图。如果用户刚刚注册了，这可能是一个通用的缩略图。单击该图标可以在线管理用户的账户。

- **Search Adobe Stock**：Adobe Stock 服务可以访问库存照片、视频和动画图形模板。用户可以在"开始"屏幕的底部搜索相关素材。

2. 单击新建项目按钮，打开新建项目对话框，如图 2.4 所示。

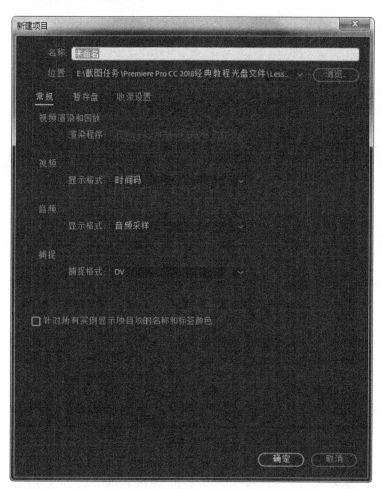

图2.4

该对话框有 3 个选项卡: 常规、暂存盘和收录设置, 它们位于新项目名称和存放位置的下面。这个对话框中的所有设置稍后都可以更改。在大多数情况下, 用户可以保持默认设置。下面让我们来看一下它们的含义。

2.2.1 视频渲染和播放设置

当创造性地处理序列中的视频剪辑时, 很可能要应用一些视觉效果。一些特效可能会立即起作用, 单击播放按钮时会立刻将原始视频与效果组合起来并显示结果。这种情况被称为实时播放。

实时播放是可取的, 因为这意味着用户可以立刻看到创意选项的结果。

如果用户在一个剪辑上使用了很多效果, 或者使用的效果不是用于实时播放的, 则计算机可能无法以全帧速率显示结果。也就是说, Premiere Pro 会试图显示视频剪辑及特效, 但不会显示每一个帧。当发生这种情况时, 称为丢帧。

如果还需要额外的工作才能播放视频, Premiere Pro 会沿着时间轴顶部显示的彩色进度条来通知用户。黄线或者没有线时, 表示 Premiere Pro 能够在不丢帧的情况下播放, 红线表示在播放序列时, Premiere Pro 可能丢帧了, 如图 2.5 所示。

> **Pr** **注意**: 时间轴面板顶部的红线不一定表示会丢帧。它只是表示视觉调整没有被加速, 因此在性能稍弱的计算机上很有可能发生丢帧的情况。

在播放序列时, 如果无法看到每一帧, 也不必担心。这不会影响最终的结果。在完成编辑并输出最终的序列时, 这个序列依然带有所有的帧, 而且是全质量的 (更多信息, 请见第 18 课)。

实时播放能够对用户的编辑经验和预览应用效果的能力产生影响。如果发生了丢帧的情况, 则有一种简单的解决方案: 预览渲染。

通过在序列菜单中选择一个渲染选项, 可以在一个序列中渲染效果, 如图 2.6 所示。

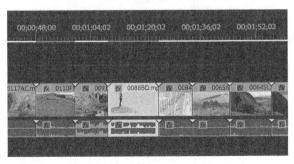

图2.5

图2.6 许多菜单选项在右侧显示键盘快捷键。在本例中, 是Enter(Windows)或Return键(macOS)

渲染和实时的意思是什么

可以将渲染视为艺术家的渲染，其中一些内容是可视的，需要占用纸张并花费时间进行绘制。假设有一段很暗的视频，用户添加了一个特效来使视频变亮，但是视频编辑系统无法同时播放原始视频并使视频变得更亮。在这种情况下，系统会渲染效果，创建一个新的临时视频文件，该文件看起来是原始视频和视觉特效的组合，可以使视频变得更亮。

当播放编辑的序列时，被渲染的部分显示新渲染的视频文件而不是原始的剪辑。这个过程是不可见而且是无缝的。在这个例子中，渲染后的文件会像原始的视频文件那样播放，但是会更亮。

当播放完序列中具有变亮剪辑的部分后，系统会以不可见且无缝的方式切换回去，播放其他的原始视频文件。

渲染的一个缺点是会占用额外的硬盘空间并且需要一定的时间。此外，因为用户正在查看基于原始媒体的新视频文件，而该文件可能会损失一些质量。渲染的优点是用户能确信系统将以全质量（包含每秒的所有帧）来播放结果。如果是将结果输出到磁带中，这可能会很重要；如果是将结果输出到文件中，就没有那么重要了。

相较而言，实时播放就是立刻播放！使用实时特效时，系统会立刻播放带有特效的原始视频剪辑，无需等待渲染。实时性能的唯一缺点是无需渲染，即可做的事情取决于系统的性能。例如，特效越多，播放时要做的工作也就越多。对于Premiere Pro，使用合适的显卡可以明显地改进实时性能（请参见"水银回放引擎"）。此外，用户需要使用针对GPU加速设计的效果，但并不是所有效果都是针对GPU加速而设计的。

渲染时，Premiere Pro 会以高质量、全帧速率的方式播放用户的特效结果，与播放一个普通的视频文件相比，计算机无需进行额外的工作。

在新建项目对话框中，如果渲染器菜单可用，这表示计算机中正确安装了图形硬件，而且它满足 GPU 加速的最低要求。

这个菜单有两个主要的选项。

- **水银回放引擎 GPU 加速**：如果选择该选项，Premiere Pro 将向计算机的图形硬件发送许多播放任务，这可以提供许多实时效果，并可以轻松播放序列中的混合格式。具体情形取决于用户的图形硬件，用户可能会看到一个使用 OpenCL、CUDA 或 Metal 进行 GPU 加速的选项。

- **水银回放引擎软件渲染模式**：这在播放性能中仍然是一个重大的进步。它可以使用计算机的所用可用能力，获得出色的性能。如果系统没有适用于 GPU 加速的图形硬件，则只有此选项可用，并且不可以单击此菜单。

如果可以，用户肯定会选择 GPU 加速，并从额外的性能中受益。如果在使用 GPU 加速时遇到性能问题或稳定性问题，则在此菜单中选择"仅软件"选项。

如果 GPU 选项可用，现在就选择该选项。

水银回放引擎

水银回放引擎显著提升了播放性能，使执行下列操作变得更快速且更简单：处理多种视频格式、多个特效和多个视频图层（比如画中画效果）。

水银回放引擎包含3个主要功能。

- **播放性能**：Premire Pro在播放视频文件时具有极高的效率，尤其是在处理一些很难播放的视频类型时，比如H.264、H.265或AVCHD。例如，如果使用数码单反相机进行拍摄，很可能媒体是使用H.264编解码器录制的。有了水银回放引擎，就可以轻松播放这些文件。
- **64位和多线程**：Premiere Pro是一个64位应用程序，这意味着它可以使用计算机上的所有RAM。当处理高清或超高清视频时（4K或更高），这非常有用。水银回放引擎也是多线程的，这意味着可以使用计算机的所有CPU核心。计算机的功能越强大，Premiere Pro的性能就会越好。
- **CUDA、OpenCL、Apple Metal和Intel显卡支持**：如果有足够强大的图形硬件，Premiere Pro可以将一些播放视频的工作委托给显卡，而不是由计算机的CPU承担全部处理工作。其结果是，在处理序列时可以获得更好的性能和响应能力，并且可以实时播放许多特效，而且不会丢帧。

2.2.2 设置视频和音频的显示格式

在新建项目对话框常规选项卡中，接下来的两个选项设置了 Premiere Pro 如何测量视频和音频剪辑的时间。

在大多数情况下，会选择默认选项：从视频显示格式菜单中选择时间码；从音频显示格式菜单中选择采样。这些设置不会改变 Premiere Pro 播放视频或音频剪辑的方式，只改变测量时间的方式。

1. 视频显示格式菜单

视频显示格式有 4 个选项，如图 2.7 所示。指定项目的正确选项很大程度上取决于是使用视频还是胶片作为源素材。用胶片制作内容的情况很少见，所以如果不确定的话，就选择时间码。

图2.7

选项如下所示。

- **时间码**：这是默认选项。时间码是一个对视频的时、分、秒和各个帧进计数的通用标准。世界各地的摄像机、专业录像机和非线性编辑系统使用同样的系统。

- **Feet + Frames 16mm（英尺 + 帧 16 毫米）或 Feet + Frames 35mm（英尺 + 帧 35 毫米）**：如果源文件来自胶片并且由胶卷显影室进行编辑决策，以便他们可以将原始负片剪辑成完整的电影，那么可能需要使用这种标准方法来测量时间。该系统不是以秒和帧的形式来测量时间，而是统计每英尺的帧数量外加最后一英尺以后的帧数。这有点像英尺和英寸的关系，但是使用的是帧而不是英寸。由于 16 毫米胶片和 35 毫米胶片具有不同的帧大小（和不同的每英尺帧数），因此会为每种胶片提供了一个选项。

- **Frames（帧）**：此选项仅统计视频的帧数。它有时用于动画项目，并且胶卷显影室也会使用这种方式来接收关于胶片项目编辑的信息。

对于此练习，将视频显示格式设置为时间码。

 注意：Adobe Premiere Pro 中的许多术语来自于电影编辑，包括术语素材箱。在传统的电影编辑中，电影编辑人员会将胶片剪辑悬挂在素材箱上方的钩子上，而且一长片电影胶片拖在素材箱中，保证其安全性。

2. 音频显示格式菜单

对于音频文件，时间可以显示为采样或毫秒，如图 2.8 所示。

图2.8

- **音频采样**：在录制数字音频时，会捕捉一些声音样本，使用麦克风捕捉时，可以每秒捕捉数千次声音。在大多数专业摄像机中，通常为每秒 48000 次。在播放剪辑和序列时，Premiere Pro 提供了一些选项，可以以时、分、秒和帧的方式来显示时间，也可以以时、分、秒和采样的方式来显示时间。

- **毫秒**：选择此模式时，Premiere Pro 将以时、分、秒和毫秒显示序列的时间。

默认情况下，Premiere Pro 允许放大时间轴以查看各个帧。然而，用户可以轻松地切换到音频显示格式。这个强大的功能使用户能够对音频进行最细微的调整。

对于本项目，将音频显示格式选项设置为音频采样。

关于秒和帧

当摄像机拍摄视频时，会捕捉一系列运动的静态图像。如果每秒捕捉的图像足够多，那么在播放时看起来就像连续运动的视频。每个图像就是一帧，而每秒的帧数通常被称为帧速率（fps）。

帧速率（fps）取决于摄像机/视频格式和设置。它可以是任意数字，包括 23.976、24、25、29.97、50或59.94。大多数摄像机支持在多种帧速率和多种帧大小之间进行选择。重要的是，在录制视频时要知道选择哪个帧速率。

2.2.3 捕捉格式设置

常见的一种情况是将视频录制为文件，以便能够立即进行处理。然而，有时用户可能需要从录像带进行视频捕捉。

捕捉格式菜单告诉 Premiere Pro 将视频捕捉到硬盘时，要使用哪种录像带格式。

1. 从 DV 和 HDV 摄像机捕捉

Premiere Pro 可以使用计算机上的 FireWire 连接（如果有的话）从 DV 和 HDV 摄像机录制视频。FireWire 也称为 IEEE 1394 和 i.Link。

2. 从第三方硬件捕捉

并非所有的视频平台（deck）都使用 FireWire 连接，因此可能需要安装额外的第三方硬件，才能够连接视频平台以便进行捕捉。

如果有额外的硬件，则应该按照制造商提供的说明来安装硬件。最有可能的情况是，安装与硬件一同提供的软件，这样做会发现计算机已经安装了 Premiere Pro，并自动将额外的选项添加到此菜单或其他菜单。

按照第三方设备提供的说明来配置新 Premiere Pro 项目。

现在请忽略此设置，因为在本练习中不会从磁带机中捕捉。在后续需要时，可以随时更改此设置。

Pr **注意**：水银回放引擎可以与视频输入/输出硬件共享性能以进行播放，这多亏了名为 Adobe Mercury Transmit 的功能。

2.2.4　显示项目项的名称和标签颜色

在新建项目对话框底部有一个复选框（见图 2.9），可以显示所有实例的项目项名称和标签颜色。

☐ 针对所有实例显示项目项的名称和标签颜色

图2.9

在启用该选项的情况下，当修改了剪辑的颜色或剪辑的名称时，在项目中任何位置使用的剪辑的所有副本，将自动进行更新。如果没有选中该选项，则只有选中的剪辑副本会发生改变。

现在不要选中该复选框。

2.2.5　设置暂存盘

只要 Premiere Pro 从磁带捕捉（录制）视频、渲染特效、保存项目文件的备份副本、从 Adobe Stock 下载内容，或者导入动画图形模板，就会在硬盘上创建新文件，如图 2.10 所示。

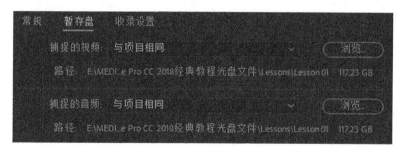

图2.10

暂存盘是这些文件的存储位置。顾名思义，暂存盘既可以是物理上分离的磁盘，也可以是存储器上的任何文件夹。用户可以在同一个位置或者不同的位置创建暂存盘，这取决于硬件和工作流的需要。如果用户正在处理非常大的媒体文件，那么将所有暂存盘放在物理分离的硬盘上，有助于提升性能。

通常有两种存储方法用于视频编辑。

- **基于项目的设置**：所有相关的媒体文件与项目文件保存在同一个文件夹中（这是暂存盘的默认选项，也是最容易管理的）。

- **基于系统的设置**：与多个项目相关的媒体文件保存到一个集中的位置（可能是高速的网络存储），而将项目文件保存到另一个位置。这可能包括将不同类型的媒体文件存放到不同的位置。

为了针对特定的数据类型更改暂存盘的位置，可以从靠近数据类型的菜单中选择一个位置，如下所示。

- 文档：在系统用户账户的 Documents 文件夹中存储暂存盘。

- 和项目相同的位置：将项目文件与暂存盘存放到同一位置，这是默认选项。

- 自定义：如果你单击了浏览按钮，并为暂存盘选择了一个特定的位置，则会自动选择该选项。

在每一个暂存盘位置菜单下面，有一个文件路径显示了当前的设置。

暂存盘可以存放到本地硬盘或者基于网络的存储系统，只要用户的计算机能够访问就可以。然而，暂存盘的速度会对性能有很大的影响，所以要尽可能选择快速的存储。

1. 使用基于项目的设置

默认情况下，Premiere Pro 会将新创建的媒体文件与项目文件保存在一起（即与项目相同位置选项）。以这种方式将所有内容存放在一起，可以轻松地查找相关文件。

如果在导入媒体文件之前，先将其移动到相同的文件夹中，这可以使媒体文件更有条理一些。完成项目后，通过删除保存项目文件的文件夹，可以删除系统上与此项目相关的一切内容。

但是，这也有不利的一面：将媒体文件与项目文件存放在同一个硬盘上时，在编辑期间，硬盘的工作负载更大，而这可能会对播放性能造成影响。

2. 使用基于系统的设置

一些编辑喜欢将所有媒体保存在一个单独的位置，而另一些编辑会选择将他们的捕获文件夹和预览文件夹存放到与项目不同的位置。多个编辑共享多个编辑系统，而且所有编辑系统都链接到同一个硬盘是一种常见的选择。编辑人员有用于视频媒体的快速硬盘，而针对其他内容则使用较慢的硬盘也是一种常见的选择。

该设置也有不利的一面：一旦结束编辑，用户很可能想将所有内容收集起来进行归档。如果用户的媒体文件分布在多个存储位置，在归档时速度会比较慢，而且会很复杂。

典型的硬盘设置和基于网络的存储

尽管所有文件类型可以在一个硬盘中共存，但是典型的编辑系统有两个硬盘：硬盘1专门用于操作系统和程序，而硬盘2（通常是速度更快的硬盘）专门用于素材项目，包括捕捉的视频和音频、视频和音频预览、静态图像和导出的媒体。

一些存储系统使用本地计算机网络在多个系统之间共享存储。如果是这种情况，请联系系统管理员，以确保你采用的是正确的设置。

3. 设置项目自动保存位置

除了选择创建新媒体文件的位置外，Premiere Pro还允许用户设置一个位置，来存储自动保存的文件。这些自动保存的文件是在用户工作时，自动创建的项目文件的备份副本。在Scratch Disks选项卡的项目自动保存菜单中选择一个位置，如图2.11所示。

图2.11

存储驱动器有时会失效，因此可能会丢失存放于其上的文件，而且不会有任何警告消息。事实上，任何计算机工程师都会告诉你，如果只有文件的一个副本，就不可能一劳永逸。因此，将项目自动保存位置设置到一个物理分离的磁盘是一个好主意，可以以防万一。

除了将自动保存的文件存储到用户选择的位置之外，Premiere Pro会在Creative Cloud Files文件夹中存储项目文件的一个备份。该文件夹在安装Adobe Creative Cloud时会自动创建。它允许用户在任何位置访问文件，只要安装了Creative Cloud，并且进行了登录。

通过选择编辑 > 首选项 > 自动保存（Windows）或Premiere Pro CC > 首选项 > 自动保存（macOS），就可以使用这个有用的额外安全保障。

4. CC库下载

用户可以使用Creative Cloud Files文件夹来存储额外的媒体文件，而且也可以通过任何系统来访问这些文件。项目协作人员可以使用Creative Cloud Files文件夹共享素材。例如，可以将logo或图形元素集成在序列中。

使用Premiere Pro中的库面板可以访问这些文件，而且当使用这种方式在项目中添加素材项时，Premiere Pro会在用户的CC库下载菜单中选择的暂存盘位置，创建素材项的一个副本。

5. 运动图形模板媒体菜单

Premiere Pro可以导入并显示由After Effects或Premiere Pro创建的运动图形模板和字幕。在导入运动图形模板时，该模板的一个副本将存储在从运动模板菜单中选择的位置。

对于本项目，建议将暂存盘设置为默认的选项：和项目相同的位置。

2.2.6 选择收录设置

大多数编辑将向项目中添加媒体描述为导入（import）。然而，这个过程也可以描述为收录（ingest）。这两个词经常会交互使用，但是相较于"导入"，"收录"的含义更为广泛。

在将一个媒体文件导入到 Premiere Pro 项目中时，将会生成一个指向原始媒体文件的链接，并准备将这个链接包含到序列中。

取决于场景，在收录设置选项卡中选择收录复选框，可能意味着导入的媒体文件也被复制到一个新位置，或者被转换为一个新的格式，如图 2.12 所示。

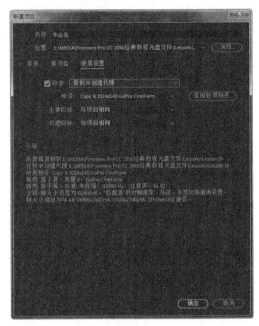

图2.12

选择收录复选框时，可以从菜单中选择如下选项，对媒体文件进行操作。

- **复制**：将媒体文件复制到一个新的存储位置。

- **转码**：将媒体文件转换为一种新的编解码器和 / 或格式。

- **创建代理**：将媒体文件转换为低分辨率的媒体文件，以方便性能较低的计算机能够轻松播放，同时占用的存储空间也会较少。

第 3 课将讲解这些设置。这些设置可以随时进行修改，所以现在先不选中收录复选框（见图 2.13）。

图2.13

现在已经确认这些设置对本项目来说是合适的，接下来完成它们的创建工作。

1. 单击名称文本框，将新项目命名为 First Project。

2. 单击浏览按钮，浏览 Lessons/Lesson 02 文件夹，如图 2.14 所示。单击选择按钮建立新文件夹，并将其作为新项目的存储位置。

3. 如果项目设置正确，则新建项目窗口中的常规区域看起来应该与图 2.14 中的类似。如果这些设置相同，单击确定按钮，创建项目文件。

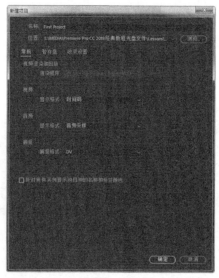

图2.14

2.3 设置序列

在 Premiere Pro 中，用户可能想要创建一个或多个序列，并在其中放置视频剪辑、音频剪辑和图形。如果有必要，Premiere Pro 会自动改变添加到序列中的视频和音频剪辑，以便它们匹配序列的设置。例如，帧速率和帧大小，在播放期间可以进行转换，以匹配用户为序列选择的设置。这称为相符性（conforming）。

项目中的每一个序列可以有不同的设置，而且用户可以选择尽可能精确匹配原始媒体的设置，以便在播放期间将相符性降至最低。这样，系统在播放剪辑时必须做的工作会减少，从而提升实时性能，并最大程度地提高质量。

如果在编辑一个混合格式的项目，可能需要选择由哪个媒体来匹配序列设置。可以轻松混合格式，但是当序列设置相匹配时，播放性能也显著提升。

如果添加到序列中的第一个剪辑不匹配序列的播放设置，Premiere Pro 会询问用户是否愿意自动更改序列设置，以进行匹配，如图 2.15 所示。

图2.15 如果第一个剪辑与序列不匹配，Premiere Pro会询问用户应该怎么做

2.3.1　创建自动匹配源媒体的序列

如果不确定应选择哪种序列设置，也不要担心。Premiere Pro 可以基于媒体创建一个序列。

项目面板底部有一个新建项目菜单（）。可以使用此菜单创建新项目，比如序列、字幕和素材箱。

要自动创建与媒体相匹配的序列，在项目面板中将任意剪辑拖放到新建项目菜单上。这会创建一个与剪辑名称相同的新序列，而且具有匹配的帧大小和帧速率。

使用该方法，可以确信序列设置能够与媒体一起工作。如果时间轴面板是空的，可以将剪辑拖放到该面板上，创建一个具有匹配设置的序列。

2.3.2　选择正确的预设

如果知道所需的设置，则可以准确地配置序列。如果不确定，则可以使用一个预设。

单击项目面板底部的新建项目菜单，并选择序列选项。

新建序列对话框有 4 个选项卡：序列预设、设置、轨道和 VR 视频，如图 2.16 所示。

图2.16

序列预设选项卡使设置新序列变得更简单。选择预设时，Premiere Pro 为新序列应用最匹配特定视频和音频格式的设置。选择了预设后，用户可以在设置选项卡中调整这些设置（如果有必要）。

在这里将发现大量的预设配置选项（见图 2.17），它们用于最常使用和支持的媒体类型。这些设置是根据摄像机格式来组织的（具体设置位于一个文件夹中，而该文件夹以录制格式命名）。

可以单击提示三角形来查看组中的具体格式。这些设置通常围绕帧速率和帧大小进行设计。我们来看一个示例。

图2.17

1. 单击组 Digital SLR 旁边的提示三角形，如图 2.18 所示。

现在可以看到 3 个子文件夹，它们根据帧大小分组。记住，摄像机通常使用不同的帧大小以及不同的帧速率和编解码器来录制视频。

2. 单击 1080p 子组旁边的提示三角形，如图 2.19 所示。

图2.18

图2.19

3. 选择 DSLR 1080p30 预设（单击其名字即可）。

格式和编解码器

视频和音频文件具有特定的格式，即帧速率、帧大小、音频采样速率等。

Apple QuickTime、Microsoft AVI和MXF之类的视频文件，是携带多种不同视频和音频编解码器的容器。

编解码器是压缩器/解压缩器的简称。它是视频和音频信息的存储和回放方式。

媒体文件被称为包装器（wrapper），而媒体文件中的视频和音频有时被称为本质特征（essence）。

如果将完成的序列输出为文件，用户需要为其选择一种格式、文件类型和编解码器。

开始视频编辑时，可能会发现可用的格式太多了。Premiere Pro 可以处理非常多的视频 / 音频格式和编解码器，并且通常可以顺利地播放不匹配的格式。

但是，当 Adobe Premiere Pro 因序列设置不匹配而不得不调整视频以进行播放时，编辑系统必须要做更多的工作才能播放视频，这会影响实时性能。开始编辑之前，有必要花时间确保序列设置与原始媒体文件相匹配。

重要要素始终是相同的：每秒的帧数量、帧大小（图像中的像素数量）以及音频格式。如果在将序列转换为媒体文件时没有应用转换，那么帧速率、音频格式和帧大小等内容应与创建序列时所选择的设置相匹配。

当输出到一个文件时，可以将序列转换为想要的任何格式（有关导出的更多信息，请参见第 18 课）。

> **Pr** 注意：序列预设选项卡中的预设描述区域通常描述了以这种格式捕获媒体的摄像机类型。

2.3.3　自定义序列预设

一旦选择了最匹配源视频的序列预设后，你可能想要调整设置以满足特定的交付需求或者内部工作流。

可以通过选择新建序列对话框中的设置选项卡来访问详细的设置，如图 2.20 所示。记住，Premiere Pro 会自动使添加到时间轴中的素材与序列设置相匹配，这提供了标准的帧速率和帧大小，而不管原始剪辑格式是什么。

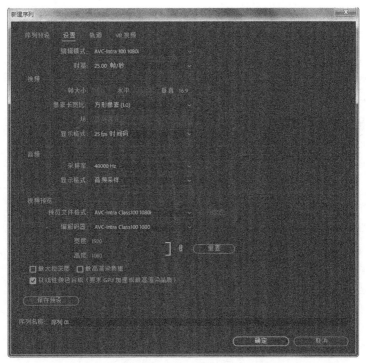

图2.20　设置选项卡可以精确控制序列的配置

> **Pr** 提示：现在，先不管这些设置，但是要检查预设配置新序列的方式。自上而下地查看每个设置，以了解配置一个序列所需的选项。

创建序列预设

　　尽管标准的预设通常都可以工作，但是你可能需要创建自定义预设。为此，首先选择一个与媒体匹配的预设，然后在新建序列对话框的设置选项卡中做出一些自定义的选择。在调整了预设之后，可以单击设置选项卡底部的保存预设按钮，保存自定义预设，供后续使用。

　　用户可以在保存预设对话框中为自定义的项目设置预设命名，添加注释（如果你愿意），然后单击确定按钮。预设将出现在序列预设下面的自定义文件夹中。

如果你的媒体匹配其中一种预设，则没有必要在更改设置。事实上，通常建议你使用默认设置。

用户会注意到，在使用预设时一些设置无法更改。这是因为它们针对你在预设选项卡中所选的媒体类型进行了优化。为了获得完全的灵活性，将编辑模式菜单更改为自定义，则能够更改所有可用的选项。

最大位深和最高渲染质量设置

　　在使用GPU加速（一个专用的图形硬件，用来执行一些视觉效果渲染和播放）进行编辑时，将会用到一些高级算法，并使用32位颜色来渲染效果。

　　如果没有使用GPU加速，则可以启用Maximum Bit Depth（最大位深）选项，Premiere Pro能够以可能的最佳质量来渲染效果。对于许多效果，这意味着32位浮点颜色，支持数万亿的颜色组合。这是效果所能获得的最佳质量，但是需要计算机执行更多的工作，因此实时性能可能会降低。

　　如果启用最高渲染质量选项，或者如果在项目设置中启用了GPU加速，则Premiere Pro将使用更高级的系统来缩放图像。如果没有此选项，那么在缩小图像时可能会看到少量的人为痕迹或噪点。如果没有GPU加速，那么该选项将影响播放性能和文件导出。

　　用户可以随时打开或关闭这两个选项，因此可以在编辑时关闭这些选项，以便使性能最大化，而在输出完成作品时打开这些选项。即使同时打开这两个选项，也可以使用实时效果并获得良好的Premiere Pro性能。

2.3.4　理解音频轨道类型

在将视频或音频剪辑添加到序列中时，是将它们放到轨道上。轨道是时间轴面板中的水平区域，能够将剪辑存放在特定的位置。如果有多个视频轨道，则放置在顶部轨道上的任何视频剪辑将出现在底部轨道上剪辑的前面。因此，如果第二个视频轨道上有文本或图形，而第一个视频轨道（在第二个轨道下面）上有视频剪辑，则会先看到图形，然后再看到视频。

新建序列对话框中的轨道选项卡允许用户为新序列预先选择轨道类型。

所有音频轨道会同时播放，以创建一个完整的音频混合。要创建一个音频混合，只需将音频剪辑放在不同的轨道上，按照时间进行排列。可以将叙述、言论摘要、声音效果和音乐放在不同轨道上进行组织。也可以重命名轨道，从而更容易在复杂的序列中进行精确查找。

Premiere Pro 可以在创建序列时指定要包含的视频和音频轨道的数量，如图 2.21 所示。后续可以轻松添加和删除轨道，但是无法更改声音母带设置。现在选择 Stereo。

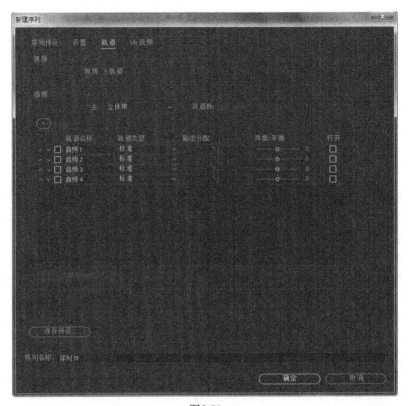

图2.21

> **Pr** | **注意**：声音母带设置可以配置序列，使其将音频输出为立体声、5.1、多声道或单声道。

可以从多种音频轨道类型中进行选择。每个轨道类型都是为音频的特定类型而设计的。当选择一种特定的轨道类型时，Premiere Pro 提供了正确的控件来调整声音（基于声道的数量）。例如，立体声剪辑需要的控件与 5.1 环绕立体声剪辑的控件不同。

在 Premiere Pro 中，可用的音频轨道的类型如下所示（见图 2.22）。

- **立体声**：这些轨道用于单声道和立体声音频剪辑。

- **5.1**：这些轨道用于具有 5.1 音频的音频剪辑（环绕立体声格式）。

- **多声道**：自适应轨道用于单声道和立体声音频，供用户精确控制每一个音频通道的输出路径。例如，可以将轨道音频通道 3 输出到通道 5 的混音中。该工作流用于多语种的广播电视，在播放多语种的广播电视时，需要精确控制音频通道。

图2.22

- **单声道**：该轨道类型只接受单声道音频剪辑。

为具有视频和音频的序列添加剪辑时，Premiere Pro 确保音频通道位于正确的轨道。用户不会意外地将音频剪辑放到错误的轨道上；如果没有正确的轨道类型，则 Premiere Pro 将自动创建一个。

第 11 课将详细介绍音频相关的知识。

VR视频

Premiere Pro对360°视频（通常称之为VR视频）提供了杰出的支持。VR视频使用了多台摄像机或者多个非常宽的镜头来捕捉视频图像，这些视频图像可以通过VR头盔来观看，从而创建了一种身临其境的体验。

在新建序列对话框的VR视频区域，可以指定捕获的视角，以便Premiere Pro能精确显示图像。

Premiere Pro中提供了专用的显示模式以及特殊的VR视频显示效果。

对于该序列来说，将使用默认设置。先花些时间来熟悉这些选项，然后执行如下操作。

1. 单击序列名称文本框并将序列命名为 First Sequence。

2. 单击确定按钮以创建序列。

3. 选择文件 > 保存命令。

恭喜你！你已经使用 Premiere Pro 创建了一个新项目和序列。

如果还没有将媒体和项目文件复制到计算机，请在学习第 3 课前完成此操作（可以在本书的"前言"中文件复制的相关指示）。

2.4 复习题

1. 新建序列对话框中设置选项卡的用途是什么?

2. 如何选择序列预设?

3. 什么是时间码?

4. 如何创建自定义序列预设?

5. 如果没有额外的第三方硬件,则 Premiere Pro 中可用来从磁带捕获媒体的选项是什么?

2.5 复习题答案

1. 设置选项卡用于自定义一个现有的预设或创建一个新的自定义预设。

2. 通常最好选择与原始素材匹配的预设。Premiere Pro 通过描述摄像系统中的预设简单地说明了这一问题。

3. 时间码是以时、分、秒和帧来衡量时间的通用系统。每秒的帧数量因录制格式而有所不同。

4. 当选择了自定义预设所需的设置时,单击保存预设按钮,输入名称和描述,并单击确定按钮。

5. 如果计算机有 FireWire 连接,则 Premiere Pro 会录制 DV 和 HDV 文件。如果通过安装第三方硬件获得了额外的连接,请阅读硬件的文档来了解最佳设置。

第3课 导入媒体

课程概述

在本课中，你将学习以下内容：

- 使用媒体浏览器加载视频文件；
- 使用导入命令加载图形文件；
- 使用代理媒体；
- 使用 Adobe Stock；
- 选择放置缓存文件的位置；
- 录制画外音。

本课大约需要 75 分钟。

要创建序列，需要将媒体文件导入到项目中。这可能包含视频素材、动画文件、解说词、音乐、大气声学、图形或照片。在序列中包含的任何文件都需要先导入，然后才能使用。

序列中包含的任何素材也必须包含在项目中。将一个剪辑直接导入到序列中，会自动将剪辑添加到项目面板中，而且在项目面板中删除一个剪辑时，也会将它从相应的序列中移除（在这样操作时，用户将会看到一个用来取消该操作的选项）。

无论使用什么方法编辑序列，第一步工作都是将剪辑导入到项目面板并进行组织。

由于 Adobe Premiere Pro 可以处理多种素材类型，因此有多种浏览和
导入媒体的方法。

3.1 开始

在本课中，我们将学习如何将媒体文件导入到 Adobe Premiere Pro CC 中。对于大多数文件，我们将使用媒体浏览器面板，这是一款强大的资源浏览器，能够处理导入到 Premiere Pro 中的许多媒体类型。用户还将了解一些特殊情况，比如导入图形或者是从磁带捕捉。

本课将使用在第 2 课创建的项目文件。如果没有之前的课程文件，可以从 Lesson 03 文件夹中打开 Lesson 03.prproj 文件。

1. 继续使用第 2 课的项目文件，或者从硬盘上打开它。

2. 选择文件 > 另存为命令。

3. 导航到 Lessons\Lesson 03，然后使用 My Lesson 03.prproj 名字保存项目。

3.2 导入资源

将素材项导入 Premiere Pro 项目时，就会使用项目内的一个指针创建到原始媒体文件的链接。

这个指针称为剪辑，可以将剪辑当作 Windows 中的快捷方式，或者是 macOS 中的别名。

当在 Premiere Pro 中处理剪辑时，不是复制或修改原始文件，而是以一种非破坏性的方式从它当前的位置有选择性地操控原始媒体。

例如，如果选择只将部分剪辑编辑到序列中，则不会丢失未使用的媒体。此外，如果为剪辑添加了一个使图像更亮的效果，则该效果将应用到剪辑上，而非剪辑链接到的媒体文件。

主要有两种导入媒体的方式：

• 标准的导入方法是选择文件 > 导入命令。

• 另一种方法是使用媒体浏览器。

下面将介绍每种方法的好处。

3.2.1 何时使用导入命令

使用导入命令的方式很简单（并且可能与其他应用程序的此命令一样）。要导入任何文件，只需选择文件 > 导入命令即可。

用户还可以使用键盘快捷键 Ctrl + I（Windows）或 Command + I（macOS）打开标准的导入对话框，如图 3.1 所示。

> **Pr** 提示：打开导入对话框的另一种方式是双击项目面板的空白区域，甚至可以直接将文件从 Explorer（Windows）或 Finder（macOS）拖放到 Premiere Pro 中。

图3.1

这种方法最适合独立的资源，比如图形和视频，尤其是如果知道这些资源在硬盘上的确切位置并且能够快速地找到它们时。

这种导入方法不适合基于文件的摄像机素材，因为基于文件的摄像机素材通常使用复杂的文件夹结构，并且针对音频、视频、重要的附加数据以及 RAW 媒体文件，使用单独的文件。对于来自摄像机的大多数媒体，可以使用媒体浏览器面板。

3.2.2 何时使用媒体浏览器面板

媒体浏览器面板是一种查看媒体资源并将它们导入 Premiere Pro 的强大工具（见图 3.2）。媒体浏览器将使用数码摄像机拍摄的碎片文件显示为完整的视频剪辑；无论原始的录制格式是什么，都可以将每一个录制的文件看作一个带有音视频的单独的素材项目。

图3.2

这意味着不用处理复杂的摄像机文件夹结构，而只要处理易于浏览的图标和元数据即可。只要能够看到这些元数据（包含重要的信息，比如视频时长、录制日期和文件类型），就能够在一长串剪辑列表中轻松选择正确的剪辑。

默认情况下，在编辑工作区中，用户可以在 Premiere Pro 工作区的左下角找到媒体浏览器。它与项目面板停靠在同一个框架中。也可以按 Shift + 8 组合键快速访问媒体浏览器（要确保使用的是键盘顶部的数字键）。

与任何其他面板一样，用户可以将媒体浏览器放置到其他的框架中。其方法是使用其选项卡进行拖动（选项卡上显示面板的名字）。

用户也可以取消停靠它，使它变为一个浮动面板。其方法是单击面板选项卡上的菜单（▤），然后选择解除面板停靠命令。

在媒体浏览器中浏览文件，与在 Explorer（Windows）或 Finder（macOS）中浏览文件很相似。硬盘中的内容在左侧显示为导航文件夹，而且在顶部有用于前后导航的按钮。

用户可以使用箭头键来选择项目。

 提示：如果想导入在另外一个 Premiere Pro 项目中使用的素材，可以使用媒体浏览器面板在这个项目中浏览，找到项目文件后进行双击，查看其内容。可以选择剪辑和序列，并将它们导入到当前的项目面板中。

媒体浏览器的主要优势包含以下几点。

- 可以只显示一个具体的文件类型，比如 JPEG、Photoshop、XML 或 ARRIRAW 文件。
- 自动感知摄像机数据，比如 AVCHD、Canon XF、P2、RED、Cinema DNG、Sony HDV 和 XDCAM（EX 和 HD），从而能够正确地显示剪辑。
- 查看和自定义要显示的元数据种类。
- 正确地显示其剪辑位于多个摄像机媒体卡的媒体。Adobe Premiere Pro 会将这些文件作为一个剪辑导入，即使是使用两个卡录制了一个较长的文件。

3.3 使用摄取选项和代理媒体

在播放媒体和对媒体添加特效时，Premiere Pro 提供了卓越的性能，而且还提供了大量的媒体格式和编解码器。但是，也可能会存在系统硬件在播放媒体时力不从心的情况，当媒体是高分辨率的 RAW 素材时更是如此。

你可能会觉得，在编辑时使用媒体文件的低分辨率版本，然后再切换回完整的原始分辨率的媒体文件，最后检查效果并输出成品，以提高效率。这就是代理工作流（proxy workflow），它会创建低分辨率的"代理"文件，来取代原始内容。

在导入文件期间，Premiere Pro 会自动创建代理文件，而且这是进行媒体摄取的一种高级方法。在处理原始素材时，如果对系统的性能表现很满意，则很有可能会忽略这个功能。但是，无论是对于系统性能还是协作，它都具有显著的优势。

我们来检查一下选项。

1. 选择文件 > 项目设置 > 收录设置，打开如图 3.3 所示的对话框。

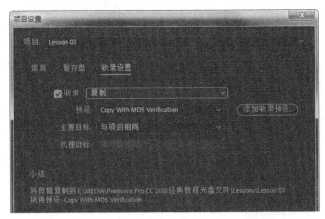

图3.3

这个对话框包含在创建项目时看到的原始项目设置选项，用户可以随时修改这些设置。

默认情况下，所有的收录选项都是禁用的。无论选择哪个收录选项，该选项只会对以后导入的素材文件生效，之前导入的文件不会受到影响。

2. 单击复选框启用收录，然后单击第一个下拉列表，看到如下选项。

- **复制**：在导入媒体文件时，Premiere Pro 会将原始文件复制到在主要目标下拉列表中选择的位置。如果直接从摄像机的媒体卡导入媒体文件，这个选项会非常重要，因为在媒体卡没有连接到计算机时，这些媒体对 Premiere Pro 来说必须是可用的。

- **转码**：在导入媒体文件时，Premiere Pro 会基于选择的预设，将文件转换为新的格式和编解码器，并将新文件放到选择的存放位置。如果使用的是一个后期生产设施，该设施采用了所有项目的标准格式和编解码器，这个选项将很有用。

- **Create Proxies**（创建代理）：在导入媒体文件时，Premiere Pro 会基于选择的预设，创建多个低分辨率的副本，并将它们存放到在代理目标下拉列表中选择的位置。如果所用的计算机性能较低，或者想要节省存储空间，该选项相当有用。尽管不可能使用这些文件进行最终的交付，但是借助于这些文件，可以应用一些方便的特效和协同工作流。

注意：有一个切换代理按钮（ ），可以将其添加到源监视器或节目监视器中，以便在查看代理和原始媒体之间快速切换。有关如何自定义监视器按钮的知识，请参见第 4 课。

- **复制和创建代理**：在导入媒体文件时，Premiere Pro 会将文件复制到在主要目标下拉列表中选择的位置，并创建代理，将其存放在代理目标菜单中。

3. 选择创建代理选项，打开预设菜单，然后尝试选择几个选项，如图 3.4 所示。注意，对话框下方有对每个选项进行解释的注释文字。

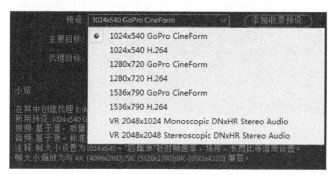

图3.4

最重要的是，用户选择的选项要与原始素材的屏幕高宽比相匹配。这样，在处理代理文件时，可以正确地看到其中的组成元素。

如果项目中存在剪辑的代理媒体，可以很容易地在全品质的原始媒体和低分辨率的代理版本之间进行切换。其方法是选择编辑 > 首选项 > 媒体（Windows），或者是 Premiere Pro > 首选项 > 媒体（macOS），然后切换启用代理选项。

这是对代理媒体工作流的一个介绍。有关管理代理文件、链接代理媒体、创建代理媒体文件预设的更多信息，请参见 Adobe Premiere Pro 帮助文档。在查看完所有设置之后，单击取消按钮。

3.4 使用媒体浏览器面板

用户可以通过媒体浏览器轻松浏览计算机上的文件。它可以保持在打开状态，不仅快速方便，而且针对定位和导入素材进行了高度优化。

3.4.1 使用基于文件的摄像机工作流

Premiere Pro CC 可以在无须转换的情况下，使用基于文件的摄像机的素材，这包括来自 P2、XDCAM 和 AVCHD 等摄像机系统的压缩原生媒体，来自 Canon、Sony、RED 和 ARRI 的 RAW 媒体，以及针对后期制作比较友好的编解码器，比如 Avid DNxHD、Apple ProRes 和 GoPro Cineform。

为了得到最好的结果，请遵循下述指导原则（现在不需要这样做）。

· 为每个项目创建一个新的媒体文件夹。

· 将摄像机媒体复制到你的编辑存储中，而且不要破坏现有的文件夹结构。确保直接从媒体卡的根目录中传输完整的文件夹。为了得到最好的结果，可以考虑使用摄像机制造商提供的传输应用程序来移动视频文件。确保所有的媒体文件都被复制了，而且媒体卡和复制的文件夹具有相同的大小。

· 使用摄像机信息（包括卡号和拍摄日期）清楚地表明复制的媒体文件夹。

· 在第 2 块独立的物理硬盘上创建媒体文件的一个副本，以防硬件故障。

· 理想情况下，使用另外一种备份方法，比如 LTO 磁带（一种常见的长期存储系统）或一个外置的硬盘，来创建一个长期的归档副本。

 注意：可以使用 Adobe Prelude 对复制和导入无磁带媒体资源的过程进行轻松管理。

从Adobe Prelude导入

Adobe Creative Cloud CC包含Adobe Prelude，可以用来在一个简洁的界面中组织素材。

Adobe Prelude旨在使制片人或助手针对无磁带工作流对媒体进行快速高效地摄取（输入）、记录和转码（转换格式和编解码器）。

将一个Prelude项目发送到Premiere Pro的步骤如下所示。

1. 启动Adobe Prelude。

2. 打开想要转移的项目，然后在项目面板中选择一个或多个项目。

Adobe Prelude与Premiere Pro的外观相似，但是它的控件更精简。

3. 选择文件 > 导出 > 项目。

4. 选择项目复选框。

5. 在名称字段输入名字。

6. 在类别下拉列表中选择Premiere Pro。

7. 单击确定按钮。打开选择文件夹对话框。

8. 为新项目选择一个存放位置，然后单击选择按钮。这就创建了一个新的 Premiere Pro项目。

可以直接打开Premiere Pro项目，也可以将它导入到一个现有的项目中。

如果Premiere Pro和Prelude同时运行在同一台计算机上，你也可以将剪辑从Prelude发送到Premiere Pro中，方法是选中剪辑，然后右键单击，选择发送到Premiere Pro选项。

3.4.2　支持的视频文件类型

在处理项目时，经常会遇到视频剪辑来自多个摄像机，而且使用了不同的文件类型、媒体格式和编解码器的情况。这对 Premiere Pro 来说完全不是问题，因为可以在同一个序列中混合不同类型的剪辑。此外，媒体浏览器几乎可以显示所有文件类型（见图3.5）。它尤其适合基于文件的摄像机格式。

如果系统硬件在播放高分辨率的媒体时有困难，在编辑视频时使用代理文件会带来帮助。

Premiere Pro 支持的基于文件的主要媒体类型如下所示。

- 直接将 H.264 媒体拍摄为 QuickTime MOV 或 MP4 文件的任何数码单反相机。

- 松下 P2、DV、DVCPRO、DVCPRO 50、DVCPRO HD、AVCI、AVC Ultra、AVC Ultra Long GOP。

- RED ONE、RED EPIC、RED Mysterium X、6K RED Dragon、8K REDCODE RAW Weapon。

- ARRI RAW（包含 ARRI AMIRA）。

- Sony XDCAM SD、XDCAM 50、XAVC、SStP、RAW、HDV（当使用基于文件的媒体拍摄时）。

- AVCHD 摄像机。

- Canon XF、Canon RAW。

- Apple ProRes。

- 图像序列，包括 DPX。

- Avid DNxHD 和 DNxHR MXF 文件。

- Blackmagic CinemaDNG。

- Phanotm Cines 摄像机。

所有支持的媒体
AAF
ARRIRAW 文件
AVI 影片
Adobe After Effects 文本模板
Adobe After Effects 项目
Adobe Audition 轨道
Adobe Illustrator 文件
Adobe Premiere Pro 项目
Adobe Title Designer
Adobe 声音文档
CMX3600 EDL
Canon RAW
Character Animator 项目
Cinema DNG 文件
Cineon/DPX 文件
CompuServe GIF
EBU N19 字幕文件
Final Cut Pro XML
JPEG 文件
MP3 音频
MPEG 影片
MXF
MacCaption VANC 文件
Macintosh 音频 AIFF
OpenEXR
PNG 文件
Photoshop
QuickTime 影片
RED R3D Raw File
Scenarist 隐藏字幕文件
SonyRAW Format
SubRip 字幕格式
TIFF 图像文件
Truevision Targa 文件
W3C/SMPTE/EBU Timed Text 文件
Windows Media
XDCAM-EX 影片
位置
分布格式交换配置文件
动态图形模板
图标文件
幻影文件
数据
文本
文本模板
波形音频

图3.5

3.4.3 使用媒体浏览器面板查找资源

媒体浏览器的名字已经说明了它的作用。在许多方面，它像 Web 浏览器一样方便使用（它有前进和后退按钮，可以查看最近的浏览）。它还有一个快捷键列表，因此可以很容易地查找资源。

>
>
> **注意**：在导入媒体时，要确保将文件复制到本地存储，或者使用项目摄取选项来创建副本，然后再移除存储卡或者外部硬盘。

> **注意**：当打开在另一台计算机上创建的项目时，将看到一条与丢失渲染器有关的警告消息。单击确定按钮即可。

继续处理 Lesson 03.prproj 项目。

1. 先将工作区重置为默认工作区。在工作区面板中选择编辑命令。然后单击紧邻编辑选项的面板菜单，并选择重置为已保存的布局选项，如图 3.6 所示。

图3.6

> **注意**：如果无法看到工作区面板，可以通过选择窗口 > 工作区（在菜单底部）的方式来选中它。

2. 选择媒体浏览器（默认情况下，它应该与项目面板停靠在一起），加大面板的尺寸，如图 3.7 所示。

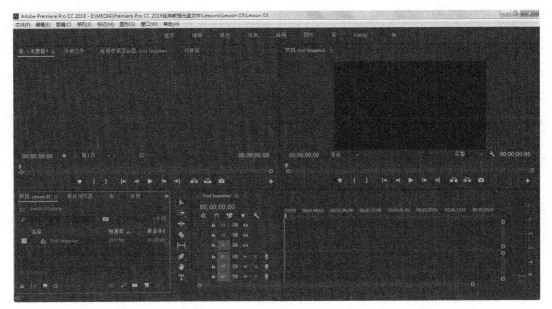

图3.7

3. 要想更容易地看到媒体浏览器,可以将鼠标指针悬停在此面板上,然后按`(重音符号)键。该键通常位于键盘的左上角。

> **Pr** 提示:有些键盘的布局使得我们很难找到正确的键。此时,你可以双击面板名字,将其切换到全屏幕。

媒体浏览器面板现在应填满屏幕。用户可能想要调整列宽以便于查看项目。

4. 使用媒体浏览器导航到 Lessons\Assets\Video 和 Audio Files\Theft Unexpected 文件夹。

> **Pr** 提示:如果已经将课程文件复制到计算机上,可以通过单击媒体浏览器顶部左侧的最近的文件夹菜单,并选择主目录,进行快速浏览。

> **Pr** 注意:媒体浏览器会过滤非媒体文件和不支持的文件,这使得它更容易浏览视频和音频素材。

5. 单击媒体浏览器面板底部的缩览图视图按钮(■),然后拖动媒体浏览器左下角的调整大小滑块以放大剪辑的缩览图,如图 3.8 所示。

图3.8

用户可以将鼠标指针悬停到任何未选中的剪辑缩览图上,预览剪辑的内容。

6. 单击素材将其选中，如图 3.9 所示。

现在可以使用键盘快捷键预览剪辑。

7. 按 L 键以播放剪辑。

8. 要停止播放，按 K 键。

9. 按 J 键可以倒放剪辑。

10. 尝试播放其他剪辑。在播放期间，应该能够听到剪辑的音频。

也可以多次按 J 或 L 键来加快速预览的播放速度。使用 K 键或空格键可以暂停播放。

11. 将所有这些剪辑导入到项目中。按 Ctrl + A（Windows）或 Command + A（macOS）组合键以选择所有剪辑。

12. 右键单击所选的一个素材并选择导入选项，如图 3.10 所示。

图3.9

图3.10

> Pr 提示：可以将所选的剪辑拖动到项目面板的选项卡上，然后向下拖动到空白区域，来导入剪辑。

13. 按 `（重音符号）键或使用面板菜单将媒体浏览器面板恢复为原来的尺寸，然后切换到项目面板。在导入剪辑之后，项目面板将自动打开并显示刚导入的剪辑。

项目面板中的剪辑可以作为图标或列表进行查看，而且带有与每个剪辑相关的信息。单击项目面板底部左侧的列表视图按钮（ ）或图标视图按钮（ ），可以在这两种查看模式中进行切换。

充分使用媒体浏览器

媒体浏览器具有大量功能，这些功能有助于用户在硬盘中导航。

- 前进和后退按钮（ ）的功能与在Internet浏览器中的功能相同，可以用来导览之前查看过的位置。

- 如果需要经常从一个位置导入文件，可以在导览面板顶部的收藏夹列表中添加一个文件夹。要创建一个收藏夹，可右键单击文件夹，然后选择添加到收藏夹命令。
- 通过打开显示的文件类型菜单（ ），可以限制显示的文件类型，从而更容易地浏览大型文件夹。
- 要忽略常规的媒体文件类型，只显示来自特定摄像机系统的基于文件的媒体，可打开目录查看器菜单（ ）
- 可以一次打开多个媒体浏览器面板，然后同时访问多个不同文件夹中的内容。要新打开一个媒体浏览器面板，可打开面板菜单，然后选择新建媒体浏览器面板选项。

3.5 导入静态图像文件

图形是后期制作必不可少的一部分。人们希望图形能够传达信息并能为最终的编辑添加视觉效果。Premiere Pro 可以导入任意的图像和图形文件类型。当使用由 Adobe 的图形工具 Adobe Photoshop CC 和 Adobe Illustrator CC 创建的本地文件格式时，Premiere Pro 的支持尤其出色。

处理印刷图形或进行照片修描的所有人都可能用过 Adobe Photoshop，它是图形设计行业的主力。Adobe Photoshop 是一种具有深度和多功能性的强大工具，并且它正成为视频制作世界中越来越重要的一部分。下面介绍如何从 Adobe Photoshop 中正确地导入文件。

首先导入一个基本的图形。

3.5.1 导入单层图像文件

我们要处理的大多数图形和照片都只有一层——一个平面像素序列，可以作为简单的媒体文件来处理。我们导入一个单层图像文件需要执行以下步骤。

1. 选择项目面板。

2. 选择文件 > 导入命令，或者按 Ctrl + I（Windows）或 Command + I（macOS）组合键。

3. 导航到 Lessons/Assets/Graphics。

4. 选择文件 Theft_Unexpected.png，并单击导入按钮。

PNG 图形是一个简单的 logo 文件，现在它出现在 Premiere Pro 的项目面板中，如图 3.11 所示。

图3.11 当项目面板位于图标视图时，它将图形的内容显示为缩览图

动态链接简介

使用Premiere Pro的一种方式将其与一套工具搭配使用。正在使用的Adobe Creative Cloud版本可能包含与视频编辑任务相关的其他组件。要使这些任务更加简单，可以使用几个选项加速后期制作工作流。

例如Dynamic Link（动态链接）可以将After Effects中的合成图像导入到Premiere Pro项目中，其方式是在两个应用程序之间创建一个实时的连接（live connection）。一旦采用这种方式添加了After Effects中的合成图像，它的外观和行为就与Premiere Pro项目中的其他剪辑一样了。

当在After Effects中进行修改时，相应的修改也会自动在Premiere Pro中更新，这可以节省大量的时间。

有关动态链接的选项存在于Premiere Pro和Adobe After Effects中，也存在于Premiere Pro和Audition中。

3.5.2 导入分层的 Adobe Photoshop 文件

Adobe Photoshop 还会创建使用多个图层的图形。图层与时间轴中的轨道类似，还在视觉元素之间留出了间隔。用户可以将 Photoshop 文档图层各自导入到 Premiere Pro 中，以进行隔离或动画处理。我们来看导入选项。

1. 双击项目面板的空白区域，打开导入对话框。

2. 导航到 Lessons\Assets\Graphics。

3. 选择文件 Theft_Unexpected_Layered.psd，并单击导入按钮。

4. 这将打开一个新的对话框（见图 3.12），其中列出了 4 个导入选项（见图 3.13），这些选项用来有选择性地导入图层。

图3.12

图3.13

注意：在这个 PSD 中，还有几个没有选择的图层。设计人员在 Photoshop 中关闭了这几个图层，但是没有将它们删除。针对导入的文件，Premiere Pro 不会对图层的选择进行修改。

- **合并所有图层**：该选项将文件作为一个单独的拼合剪辑导入到 Premiere Pro 中，从而将所有图层合并为一个。

- **合并的图层**：该选项仅将选择的指定图层合并到一个单独的拼合剪辑中。

- **各个图层**：该选项只导入选择的指定图层，而且每个图层在素材箱（bin）中成为一个单独的剪辑。

- **序列**：该选项只导入选择的图层，并且每个图层都作为一个单独的剪辑。然后 Premiere Pro 会创建一个新的序列（其帧大小基于导入的文档），这个序列在单独的轨道上包含每一个剪辑（与原始的堆叠顺序匹配）。

如果选择序列或各个图层选项，就可以从素材尺寸菜单中选择下述选项中的一个。

- **文档大小**：该选项将选中的所有图层以原始的 Photoshop 文档大小导入到 Premiere Pro 中。

- **图层大小**：该选项将新的 Premiere Pro 剪辑的帧大小与其在原始 Photoshop 文件中各个图层的帧大小进行匹配。无法填充整个画布的图层可能会裁剪得更小，因为删除了透明区域。这些图层将位于帧的中央位置，失去它们原来的相对位置。

 提示：我们有充足的理由来使用单独的图层尺寸导入每一个 PSD 图层。例如，有些平面设计师创建了多个图像，以便编辑人员将图像整合到视频编辑中，而且每一个图像在 PSD 文件中占据不同的图层。当以这种方式使用时，PSD 自身就是一种一站式图像仓库。

5. 对于本练习，选择序列，并选中文档大小选项，然后单击确定按钮。

6. 在项目面板中查看新创建的 Theft_Unexpected_Layered 素材箱。双击将其打开。

7. 在素材箱中，双击序列 Theft_Unexpected_Layered，在时间轴面板中打开它，如图 3.14 所示。

如果无法对里面的项目进行区分，可以将鼠标指针悬停到项目名称上，可以显示它是剪辑还是序列。序列在列表视图（ ）中有唯一的图标，并在图标视图（ ）中显示其缩览图。

8. 在时间轴面板中检查序列。尝试关闭和打开每个轨道的切换轨道输出选项（ ），以了解两个图层进行隔离的方式。

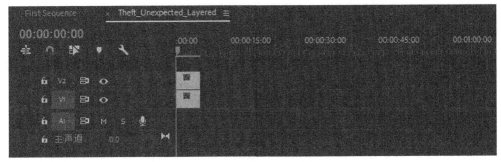

图3.14

9. 关闭 Theft Unexpected 素材箱，方法是从其面板菜单（ ☰ ）中单击关闭面板按钮。

Adobe Photoshop文件的图像提示

下面是从Adobe Photoshop导入图像的一些提示。

- 当将分层Photoshop文档作为序列导入时，Premiere Pro中的帧尺寸就是Photoshop文档的像素尺寸。

- 如果不打算缩放或平移，请尝试创建帧大小至少与项目帧大小一致的文件。否则，将不得不放大图像，而这样做会损失一些清晰度。

- 如果打算缩放或平移，在创建图像时要确保图像最终的缩放或平移区域的帧大小至少与序列的帧大小一致。例如，如果你要处理全高清的文件（1920×1080像素），而且你可能想放大2倍，这就需要3840×2160像素。

- 导入过大的文件会使用更多的系统内存，并且会减慢系统速度。

- 如果可能，使用16位的RGB颜色。CMYK颜色用于打印工作流，而视频编辑使用的是RGB和YUV颜色。

3.5.3 导入 Adobe Illustrator 文件

Adobe Creative Cloud 中另外一个图形组件是 Adobe Illustrator。与 Adobe Photoshop 不同，Adobe Photoshop 主要用于处理基于像素（或栅格）的图像，而 Adobe Illustrator 是矢量应用程序。矢量图形是对形状（而非绘制像素）的数学描述。这意味着可以将它们缩放到任何尺寸，而且不会损失清晰度。

矢量图形通常用于技术插图、艺术线条或者复杂的图形。

我们来导入一个矢量图形。

1. 双击项目面板的空白区域，打开导入对话框。

2. 导航到 Lessons/Assets/Graphics。

3. 选择文件 Brightlove_film_logo.ai，并单击导入按钮。

Premiere Pro 处理 Adobe Illustrator 文件的方式如下所示。

- 与前文中导入的 Photoshop 文件一样，这是一个分层图形文件。但是，Premiere Pro 没有提供以单独图层导入 Adobe Illustrator 文件的选项。它会将这些图层合并为一个单独的图层剪辑。

- 它还使用栅格化（rasterization）过程来将基于矢量的 Adobe Illustrator 作品转换为 Premiere Pro 使用的基于像素的图像格式。这种转换发生在自动导入阶段，因此在将 Illustrator 中的图形导入到 Adobe Premiere Pro 之前，一定要确保它们足够大。

- Premiere Pro 可自动对 Adobe Illustrator 作品的边缘进行抗锯齿化或平滑处理。

- Premiere Pro 还会将 Illustrator 文件的所有空白区域转换为透明的，以使序列中低轨道上的剪辑能显示出来。

 注意：如果在项目面板中右键单击 Brightlove_film_logo.ai，将注意到一个选项是 Edit Original（编辑原稿）。如果计算机上安装了 Illustrator，选择该选项时会在 Illustrator 中打开这个图形，以备编辑。因此，即使在 Premiere Pro 中将图层合并，也可以返回 Adobe Illustrator，编辑原始的分层文件，然后将其保存，相应的修改会立即显示在 Premiere Pro 中。

3.5.4　导入子文件夹

当通过文件 > 导入命令导入文件时，不必选择单独的文件，也可以选择整个文件夹。事实上，如果已经将文件存放到了硬盘上的文件夹或子文件夹中，在进行导入时，文件夹会在 Premiere Pro 中作为素材箱重新创建出来。

现在进行尝试。

1. 选择文件 > 导入命令，或者按 Ctrl + I（Windows）或 Command + I（macOS）组合键。

2. 导航到 Lessons/Assets，然后选择 Stills 文件夹（见图 3.15）。不要在文件夹内进行浏览，只需选中它即可。

图3.15

3. 单击导入文件夹按钮（Windows）或导入按钮（macOS）。Premiere Pro 会导入整个文件夹，其中包括放置照片的两个子文件夹。在项目面板中，可以看到创建的与文件夹相匹配的素材箱。

 注意：在导入整个文件夹时，有可能某些文件不是 Premiere Pro 支持的媒体文件。此时会出现一条信息告知你有些文件不会被导入。

导入VR视频

VR视频实际上就是360°视频，使用VR头盔可以获得最佳观看效果。Premiere Pro内置了对360°视频的支持，它带有一个专门的查看模式来支持VR头盔，还针对观察者周围视频素材的特定需求设计了一些特效。

就360°视频来说，没有专门的导入过程，可以使用常规的导入选项，也可以使用媒体浏览器面板，像导入其他视频那样来导入360°视频。

Premiere Pro期待的是预先准备好的等矩形媒体，因此需要使用其他应用程序按照这种媒体格式来准备360媒体，然后准备导入。

Premiere Pro中的360°视频工作流超出了本书范围，更多信息请查询在线帮助。

3.6 使用 Adobe Stock

Libraries 面板允许在项目和用户之间轻松共享设计素材。可以直接在 Libraries 面板中搜索 Adobe Stock，选择视频剪辑和图形，然后立即在项目中使用低分辨率的预览，如图 3.16 所示。

图3.16

Adobe Stock 提供了数百万的图像和视频，可以使用 Libraries（库）面板将它们轻松地集成到序列中。

如果对使用的素材感到满意，而且想购买全分辨率的版本，可以单击 "License And Save To" 购物车图标，它位于 Libraries 面板中项目的上方。全分辨率的素材在下载之后，会自动取代项目和序列中的低分辨率版本。

3.7 自定义媒体缓存

当导入某些视频和音频格式时，Premiere Pro可能需要处理并缓存一个相应的格式版本。对于具有高度压缩的格式更是如此，这个过程叫作相符性（conforming）。

 注意：你可能已经注意到，单词conform用来描述剪辑播放方式的调整以匹配序列设置，还可以描述在导入到Premiere Pro中时某些格式的处理方式。单词conform之所以能够描述这两种方式，是因为它们具有相同的原则，即修改原始内容，以提升性能。

如果有必要，导入的音频文件会自动符合一个新的CFA文件。大多数MPEG文件都是有索引的，这会引入一个额外的.mpgindex文件，从而更容易阅读文件。在导入媒体时，如果在屏幕的左下角看到了一个小进度指示条，这是在创建缓存。

由于媒体缓存使得编辑系统更容易解码和播放媒体，因此提升了预览的播放性能。可以自定义缓存，以进一步提升性能。媒体缓存数据库有助于Premiere Pro管理这些缓存文件（这些缓存文件在多个Creative Cloud应用程序中共享）。

要访问缓存的选项，选择编辑 > 首选项 > 媒体缓存命令（Windows），或者Premiere Pro > 道选项 > 媒体缓存命令（macOS），出现如图3.17所示的对话框。

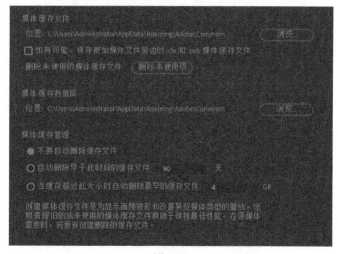

图3.17

下面是一些需要考虑的选项。

- 要将媒体缓存文件或者媒体缓存数据库移动到一个新的位置，单击适当的浏览按钮，选择需要放置的位置，然后单击确定按钮。在大多数情况下，在编辑项目期间不应该移动媒体缓存数据库。

- 应该定期清理媒体缓存数据库，以移除那些不再需要的旧格式和索引文件。为此，单击删除未使用按钮。任何连接的硬盘会移除其缓存文件。在制作完项目后可以这样做，因为这会移除不必要的预览渲染文件，从而节省空间。

- 选择"Save .cfa And .pek Media Cache Files Next To Original Media Files When Possible"复选框，将缓存文件存放在与媒体文件相同的硬盘上。如果想将所有内容都放在一个中央文件夹中，则不要选择这个复选框。记住，用于媒体缓存的硬盘速度越快，就越能在 Premiere Pro 中体验到更好的播放性能。

- 媒体缓存管理选项可以在缓存文件的管理中配置一定程度的自动化。Premiere Pro 会自动创建这些文件（如果需要的话），因此启用这些选项可以节省空间。

磁带工作流与无磁带工作流

人们有时仍然会使用磁带来获取媒体文件，而且Premiere Pro完全支持这一功能。要将素材从磁带导入到Premiere Pro项目中，可以捕捉它。

在项目中使用数字视频之前，应先将其从磁带捕捉到硬盘。Premiere Pro会通过一个数字端口，比如FireWire或SDI（串行数字接口）端口捕捉视频（如果有第三方硬件的话）。Premiere Pro会将捕捉的素材以文件形式保存到磁盘上，然后再将文件以剪辑形式导入项目中（如同处理基于文件的摄像机视频那样）。有以下三种基本的捕捉方法。

- 将整个视频磁带捕捉为一个长剪辑。
- 可以记录每个剪辑的入点和出点（每个剪辑的In和Out标记）以自动进行批量捕捉。
- 可以使用Premiere Pro中的场景检测功能，在每次按摄像机的Record按钮时自动创建单独的剪辑。

默认情况下，如果计算机有FireWire端口，则Premiere Pro可以使用DV和HDV来源。如果想捕捉其他的高端专业格式，则需要添加第三方捕捉设备。它们有几种形式，包括内置卡，以及通过FireWire、USB 3.0、SDI和Thunderbolt端口连接的接线盒。

第三方的硬件厂商能够充分使用水银回放引擎功能，在连接的专业显示器上预览效果和视频。

3.8 录制画外音

用户可能会处理包含解说词轨道的视频项目。可能会有由专业人士录制的解说词（或者至少是在一个很安静的场所录制的解说词），但是也可以在 Premiere Pro 中录制音频。

这一功能相当有用，因为这可以让用户感知自己的作品。

录制音轨的方法如下所示。

1. 如果使用的不是内置麦克风，要确保使用的外接麦克风或混音器正确地连接到了计算机中。可能需要查看计算机或声卡的相关文档。

2. 选择编辑 > 首选项 > 音频硬件（Windows）或 Premiere Pro > 音频硬件（macOS），对麦克风进行配置，以便可以在 Premiere Pro 中使用。从默认输入下拉列表中选择一个选项，比如 Built-in Microphone（内置麦克风）后混音器，然后单击确定按钮，如图 3.18 所示。

 提示：如果系统中连接了多个音频输入设备，可以选择要使用哪个设备来录制画外音，方法是右键单击 Voice-over Record（画外音录制）按钮，然后选择 Voice-Over Record Settings（画外音录制设置），用户还可以在出现的对话框中对新音频文件预先命名。

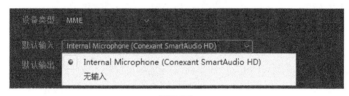

图3.18

3. 调低计算机的扬声器音量，或者使用头戴式耳机来预防反馈音或回声。

4. 在 Theft_Unexpected_Layered 素材箱中打开 Theft_Unexpected_Layered 序列。

5. 每一个音频轨道的最左侧都有一组按钮和选项。该区域称之为音轨帧头。每一个音频轨道都有一个画外音录制按钮（ ），如图 3.19 所示。

图3.19

6. 增加 A1 轨道的高度。

增加轨道高度的方法有两种，一是拖动两个轨道帧头之间的分割线，二是将鼠标指针悬停到轨道帧头上，然后按住 Alt 键（Windows）或 Option 键（macOS），然后滚动鼠标滚轮。

7. 将时间轴播放头定位到序列的开始位置，然后单击画外音录制按钮，开始录制。

8. 在一个简短的倒计时后，将开始录制。说几句话，然后按下空格键停止录制。

这将创建一个新的音频剪辑，并添加到项目面板和当前的序列中。

要访问画外音录制的设置，可以右键单击一个音频轨道帧头，然后选择画外音录制设置。

3.9　复习题

1. Premiere Pro CC 在导入 P2、XDCAM、R3D、ARRIRAW 或 AVCHD 素材时，是否需要转换它们？

2. 与使用文件 > 导入命令相比，使用媒体浏览器导入基于文件的媒体时的一个优势是什么？

3. 导入一个分层的 Photoshop 文件时，导入文件的 4 种方式是什么？

4. 可以将媒体缓存文件保存在哪里？

5. 在导入视频时，如何启用代理媒体文件创建？

3.10　复习题答案

1. 不需要。Premiere Pro CC 可以直接编辑 P2、XDCAM、R3D、ARRIRAW 和 AVCHD 素材，以及许多其他格式。。

2. 媒体浏览器理解 P2 和 XDCAM 以及许多其他格式的复杂文件夹结构，并以一种更友好的方式显示剪辑。

3. 可以选择合并所有图层将所有图层合并为一个剪辑，或者通过选择合并的图层选择指定的图层。如果想将图层作为单独的剪辑，请选择各个图层，然后选择要导入的图层，或者选择序列来导入选定的图层并用它们创建一个新序列。

4. 可以将媒体缓存文件保存在一个指定的位置，或者是自动将媒体缓存文件保存到与原始文件相同的硬盘中（如果可能的话）。用来存放缓存文件的硬盘速度越快，用于预览的播放性能会越好。

5. 可以在摄取设置中启用代理媒体文件创建。用户可以在项目设置对话框中看到这些选项。还可以勾选媒体浏览器顶部的复选框来启用代理创建，而且这个位置还有用来打开摄取设置的按钮。

第4课　组织媒体

课程概述

在本课中，你将学习以下内容：

· 使用项目面板；

· 保持素材箱井然有序；

· 为剪辑添加元数据；

· 使用基本的播放控件；

· 解释素材；

· 对剪辑进行更改。

　　本课大约需要90分钟。

当项目中有一些视频和音频资源时，用户会想要浏览素材并为序列添加剪辑。在这样做之前，有必要花时间组织一下目前拥有的资源。这样可以节省寻找素材的时间。

4.1 开始

当项目拥有大量从不同媒体类型导入的剪辑时，掌控一切内容并在需要剪辑时始终可以找到它是一项挑战。

本课将介绍如何使用项目面板组织剪辑；创建名为素材箱（bin）的特殊文件夹，用来对剪辑进行分类；为剪辑添加重要的元数据和标签。

首先了解项目面板，并对剪辑进行组织。

1. 本课将使用第 3 课用到的项目文件。继续处理上一课中的项目文件。也可以打开 Lessons/Lesson 04 文件夹中的 Lesson 04.prproj 项目文件。

2. 开始之前，将工作区重置为默认工作区。在工作区面板中单击编辑选项。然后单击紧邻编辑选项的面板菜单，选择重置为已保存的布局。

3. 选择文件 > 另存为命令。

4. 将文件重命名为 Lesson 04.prproj。

5. 浏览到 Lessons 文件夹，然后单击保存按钮，将项目保存到 Lessons > Lesson 04 文件夹中。

4.2 使用 Project 面板

导入到 Adobe Premiere Pro CC 项目中的所有内容都会出现在项目面板中。项目面板不仅提供了浏览剪辑和处理其元数据的出色工具，还提供了一个特殊文件夹——素材箱，用于组织所有内容，如图 4.1 所示。

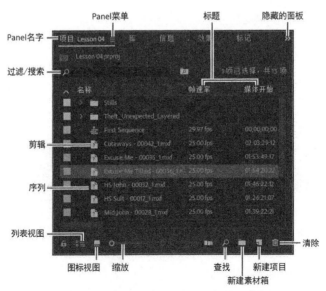

图4.1 列表视图中的Project面板。要切换到该视图，可以单击面板底部左侧的列表视图按钮

出现在序列中的一切内容都会出现在项目面板中。如果在项目面板中删除了序列使用的剪辑，则该剪辑会自动从序列中删除。当你这样做时，Premiere Pro 会警告你，删除剪辑会影响到现有的序列。

除了作为所有剪辑的存储库，项目面板提供了用于解释媒体的重要选项。例如，所有素材都有帧速率（帧每秒，或 fps）和像素高宽比（像素形状）。出于创作的需要，用户可能需要更改这些设置。

例如，你可能想将 60fps 录制的视频更改为 30fps，以实现 50% 的慢动作效果。用户可能也会接收到其像素高宽比设置不正确的视频文件，而且想进行纠正，如图 4.2 所示。

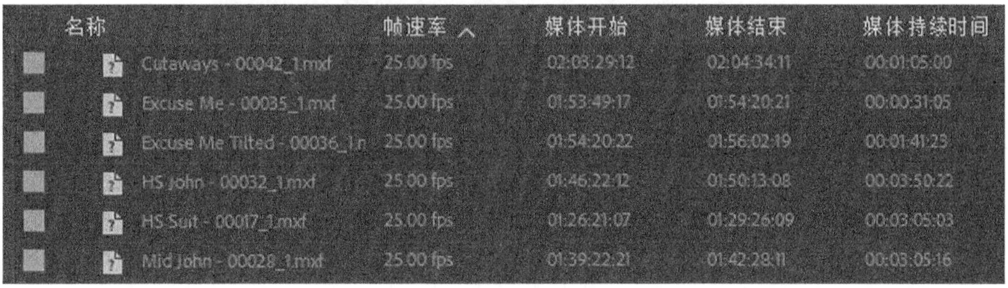

名称		帧速率 ︿	媒体开始	媒体结束	媒体持续时间
	Cutaways - 00042_1.mxf	25.00 fps	02:05:29:12	02:04:34:11	00:01:05:00
	Excuse Me - 00035_1.mxf	25.00 fps	01:53:49:17	01:54:20:21	00:00:31:05
	Excuse Me Tilted - 00036_1.n	25.00 fps	01:54:20:22	01:56:02:19	00:01:41:23
	HS John - 00032_1.mxf	25.00 fps	01:46:22:12	01:50:13:08	00:03:50:22
	HS Suit - 00017_1.mxf	25.00 fps	01:26:21:07	01:29:26:09	00:03:05:03
	Mid John - 00028_1.mxf	25.00 fps	01:39:22:21	01:42:28:11	00:03:05:16

图4.2

Premiere Pro 使用与素材相关的元数据来了解如何播放素材。如果想修改剪辑的元数据，也可以在项目面板中执行此操作。

4.2.1 自定义项目面板

用户很有可能想随时调整项目面板的大小。用户可以在以列表或缩略图方式查看剪辑之间切换，并且为了看到更多的信息，调整面板大小有时要比滚动的方式更快速。

默认的编辑工作区是为了保持界面尽可能简洁，以便用户可以集中精力进行创作。默认情况下在视图中隐藏的部分项目面板称为预览区域，它提供了有关剪辑的更多信息。

> **Pr** 提示：用户可以访问许多剪辑的信息，方法是滚动列表视图，或者是将鼠标指针悬停在剪辑的名字上。

下面一起来了解一下。

1. 单击项目面板的面板菜单（在面板选项卡上）。

2. 选择预览区域，出现如图 4.3 所示的界面。

在项目面板中选中剪辑时，预览区域会显示有关剪辑的几个有用信息，包括帧大小、像素高宽比和持续时间，如图 4.4 所示。

图4.3 预览区域显示所选剪辑的有用信息

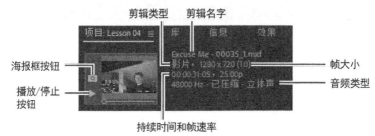

图4.4 单击海报框（Poster Frame）按钮，可以将剪辑缩略图显示在项目面板中

Pr 提示：有一种非常快速的方式可以在以框架（frame）和全屏（full-screen）方式查看项目面板之间进行切换：将鼠标指针悬停在面板上，然后按 `（重音符号）键。用户可以对任何面板进行该操作。如果键盘没有重音符号键，可以双击面板名称。

　　如果还没有选中的话，单击项目面板左下角的列表视图按钮（　）。在该视图的项目面板中，可以看到有关每个剪辑的大量信息，但是需要水平滚动才能查看这些信息。

　　3. 在项目面板的面板中选择预览区域，将其隐藏。

4.2.2　在项目面板中查找资源

　　处理剪辑与处理书桌上的纸张有点类似。如果只有一个或两个剪辑，则操作非常简单。一旦有 100 ～ 200 个剪辑，就需要一个组织系统！

　　一种有助于编辑顺利进行的方式是，预先组织剪辑。如果在导入剪辑之后进行重命名，可以在日后更容易地找到相关内容。

1. 单击项目面板顶部的 Name 标题（见图 4.5）。每次单击名称标题时，项目面板中的项会以字母顺序或颠倒的字母顺序显示。靠近标题的一个方向箭头显示了当前的排序顺序。

如果正在搜索具有特定特征（比如持续时间或帧大小）的几个剪辑，则更改标题的显示顺序会很有帮助。

2. 在项目面板中向右滚动，直到看到媒体持续时间标题。这将显示每个剪辑的媒体文件的总持续时间。

3. 单击媒体持续时间标题。Premiere Pro 现在会以媒体持续时间为顺序显示剪辑。注意媒体持续时间标题的方向箭头（见图 4.6）。每次单击此标题时，方向箭头会以持续时间从小到大或从大到小的顺序显示剪辑。

名称 ∨

图4.5

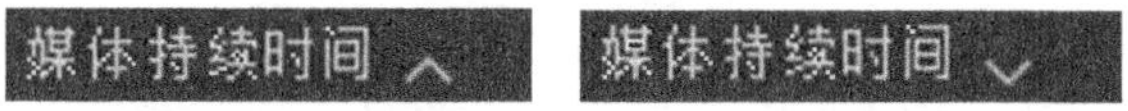

媒体持续时间 ∧　　媒体持续时间 ∨

图4.6

4. 将媒体持续时间标题向左拖动，直到看到帧速率标题和名称标题之间的蓝色分隔条，如图 4.7 所示。释放鼠标按键时，媒体持续时间标题将重新定位到名称标题的右侧。

名称	帧速率	媒体开始	媒体结束	媒体持续时间 ∨	视频入点
HS John - 00032_1.mxf	25.00 fps	01:46:22:12	01:50:13:08	00:03:50:22	01:46:22:12
Mid Suit - 00008_1.mxf	25.00 fps	01:15:20:09	01:18:28:14	00:03:08:06	01:15:20:09

图4.7　蓝色分隔条显示了将要放置标题的位置

1. 筛选素材箱的内容

Premiere Pro 具有内置的搜索工具，可以帮助用户查找媒体。即使使用的剪辑的名称是由摄像机最初指派的非描述性名字，也可以基于大量因素（比如帧尺寸或文件类型）来搜索剪辑。

 **注意**：导入图形和照片文件（比如 Photoshop PSD、JPEG 或 Illustrator AI 文件）时，其默认的帧持续时间是在首选项 > 时间轴 > 静态图形默认持续时间中设置的。

在项目面板顶部，可以在筛选素材箱内容框中输入文本，以显示名称或元数据与所输入文本相匹配的剪辑。如果知道剪辑的名称（即使是名称的一部分），就能快速地查找到剪辑。与所输入文本不匹配的剪辑处于隐藏状态，而与所输入文本匹配的剪辑将显示出来，即使它们位于一个封闭的素材箱（closed bin）中。

注意：bin（素材箱）的名称来自于胶片编辑。项目面板实际上也是一个 bin，它包含剪辑，而且功能与任何其他 bin 一样。

现在进行尝试。

1. 单击筛选素材箱内容框，输入 jo，如图 4.8 所示。

Premiere Pro 仅显示其名称或元数据中具有字母 jo 的剪辑。注意，会在文本输入框的顶部显示项目的名字，并附加了"（已过滤）"。

2. 单击搜索框右侧的 × 以清除搜索。

3. 在文本框中输入 psd，如图 4.9 所示。

图4.8

图4.9

Premiere Pro 仅显示其名字或元数据中具有字母 psd 的剪辑。在本例中，会显示之前作为分层图像导入的 Theft_Unexpected 标题（这个是一个 Photoshop PSD 文件）。以这种方式使用筛选素材箱内容框，可以查找特定的文件类型。

在找到需要的剪辑之后，要确保单击筛选素材箱内容框右侧的 ×，清除搜索结果。

2．使用高级查找

Premiere Pro 有一个高级查找选项。要了解它，请先导入一些剪辑。

使用第 3 课介绍的任意一种方法导入下列素材。

- Assets/Video 文件夹中的 Seattle_Skyline.mov 和 Audio Files/General Views 文件夹。

- Assets/Video 文件夹中的 Under Basket.MOV 和 Audio Files/Basketball 文件夹。

在项目面板底部，单击查找按钮（ 🔍 ）。Premiere Pro 会显示查找面板，此面板有更多高级选项来查找剪辑，如图 4.10 所示。

图4.10

使用高级的查找面板，同时可以执行两组搜索。用户可以选择显示同时匹配两个搜索标准或匹配单个搜索标准的剪辑。例如，取决于在匹配菜单中选择的设置，可以执行下列其中一个操作：

- 搜索名字中具有 dog 和 boat 的剪辑。

- 搜索名字中具有 dog 或 boat 的剪辑。

为此，可以从下列菜单中进行选择。

- 列：该选项用来从项目面板中可用的标题中进行选择。单击查找按钮时，Premiere Pro 将使用所选的标题进行搜索。

- 运算符：该选项提供了一套标准的搜索选项。使用此菜单选择是否想要查找这样一个剪辑，即包含搜索内容、与搜索内容精确匹配，以搜索内容开始或者是以搜索内容结束。

- 匹配：选择全部以查找具有第一个和第二个搜索文本的剪辑；选择任意以查找具有第一个或第二个搜索文本的剪辑。

- 区分大小写：选择该选项后会告诉 Premiere Pro，是否希望精确匹配所输入的大写和小写字母。

- 查找目标：在此处键入搜索文本。最多可以添加两组搜索文本。

> **Pr** | 提示：也可以在序列中查找剪辑，方法是在序列打开时，选择编辑 > 查找选项。

单击查找按钮时，Premiere Pro 会突出显示与搜索标准匹配的剪辑。再次单击查找按钮，

Premiere Pro 会显示匹配搜索标准的下一个剪辑。单击完成按钮可以退出查找对话框。

4.3 使用素材箱

使用素材箱可以对剪辑进行分组管理。

与硬盘上的文件夹一样，在其他素材箱中可以有多个素材箱，从而创建一种项目需要的复杂的文件夹结构，如图 4.11 所示。

素材箱和硬盘上的文件夹有一个非常重要的区别：素材箱仅存在于 Premiere Pro 项目文件中，用来帮助组织剪辑。在硬盘上不会看到表示项目素材箱的单独文件夹。

图4.11

4.3.1 创建素材箱

我们来创建一个素材箱。

1. 单击项目面板底部的新建素材箱按钮（）。

Premiere Pro 会创建一个新素材箱并自动突显它的名字，供用户对其重命名。在创建素材箱后立即命名是一个好习惯。

2. 我们已经从一个电影中导入了一些剪辑，再为它们创建一个素材箱，并将新素材箱命名为 Theft Unexpected。

3. 也可以使用文件菜单创建素材箱。方法是确保项目面板为活跃状态，然后选择文件 > 新建 > 素材箱命令。

4. 将新素材箱命名为 Graphics。

5. 也可以通过右键单击项目面板中的空白区域并选择新建素材箱来创建一个新素材箱。

> **Pr** 注意：当项目面板充满剪辑时，很难在上面找到空白区域进行单击。尝试在面板中图标的左侧进行单击，或者选择编辑 > Deselect All。

6. 将新素材箱命名为 Illustrator Files。

为项目中的已有剪辑创建新素材箱的一种最快速且最简单的方式是，将剪辑拖放到项目面板底部的新建素材箱按钮上。

7. 将剪辑 Seattle_Skyline.mov 拖放到新建素材箱按钮上。

8. 将新创建的素材箱命名为 City Views。

9. 确保项目面板处于活跃状态，但是没有选中任何现有的素材箱。按住 Ctrl + B（Windows）或 Command + B（macOS）快捷键来创建另一个素材箱。

提示：在创建新素材箱时，如果选中了一个已有的素材箱，则会在这个选中的素材箱中创建素材箱。为此，在新建素材箱时要取消选中已有的素材箱，以避免这种情况。或者是在被选中的素材箱中出现了新的素材箱后，将新素材箱从中拖出来。

10. 将素材箱命名为 Sequences。最终完成的素材箱如图 4.12 所示。

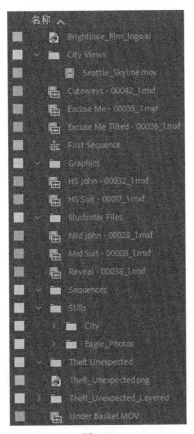

图4.12

如果将项目面板设置为列表视图，则素材箱会以字母顺序与剪辑一起显示。

注意：要重命名一个素材箱，可右键单击选择重命名命令。然后输入新的名称，并在文本外的位置单击，使重命名生效。

4.3.2 管理素材箱中的媒体

现在已经有了一些素材箱，我们来开始使用它们吧。在将剪辑移动到素材箱时，使用指示三角形来隐藏其内容并整理视图。

注意：当导入具有多个图层的 Adobe Photoshop 文件并选择将它们作为序列导入时，Premiere Pro 会自动为各个图层及其序列创建一个素材箱。

1. 将剪辑 Brightlove_film_logo.ai 拖动到 Illustrator Files 素材箱中。

2. 将 Theft_Unexpected.png 拖动到 Graphics 素材箱。

3. 将 Theft_Unexpected_Layered 素材箱（在作为单独的图层导入分层的 PSD 文件时会自动创建它）拖动到 Graphics 素材箱。

4. 将剪辑 Under Basket.MOV 拖动到 City Views 素材箱。用户可能需要调整面板大小或者切换到全屏模式，以查看剪辑和素材箱。

注意：剪辑 Under Basket.Move 的文件扩展名为大写字母。对操作系统或 Premiere Pro 来说没有任何区别。

5. 将序列 First Sequence 拖到 Sequences 素材箱中。

6. 将剩下的所有剪辑拖到 Theft Unexpected 素材箱中。

图4.13

现在我们拥有了一个井然有序的项目面板，每种剪辑都有自己的素材箱，如图 4.13 所示。

用户还可以复制并粘贴剪辑以制作更多的副本，前提是这有助于使素材井然有序。在 Graphics 素材箱中，有一个可能对 Theft Unexpected 内容有用的 PNG 文件。现在来制作一个额外的副本。

提示：与选择硬盘中的文件一样，在项目面板中，可以按住 Ctrl（Windows）或 Command（macOS）键并单击以进行选择。

7. 单击 Graphics 素材箱的提示三角形以显示其内容。

8. 右键单击 Theft_Unexpected.png 剪辑并选择复制命令。

9. 单击 Theft Unexpected 素材箱的提示三角形以显示其内容。

10. 右键单击 Theft Unexpected 素材箱并选择粘贴命令。

Premiere Pro 会将剪辑的一个副本放到 Theft Unexpected 素材箱中。

注意：制作剪辑的副本时，并不是制作它们所链接的媒体文件的副本。在 Premiere Pro 项目中可以制作一个剪辑的任意多个副本。这些副本都将链接到同一个原始媒体文件。

查找媒体文件

如果不确定媒体文件在硬盘上的位置，可在项目面板中右键单击剪辑并选择在浏览器中显示选项（Windows）或在Finder中显示选项（macOS）。

Premiere Pro将打开硬盘上包含媒体文件的文件夹并突出显示它。如果正在使用的媒体文件保存在多个硬盘上，或者在Premiere Pro中重新命名了剪辑，则这种方法非常有用。

4.3.3 更改素材箱视图

尽管项目面板和素材箱之间是有区别的，但是它们拥有相同的控件和查看选项。无论出于何种目的和用途，都可以将项目面板视为素材箱。许多 Premiere Pro 编辑人员也会交叉使用素材箱和项目面板这两个术语。

素材箱有两个视图。单击项目面板左下方的列表视图按钮（ ⌗ ）或图标视图按钮（ ■ ）可以选择相应的视图。

- **列表视图**：该视图将剪辑和素材箱显示为列表，并且显示了大量元数据。可以滚动元数据，并通过单击列标题来对剪辑进行排序。

- **图标视图**：该视图将剪辑和素材箱显示为缩略图，可以重新排列和播放它们。

项目面板有一个缩放控件（见图 4.14），它位于列表视图和图标视图按钮旁边，可以更改剪辑图标或缩略图的大小。

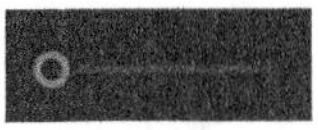

图4.14

1. 双击 Theft Unexpected 素材箱以在其自己的面板中打开它。

2. 单击 Theft Unexpected 素材箱的图标视图按钮，显示剪辑的缩略图，如图 4.15 所示。

3. 尝试调整缩放控件。

Premiere Pro 可以显示非常大的缩略图，使浏览和选择剪辑变得更简单，如图 4.16 所示。

也可以通过单击排列图标菜单（ ◇ ），在图标视图中为剪辑缩略图应用不同的排序。

4. 切换到列表视图。

5. 尝试调整素材箱的缩放控件。

在列表视图中，缩放没有太大意义，除非在此视图中启用了缩略图显示。

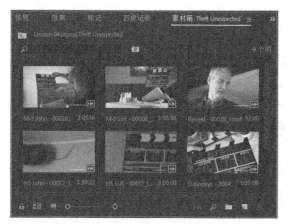

图4.15   图4.16

> **注意**：也可以在项目面板中更改字体大小，方法是单击面板菜单，然后选择字体大小。当使用的是高分辨率屏幕时，这相当有用。

6. 打开面板菜单，选择缩略图选项。

现在 Premiere Pro 会在列表视图和图标视图中显示缩略图，如图 4.17 所示。

图4.17

7. 尝试调整缩放控件，其结果如图 4.18 所示。

剪辑缩略图显示媒体的第一帧。在某些剪辑中，第一帧不是特别有用。例如，查看剪辑 HS Suit 时，缩略图显示了一个场记板，但是我们通常更希望在缩略图中可以看到人物角色。

图4.18

8. 切换到图标视图。

在该视图中，可以将鼠标指针悬停到剪辑缩略图上，预览剪辑。

9. 将鼠标指针悬停到 HS Suit 剪辑上。移动鼠标，直到发现了可以更好地表示该剪辑的一个帧。

Pr **注意**：除了将鼠标指针悬停到剪辑的缩略图上，还可以单击选中剪辑，这会使缩略图下方出现一个小的时间轴控件。用户可以使用这个时间轴来查看剪辑的内容。

---

10. 在显示你选择的帧时，按 I 键。

I 键是入点标记的键盘快捷键。在选择了打算添加到序列中的一个剪辑的一部分时，这个命令会设置所选内容的起点。所选的内容也会为素材箱中的剪辑设置海报框。

11. 切换到列表视图。

Premiere Pro 会将新近选择的帧作为剪辑的缩略图，如图 4.19 所示。

图4.19

12. 在面板菜单中选择缩略图，关闭列表视图中的缩略图。

13. 关闭 Theft Unexpected 素材箱。

创建搜索素材箱

在使用筛选素材箱内容框来显示特定的剪辑时，使用一个选项创建了一种特殊的可视化素材箱，名称为搜索素材箱。

在筛选素材箱内容框中输入之后，单击新建搜索素材箱按钮（▣）。

搜索素材箱将自动出现在项目面板中。在使用筛选素材箱内容框时，搜索素材箱中会显示所执行搜索的结果（见图4.20）。用户可以重命名搜索素材箱，并将它们放到其他素材箱中。

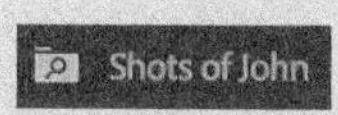

🔎 Shots of John

图4.20

搜索素材箱中的内容会自动更新，因此，如果新添加到项目中的素材满足搜索条件，将自动出现在搜索素材箱中。当处理的文献资料随着获得的新素材而发生改变时，这会节省相当多的时间。

Pr **提示**：当使用完筛选素材箱内容框后，要单击右侧的 × 将其关闭。

4.3.4　分配标签

项目面板中的每个项都有标签颜色。在列表视图中,标签列显示了每个剪辑的标签颜色,如图4.21所示。将剪辑添加到序列中时,它们将以此标签颜色显示在时间轴面板中。

现在更改字幕的标签颜色。

1. 右键单击 Theft_Unexpected.png 并选择标签 >Forest,结果如图 4.22 所示。

图4.21　　　　　　　　　　　　　　　　　图4.22

用户可以在一个单独的步骤中修改多个剪辑的标签颜色,方法是选中剪辑,然后右键单击,从中选择另外一种标签颜色。

2. 按 Ctrl + Z(Windows)或 Command + Z(macOS)组合键,将 Theft_Unexpected.png 的标签颜色修改为 Lavender(薰衣草色)。

> **Pr** 提示:一旦剪辑有了正确的标签颜色,可以随时右键单击该剪辑,选择标签 >选择标签组,从而选择并高亮显示具有相同标签的所有可见的素材。

在将一个剪辑添加到序列中时,Premiere Pro 创建一个新的实例(instance),或者称之为剪辑的副本。用户可以在项目面板和序列中各自有一个副本。

默认情况下,当在项目面板中修改剪辑的标签颜色或者对剪辑重命名时,它不会对序列中的剪辑副本进行更新。

用户可以对此进行更改,方法是选择文件 > 项目设置 > 通用选项,然后启用用来显示项目素材名字和所有实例的标签颜色的选项。

更改可用的标签颜色

最多可以对项目中的素材指定16种标签颜色。只有7种类型的素材能够自动分配标签颜色,这意味着还有9种备用的标签颜色。

如果选择编辑>首选项>标签选项(Windows)或Premiere Pro>首选项>标签颜色(macOS),则可以看到颜色列表,每种颜色都有一个色板(color swatch)。用户可以单击色板来更改颜色,还可以单击名字来重命名。

用户可以使用标签默认值选项为项目中的每一种素材选择不同的默认标签。

4.3.5　更改名字

由于项目中的剪辑与其链接到的媒体文件是分开的，因此可以在 Premiere Pro 中对素材进行重命名，而硬盘上的原始媒体文件名称则保持不变。用户可以很安全地对剪辑重命名，而且在组织复杂的项目时，这也很有用。

1. 打开 Graphics 素材箱。

2. 右键单击剪辑 Theft_Unexpected.png，然后选择重命名命令。

3. 将名字更改为 TU Title BW，如图 4.23 所示。

> **Pr** | **提示**：要对项目面板中的素材重命名，可以单击素材名字，稍等片刻，然后再次单击，或者可以选择素材，然后按 Enter 键。

4. 右键单击新命名的剪辑 TU Title BW，选择在浏览器中显示选项（Windows）或在 Finder 中显示选项（macOS），结果如图 4.24 所示。

图4.23　　　　　　　　　　　　　　图4.24

这将显示该媒体文件。注意，原始的文件名并没有改变。了解 Premiere Pro 中原始媒体文件和剪辑之间的关系很有用，因为它解释了 Premiere Pro 的工作方式。

> **Pr** | **注意**：在 Premiere Pro 中更改剪辑的名字时，新名字将保存在项目文件中。两个项目文件可能有不同的名字表示同一个剪辑。事实上，一个剪辑的两个副本可以位于同一个项目中。

4.3.6　自定义素材箱

当设置为列表视图时，项目面板会显示大量与每个剪辑标题相关的信息。用户可以轻松地添加或删除标题。用户根据拥有的剪辑和正在处理的元数据类型，可能想要显示或隐藏某些标题。

1. 双击打开 Theft Unexpected 素材箱。

2. 单击面板菜单并选择元数据显示命令，打开如图 4.25 所示的面板。

元数据显示面板允许用户选择任意类型的元数据，在项目面板（和任意素材箱）的列表视图中用作标题。用户需要做的是选中希望包含的信息类型的复选框。

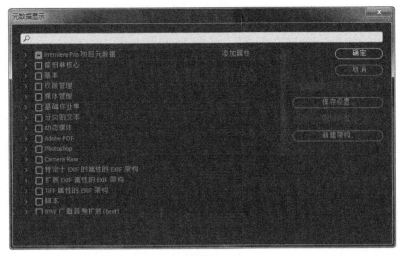

图4.25

3. 单击 Premiere Pro 的项目元数据的提示三角形以显示这些选项，如图 4.26 所示。

4. 选中媒体类型复选框。

5. 单击确定按钮，结果如图 4.27 所示。

图4.26

图4.27

媒体类型现在只作为 Theft Unexpected 素材箱的标题被添加进来了。通过使用项目面板的面板菜单，可以使用一个步骤对所有素材箱（而不是一个单独的素材箱）应用这种更改。

元数据显示设置是如何存储的

单独素材箱的元数据显示设置存储在项目文件中，而项目面板的元数据显示设置与工作区一起存储。

没有修改元数据显示设置的任何素材箱将从项目面板中继承设置。

一些标题仅用于提供信息，而一些标题可以在素材箱中直接进行编辑。例如，场景标题允许用户为每个剪辑添加一个场景号，而媒体类型标题则提供媒体相关的信息，且不能直接进行编辑。

> **注意：**在默认情况下，会显示多个有用的素材箱标题，其中包括 Good 复选框。可以为喜欢的剪辑选中该复选框，然后单击标题，对选中的剪辑在剩余的内容中进行排序。

如果添加了信息并按下了 Enter（Windows）或 Return（macOS）键，Premiere Pro 会激活下一个剪辑的同一个复选框。这样，可以使用键盘快速输入与多个剪辑相关的信息，在不使用鼠标的情况下，从一个复选框跳转到下一个复选框。

4.3.7 同时打开多个素材箱

每一个素材箱面板具有相同的行为，以及相同的选项、按钮和设置。默认情况下，当双击一个素材箱时，它将在一个框架的新面板中打开，而且这个框架在此前已经打开了素材箱面板集合中的最后一个。

用户可以在首选项中对此进行修改。

要对选项进行修改，选择编辑 > 首选项 > 通用选项（Windows），或 Premiere Pro > 首选项 > 通用选项（macOS），出现如图 4.28 所示的界面。

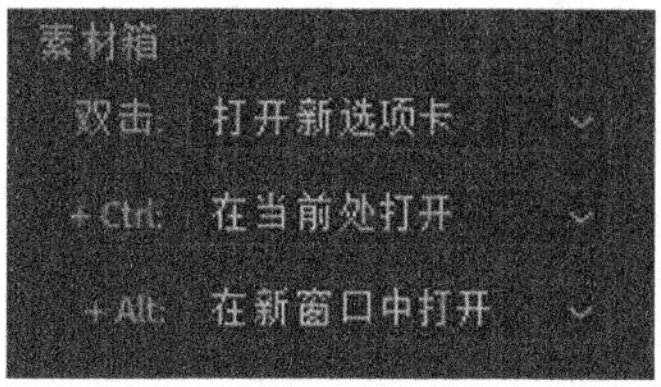

图4.28

这些选项可以让用户选择，双击、按住 Ctrl（Windows）或 Command（macOS）键双击，或者按住 Alt（Windows）或 Options（macOS）键双击时，会发生什么。

4.4 监控素材

视频剪辑的大部分工作是观看或收听剪辑，并针对剪辑做出有创意的选择。

Premiere Pro 有许多方法执行常见的任务，比如播放视频剪辑时，可以使用键盘，也可以使用鼠标单击按钮，还可以使用外部的设备，比如慢进 / 倒带（jog/shuttle）控制器。

1. 继续处理 Theft Unexpected 素材箱。

2. 单击素材箱左下角的图标视图按钮，然后使用缩放控件将缩略图设置为一个合适的大小，如图 4.29 所示。

3. 将鼠标指针悬停在素材箱中任何一副图像中。

在移动鼠标指针时，Premiere Pro 会显示剪辑的内容。缩略图的左边缘表示剪辑的开始位置，右边表示结束位置。这样一来，缩略图的宽度就表示整个剪辑。

4. 单击某个剪辑将其选中（注意不要双击，否则会在源监视器中播放该剪辑）。现在关闭悬停调整，缩略图的底部出现了一个迷你的导航条。试着使用播放头在剪辑中进行拖动，如图 4.30 所示。

图4.29

图4.30

在选中一个剪辑时，可以使用键盘上的 J、K 和 L 键来执行播放动作，如同在媒体浏览器中的操作一样。

- J：反向播放。
- K：暂停。
- L：正向播放。

Pr 提示：如果多次按 J 或 L 键，Premiere Pro 会以多个速率播放视频剪辑。按下 Shift＋J 或者 Shift＋L 组合键，可以将播放速度减小或增大 10%。

---

5. 选择一个剪辑，使用 J、K 和 L 键在缩略图中播放视频。

当双击剪辑时，Premiere Pro 不光会在源监视器中播放剪辑，而且还会将其添加到最近的剪辑列表中。

触摸屏编辑

　　如果用户使用的是触摸屏计算机，可能会在项目面板的缩略图上看到额外的控件，如图4.31所示。

　　用户可以使用这些控件执行编辑任务，而无须用到鼠标。要在非触摸屏计算机上看到这些控件，可单击面板菜单，然后为所有指向设备（pointing device）选择缩略图控件。

图4.31

6. 双击 Theft Unexpected 素材箱中的四五个剪辑，在源监视器中打开。

7. 打开源监视器面板菜单，浏览最近的剪辑，如图 4.32 所示。

图4.32

提示：你可以选择关闭单个剪辑，或者关闭所有的剪辑、清空菜单和监视器。有些编辑人员喜欢清空菜单，然后播放场景中的多个剪辑，方法是在素材箱中将它们选中，然后一起拖放到源监视器中。可以使用最近的项目菜单，只浏览所选择的那些剪辑。也可以按下源监视器的面板快捷键 Shift + 2，在打开的源剪辑之间进行切换。

8. 单击源监视器底部左侧的缩放级别菜单。

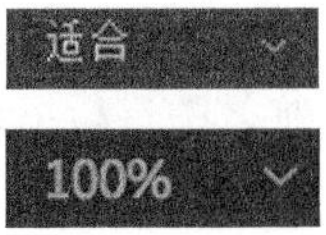

默认情况下，该菜单设置为适合，这意味着 Premiere Pro 会显示整个帧，而不管原来的尺寸。将该设置修改为 100%，如图 4.33 所示。

剪辑的高分辨率通常都会高于监视器的分辨率。

用户可以滚动出现在源监视器底部和右侧的滚动条，以便查看图像的不同部分，如图 4.34 所示。

适合

100%

图4.33

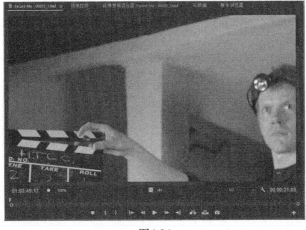

图4.34

将缩放设置为 100% 进行查看的好处是，可以看到原始视频的每一个像素，这对于检查视频的质量来说相当有用。

9. 从缩放水平菜单中选择适合。

4.4.1 使用基本的播放控件

下面来看一下播放控件。

1. 双击 Theft Unexpected 素材箱中的照片 Excuse Me，以便在源监视器中打开它。

2. 源监视器底部将出现一个蓝色的播放头标记，如图 4.35 所示。沿着面板的底部拖动它，以查看剪辑的不同部分。用户还可以在想要放置播放头的任何位置单击，它将会跳到单击的位置。

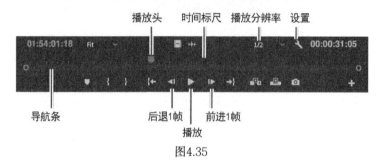

图4.35

3. 在导航条和播放头的下方，有一个缩放控件两倍宽的滚动条。拖动滚动条的一端在剪辑导航条中进行缩放，如图 4.36 所示。

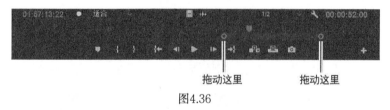

图4.36

4. 单击播放 / 停止按钮来播放剪辑。再次单击,停止播放。还可以使用空格键播放并停止播放。

5. 单击后退 1 帧或前进 1 帧按钮，在剪辑上每次移动一个帧。还可以使用键盘上的向左和向右箭头键完成此操作。

> **提示**：如果不确定每个按钮的功能，可以将鼠标指针悬停到上面，查看其名称和键盘快捷键（在括号中）。

6. 尝试使用 J、K 和 L 键播放剪辑。

> **注意**：在使用键盘快捷键时，选择很重要。如果发现 J、K 和 L 键不工作，要检查一下源监视器是否使用蓝色的轮廓线进行了选中。

4.4.2　降低播放分辨率

如果你的计算机处理器很旧或很慢，或者处理的是具有很大帧尺寸的 RAW 媒体，比如超高清视频（4K 或更高），则计算机可能无法播放视频剪辑的所有帧。在播放剪辑时，需要使用正确的时序播放（所以，一个 10s 的视频在播放时要持续 10s），但是有些帧可能不会显示出来。

图4.37

为了能在各种各样的计算机硬件配置上工作（从强大的桌面工作站到轻量型便携式计算机），Adobe Premiere Pro 可以降低播放分辨率，以便更流畅地播放视频。

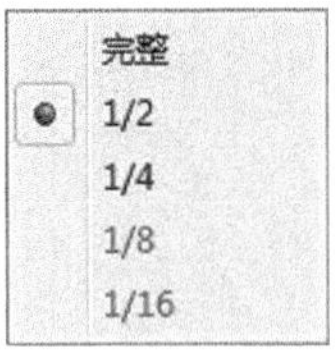

默认的分辨率是 1/2，如图 4.37 所示。

可以使用源监视器和节目监视器面板上的选择播放分辨率菜单，按照自己喜欢的方式频繁地更改播放分辨率。可供选择的播放率如图 4.38 所示。

有些较低的分辨率只有在处理特定的媒体类型时才可用。

图4.38

> **Pr** 提示：如果使用的是功能特别强大的计算机，可以在监视器的设置菜单（🔧）中选项高质量播放选项，这将以播放性能为代价，将预览的播放质量最大化，对压缩媒体（比如 H.264 视频、图形和静态图像）更是如此。

4.4.3　获取时间码信息

在源监视器的左下角，时间码显示以小时、分钟、秒和帧（00:00:00:00）的方式指明了播放头的当前位置。

例如，00:15:10:01 表示 0 时、15 分、10 秒和 1 帧。

在源监视器的底部，时间码显示表明了剪辑的持续时间。默认情况下，这将显示整个剪辑的持续时间，稍后添加特殊的入点和出点标记来进行部分选择。当这样操作时，剪辑的持续时间也会相应发生改变。

显示安全边界

电视监视器通常会裁剪图像的边缘以生成整齐的边。打开源监视器底部的设置菜单（🔧），选择安全边界选项，这会在图像周围显示有用的白色轮廓线，如图 4.39 所示。

外框是动作安全区域（action-safe zone），目的是将重要的动作限制在此框中，以便在显示图像时，边缘裁剪不会隐藏正在发生的事情。

内框是标题安全区域（title-safe zone）。将标题和图形限制在此框中，这样，即使在校正糟糕的显示器上显示，观众也能够阅读文字。

图4.39

Premiere Pro 还有一个高级的覆盖选项,在配置之后,能够在源监视器和节目监视器中显示有用的信息。要启用或禁用覆盖选项,可以打开监视器的设置菜单,然后选择覆盖选项。

通过单击监视器的设置菜单,选择覆盖设置 > 设置命令,可以访问用于覆盖和安全边界的特定设置。

通过选择在源监视器或节目监视器的设置菜单中再次选择 Safe Margins 或 Overlays,可以将其禁用。

4.4.4　自定义监视器

要自定义监视器显示视频的方式,可单击监视器的设置菜单(　)。

源监视器和节目监视器具有相似的选项。用户可以查看一个音频波形,它会随着时间显示音频的振幅。如果视频中带有字段,还可以选择要显示的字段。

需要确保在设置菜单中选中了合成视频。

用户也可以在查看剪辑的音频波形和视频之间进行切换。其方法是单击仅拖动视频(　)或仅拖动音频(　)图标。当使用鼠标将剪辑的视频部分或者音频部分拖放到序列中时,会主要使用这些图标,而且这些图标还可以作为有用的显示快捷键来显示音频波形。

> **Pr** 提示:如果你处理的是 360°视频,可以使用源监视器和节目监视器的设置菜单,切换到 VR 视频查看模式。

你可以修改显示在源监视器和节目监视器底部的按钮。

1. 单击源监视器底部右侧的按钮编辑器（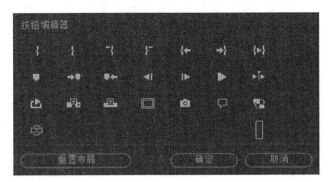）。

在一个浮动面板上会出现一个特殊的按钮集，如图 4.40 所示。

图4.40

2. 将浮动面板上的循环按钮（　）拖放到源监视器中播放按钮的右侧，并单击确定按钮，关闭按钮编辑器。

3. 双击 Theft Unexpected 素材箱中的 Excuse Me 剪辑，在源监视器中打开它。

4. 单击新的循环按钮启用它。

5. 单击播放按钮播放剪辑。使用空格键或源监视器上的播放按钮来播放视频。按停止按钮可停止播放。

在按下循环按钮的情况下，Premiere Pro 会不断重复播放剪辑或序列。如果剪辑或序列中有入点和出点标记，则会循环播放这两个标记之间的内容。

6. 单击后退 1 帧或前进 1 帧按钮，在剪辑上每次移动一个帧。也可以使用键盘上的向左和向右箭头完成该操作。

4.5 修改剪辑

Premiere Pro 使用与剪辑相关的元数据来了解如何播放它们。这个元数据通常是由摄像机添加，但是有时元数据可能是错误的，这时就需要告诉 Premiere Pro 如何解释剪辑。

可以用一个步骤更改一个文件或多个文件的剪辑解释。选择的所有剪辑会因为修改 Premiere Pro 的解释而受到影响。

4.5.1 选择音频声道

Premiere Pro 拥有高级的音频管理功能。使用原始剪辑的音频，可以创建复杂的混音并选择性地输出目标声道。通过精确地控制音频声道的发送线路，可以制作单声道、立体声、5.1 和 32 声道序列。

如果想要使用单声道或立体声源剪辑来制作立体声序列，默认设置可能恰好满足用户的需要。

在使用专业的摄像机录制音频时，使用一个麦克风录制一个声道，而使用另一个麦克风录制另一个声道的情况很常见。尽管这些声道同样适用于普通立体声音频，但是现在它们包含完全独立的声音。

摄像机为录制的音频添加元数据，以表示声音是单声道（单独的音频声道）还是立体声（声道 1 音频和声道 2 音频组合后形成完整的立体声混音）。

通过选择编辑 > 首选项 > 音频 > 默认音频轨道（Windows）或 Premiere Pro > 首选项 > 音频 > 默认音频轨道（macOS）导入新媒体文件时，可以指示 Premiere Pro 如何解释声道，如图 4.41 所示。

如果在导入剪辑时设置是错误的，可以在项目面板中很容易地设置不同的方式来解释声道。

1. 右键单击 Theft Unexpected 素材箱中的 Reveal 剪辑，选择修改 > 音频声道，出现如图 4.42 所示的选项卡。

图4.41

图4.42

当预设菜单被设置为使用文件时（和这里一样），Premiere Pro 会使用文件的元数据来设置音频的声道格式。

在这里，剪辑声道格式被设置为立体声，音频剪辑数被设置为 1。这也是将被添加到序列中的音频剪辑的数量（如果将这个剪辑编辑到序列中）。

现在看看这些选项下面的声道矩阵。源剪辑的左和右声道（这里是媒体源声道）被分配给单个剪辑（图中为剪辑 1），如图 4.43 所示。

在将该剪辑添加到序列中时，它将作为一个视频剪辑和一个音频剪辑出现，而且在同一个音频剪辑中有两个声道。

2. 单击预设菜单，将其修改为单声道。

Premiere Pro 将声道格式菜单切换为单声道，这样 L 和 R 源声道现在链接到两个独立的剪辑中，如图 4.44 所示。

图4.43 图4.44

> **Pr** 提示：需要确保使用的是预设菜单，而不是剪辑声道格式菜单，这样才能正确地修改设置。

这意味着在将剪辑添加到序列中时，每一个声道将作为独立的剪辑位于独立的音轨上，从而能够独立地处理它们。

3. 单击确定按钮。

4.5.2 合并剪辑

在音频质量相对低的摄像机上录制视频，而在单独的设备上录制高品质声音的情况很常见。以这种方式工作时，会想要在项目面板中合并高品质音频和视频。

以这种方式合并视频和音频文件时，最重要的因素是同步。用户可以手动定义同步点（例如场记板标记），或者是使 Premiere Pro 根据它们的原始时间码信息或音频自动同步剪辑。

如果选择使用音频来同步剪辑，则 Premiere Pro 将分析摄像机内音频和单独捕捉的声音，并使其匹配起来。

- 如果想要合并的剪辑中没有匹配的音频，可以手动添加一个标记。如果要添加标记，则将它放到一个明确的同步点，比如场记板。

- 选择摄像机剪辑和单独的音频剪辑，右键单击其中一个，然后选择合并剪辑。

- 选择同步点并单击确定按钮。

这会创建一个新的剪辑，这个剪辑在单个项目中合并了视频和音频。

关于音频剪辑声道解释的一些技巧

在处理音频剪辑声道解释时，需要注意下列事项。

- 在修改剪辑对话框中，会列出每一个可用的声道。如果源音频中有不需要的声道，可以取消选中它们，这些空声道在序列中不占据空间。

- 可以覆盖原始文件的声道解释。这意味着序列中可能需要不同类型的音轨。

- 对话框左侧的剪辑列表（该列表可能会只包含一个剪辑）中会显示有多少个音频剪辑会被添加到序列中。
- 使用复选框来选择要在每个序列音频剪辑中包含的源声道。这意味着可以采用任何方式，轻松地将多个源声道整合到一个序列剪辑中，或者将源声道分离到不同的剪辑中。

4.5.3 解释素材

为了使 Premiere Pro 正确地播放剪辑，需要了解视频的帧速率、像素高宽比（像素的形状）和显示字段的顺序（如果剪辑具有这些内容的话）。Premiere Pro 可以从文件的元数据找到这些信息，但是用户可以轻松地更改解释。

1. 使用媒体浏览器从 Lessons/Assets/Video 和 Audio Files/RED 文件夹中导入 RED Video.R3D。双击该剪辑，在源监视器中打开它。它是一个完全变形的宽屏，对预期的序列来说太宽了。

2. 在项目面板中右键单击剪辑，然后选择修改 > 解释素材选项。这个用来修改声道的选项不可用，因为该剪辑没有音频。

3. 现在，将剪辑设置为使用文件中的像素宽高比：变形 2:1。这意味着像素长是宽的两倍。

4. 在像素宽高比区域中选择符合，然后在相邻的菜单中选择 DVCPRO HD(1.5)，如图 4.45 所示。然后单击 OK 按钮。

图4.45

从现在开始，Premiere Pro 会将剪辑解释为其像素的长为宽的 1.5 倍。这会重新调整图像以使其显示为标准的 16:9 宽屏。可以在源监视器中查看结果。

实际上，该操作有时并不奏效，而且可能会引入一些不必要的失真，但是它可以对不匹配的媒体进行快速修正（新闻编辑人员经常会遇到这种问题），在图像内容是自然环境，但是其中却没有参照框架（比如人）时，更是如此。

4.5.4 处理 RAW 文件

Premiere Pro 针对 RED 摄像机创建的 .R3D 文件和 ARRI 摄像机创建的 .ari 文件以及其他文件提供了特殊设置。这些文件类似于专业单反数码相机使用的 Camera RAW 格式。

RAW 文件始终有一个解释图层，以便查看文件。用户可以随时更改解释，这样做不会影响播放性能。这意味着你可以更改照片中的颜色，而不需要额外的处理能力。使用特效可以实现类似的结果，但这需要计算机做更多的工作才能播放剪辑。

效果控件面板可以访问序列和项目面板中剪辑的控件，以使用该面板来更改 RAW 媒体文件的解释。

1. 在源监视器中双击 RED Video.R3D 剪辑，将其打开（如果还没有打开的话）。

2. 单击面板名称，将效果控件面板拖放到节目监视器中间，然后释放鼠标按钮。这会将效果控件面板放到与节目监视器相同的框架中，以便同时看到源监视器和效果控件面板。

因为 RED Video.R3D 剪辑显示在源监视器中，因此效果控件面板现在显示该剪辑的 RED 源设置选项，这些选项可以修改解释 RAW 媒体的方式，如图 4.46 所示。

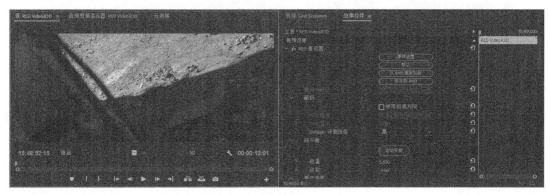

图4.46

在许多方面，这是一个强大的颜色调整控件，具有自动白平衡，以及红色、绿色和蓝色值的单独调整。

3. 滚动到列表的最下面,可以看到增益设置选项,如图 4.47 所示。将红色增益增加到 1.5 左右。用户可以单击显示三角形来显示一个滑块控件，直接拖动蓝色数值，也可以单击并输入数值。

图4.47

4. 查看源监视器中的剪辑。

图像已经更新完毕，如图 4.48 所示。如果你已经将此剪辑编辑到序列中，它也会在序列中进行更新。

图4.48

5. 在效果控件面板中，滚动到设置列表的最上面，然后单击原照设置按钮，重置视频剪辑的外观。

不同的 RAW 媒体文件在效果控件面板中具有不同的源设置选项。还有多种其他方式可用来调整视频剪辑的外观，第 14 课将讲解其中某些选项。

4.6 复习题

1. 如何更改项目面板中显示的列表视图标题？

2. 在项目面板中，如何快速筛选显示的剪辑以更轻松地查找剪辑？

3. 如何创建新的素材箱？

4. 如果在项目面板中更改了剪辑的名字，那么硬盘中它链接到的媒体文件的名字是否也会改变？

5. 可以使用哪些键盘快捷键来播放视频和音频剪辑？

6. 如何更改解释剪辑声道的方式？

4.7 复习题答案

1. 单击项目面板菜单，选择元数据显示选项，选择想显示的任何标题的复选框。

2. 单击筛选素材箱内容框，并输入想要查找的剪辑名字。Premiere Pro 会隐藏不匹配的所有剪辑，而显示匹配的剪辑。

3. 有多种方式可以新建素材箱：单击项目面板底部的新建素材箱按钮；选择文件 > 新建 > 素材箱；右键单击项目面板的空白区域并选择新建素材箱命令；按 Ctrl + B（Windows）或 Command + B（macOS）组合键；还可以将剪辑拖放到项目面板的新建素材箱按钮上。

4. 不会，可以复制、重命名或删除项目面板中的剪辑，而原始媒体文件不会发生任何变化。

5. 按空格键播放和停止播放。J、K 和 L 键可以像慢进 / 倒带控制器那样使用，实现向前或向后播放的效果，并且箭头键可用于向前或向后移动一个帧。

6. 在项目面板中，右键单击想要更改的剪辑，并选择修改 >Audio 声道命令。选择正确的选项（通常是选择一个预设），并单击确定按钮。

第5课 视频编辑的基础知识

课程概述

在本课中，你将学习以下内容：

- 在源监视器中处理剪辑；
- 创建序列；
- 使用基本的编辑命令；
- 理解轨道。

本课大约需要 75 分钟。

本课会介绍使用 Adobe Premiere Pro CC 创建序列时反复用到的核心编辑技能。

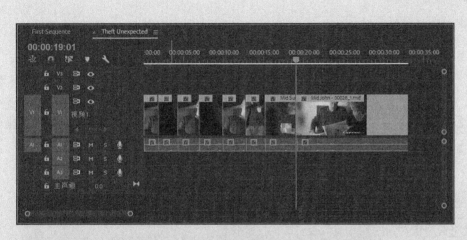

编辑不仅是选择素材，还可以精确地选择所拍摄的内容，将剪辑放在序列中正确的时间点和合适的轨道上（以创建分层视觉效果），将新剪辑添加到现有的序列，以及删除不需要的内容。

5.1 开始

无论如何进行视频编辑，都有一些是用户反复采用的简单技术。视频剪辑的大多数实践是选择剪辑的部分内容，并将其放到序列中。在 Premiere Pro 中有多种方法来处理这样的事情。

开始学习之前，确保使用的是编辑工作区。

1. 打开 Lesson 05 文件夹中的 Lesson 05.prproj 项目文件。

2. 选择文件 > 另存为命令。

3. 将文件重命名为 Lesson 05 Working.prproj。

4. 在硬盘上选择想要的存储位置，并单击保存按钮以保存项目。

5. 在工作区面板中，单击编辑选项；然后单击编辑选项附近的面板菜单，选择重置为保存的样式选项。

本课将首先介绍有关源监视器的更多信息，以及如何标记剪辑以准备将它们添加到序列中。然后，学习时间轴面板（可以在其中处理序列）的相关知识。

5.2 使用源监视器

源监视器是将资源包含到序列之前检查资源的主要位置。

在源监视器中查看视频剪辑时，是以其原始格式查看它们。它们将以录制时相同的帧速率、帧大小、场顺序、音频采样率和音频位深度进行播放，除非修改了剪辑的解释方式，如图 5.1 所示。

图5.1

然而，当将剪辑添加到序列时，Premiere Pro 会使剪辑与序列的设置相符合。例如，如果剪辑和序列不匹配，则会调整剪辑的帧速率和音频采样速率，以便序列中的所有剪辑具有相同的播放方式。

作为多种文件类型的查看器，源监视器提供了重要的附加功能。用户可以使用两种特殊的标记，即 In（入）点标记和 Out（出）点标记，来选择部分剪辑，将其包含在序列中。还可以采用标记的形式来添加注释，以便稍后参考它们或者提示有关剪辑的重要信息。例如，可以对没有权限使用的部分视频添加注释。

5.2.1 加载剪辑

要加载剪辑，请执行以下操作。

1. 在项目面板中，浏览到 Theft Unexpected 素材箱。使用默认的首选项，在按住 Ctrl（Windows）或 Command（macOS）键的同时双击项目面板中的素材箱，这将在现有面板中打开素材箱。

这与在 Windows Explorer（Windows）或 Finder（macOS）中双击文件夹相同，可以导航到素材箱。

在当前面板打开的素材箱中，如果已经完成了相关工作，要导航回项目面板内容，请单击素材箱面板顶部的向上导航按钮（ ）。

2. 双击一个视频剪辑，或者将剪辑拖放到源监视器中。

无论采用哪种方式，结果都是相同的：Premiere Pro 将在源监视器中显示剪辑，供用户查看并添加标记。

3. 将鼠标指针悬停到源监视器上，并按 `（重音符号）键。该面板将填满 Premiere Pro 应用程序的窗口，以便视频剪辑具有更大的视图。再次按 ` 键，会将源监视器的面板恢复到其原始大小。如果键盘没有 ` 键，则可以双击面板名称。

在第二个显示器上查看视频

如果有第二台显示器连接到计算机，则在每次播放视频时，Premiere Pro可以使用它显示全屏视频。

选择编辑>首选项>播放选项（Windows）或Premiere Pro > 首选项 > 播放选项（macOS），要确保启用了水银转换，并选中想要用于全屏播放的显示器的复选框。

用户也可以通过DV设备（如果计算机连接了DV设备）或通过第三方硬件（如果安装了）播放视频。

5.2.2 使用源监视器控件

除了播放控件，源监视器中还有其他一些重要的按钮，如图 5.2 所示。

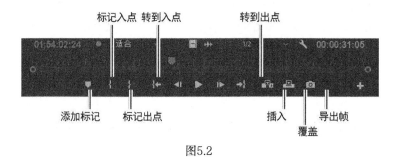

图5.2

- **添加标记**：将标记添加到剪辑中播放头所在的位置。标记可以提供简单的视觉参考或保存注释。

- **标记入点**：设置打算在序列中使用的剪辑的开始位置。每个剪辑或序列只有一个入点。新的入点将自动替代原来的入点。

- **标记出点**：设置打算在序列中使用的剪辑的结束位置。只能有一个出点。新的出点将自动替代原来的出点。

- **转到入点**：将播放头移动到剪辑的入点。

- **转到出点**：将播放头移动到剪辑的出点。

- **插入**：使用插入编辑模式将剪辑添加到时间轴面板当前显示的序列中（参见本课后面的"基本编辑命令"）。

- **覆盖**：使用覆盖编辑模式将剪辑添加到时间轴面板当前显示的序列中（参见本课后面的"基本编辑命令"）。

- **导出帧**：允许从监视器显示的任何内容中创建一个静态图像。更多信息参见第 18 课。

5.2.3　在剪辑中选择范围

有时序列中只包含一个剪辑的特定部分。一个编辑的大多数时间都用在了查看视频剪辑，以及选择哪个剪辑（或哪个剪辑的哪个部分内容）可用上面。用户可以很容易地做出选择。

1. 在 Theft Unexpected 素材箱中双击剪辑 Excuse Me（不是 Excuse Me Tilted），在源监视器中将其打开。该视频的内容是 John 紧张地询问能否坐下。

2. 播放剪辑，了解其内容。

John 走进屏幕中一半时停下来说了一句话。

3. 将播放头放在 John 进入镜头之前或者是他说话之前。大约在 01:54:06:00 位置，他停顿了一下并说了一句话。注意，时间码引用基于原始的录制，而不是从 00:00:00:00 开始的。

 提示：如果想使所有剪辑的时间码显示为以 00:00:00:00 开始，可以在媒体首选项中选择该选项。

4. 单击标记入点按钮。还可以按键盘上的 I 键。

Premiere Pro 将突出显示所选的剪辑部分。我们已经排除了剪辑的第一部分，但是如果稍后需要可以包含此部分，这就是非线性编辑的自由之处。

 提示：如果键盘上有单独的数字键盘，则可以直接使用数字键盘输入时间码数字。例如，只要没有剪辑被选中，如果输入 700，则 Premiere Pro 会将播放头放在 00:00:07:00 处。没有必要输入前导零或数字分隔符。一定要使用键盘右边的数字键盘键，而不是键盘顶部的数字（它们有不同的用途）。

5. 将播放头放在 John 坐下的那一刻，大约是 01:54:14:00 位置。

6. 按键盘上的 O 键以添加一个出点，如图 5.3 所示。

现在，将为下面两个剪辑添加 In 和 Out 标记。双击每一个剪辑，在源监视器中打开，并添加标记。

 注意：有些编辑喜欢查看所有可用的剪辑，在构建序列之前根据需要添加 In 和 Out 标记。而有些编辑只有在使用每个剪辑时才添加 In 和 Out 标记。读者可以根据所处理的项目类型自行选择适合的方式。

注意：添加到剪辑中的 In 和 Out 标记是持久的。也就是说，如果关闭并重新打开剪辑，它们还是存在的。

图5.3

7. 对于 HS Suit 剪辑，在 John 的话说完之后添加一个 In（入）点，大约在剪辑的 1/4 处（01:27:00:16 位置）。

8. 在 John 从相机面前走过，挡住我们的视线时（01:27:02:14 位置）添加一个 Out（出）点，如图 5.4 所示。

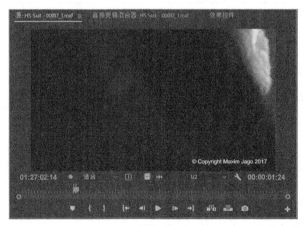

图5.4

9. 对于 Mid John 剪辑，在 John 开始坐下时（01:39:52:00 位置）添加一个 In（入）点。

10. 在他喝了一口茶之后（01:40:04:00 位置）添加一个 Out（出）点，如图 5.5 所示。

> **提示**：为了帮助用户找到素材中的位置，Premiere Pro 可以在源监视器和节目监视器的时间标尺上显示时间码数字。单击设置按钮（🔧）并选择时间标尺数字，可以将该选项打开或关闭。

> **提示**：当将鼠标指针悬停在某个按钮上时，弹出的工具提示会在按钮名字后面的括号中显示键盘快捷键。

图5.5

在项目面板中编辑

由于在更改In和Out标记之前它们在项目中仍是活动的，因此可以直接从项目面板和源监视器中将剪辑添加到序列。如果已经查看了所有剪辑并选择了需要的部分，则这是一种可以创建一个粗糙版本的序列的快速方式。记住，也可以直接在项目面板中添加In和Out标记。

当在项目面板中工作时，Premiere Pro应用了与使用源监视器时相同的编辑控件，因此用户体验十分相似——只需几次更快的单击。

以这种方式工作会很高效，而且在将剪辑添加到序列之前，还可以在源监视器中进行最后的查看。

5.2.4　创建子剪辑

如果你拥有一个非常长的剪辑，可能只想在序列中使用几个部分。如果能够将剪辑的不同部分进行分离，就可以在构建序列之前组织它们。

这正是创建子剪辑的原因。子剪辑是剪辑的部分副本。在处理非常长的剪辑时通常会使用它们，尤其是可能要在一个序列中使用同一原始剪辑的几个部分时。

子剪辑有下面几个显著的特点。

- 尽管在项目面板的列表视图中，子剪辑有不同的图标（），但是它们与常规剪辑一样，可以存放在素材箱中。

- 基于创建它们的入点和出点标记，它们具有有限的持续时间。与查看可能更长的原始剪辑相比，用户可以更容易地查看它们的内容。

- 它们与原始剪辑共享相同的媒体文件。

- 可以对子剪辑进行编辑，修改其内容，甚至将其转换为原始的未删减剪辑的一个副本。

我们来制作一个子剪辑。

1. 双击 Theft Unexpected 素材箱中的 Cutaways 剪辑，在源监视器中查看它。

2. 在查看 Theft Unexpected 素材箱的内容时，单击此面板底部的新建素材箱按钮，创建一个新素材箱。这个新建素材箱将出现在现有的 Theft Unexpected 素材箱中。

3. 将素材箱命名为 Subclips，然后在按住 Ctrl（Windows）或 Command（macOS）键的同时，双击该素材箱，以在同一个框架中打开它，而不是在一个新的面板中打开它。

4. 选择部分剪辑以制作成子剪辑，方法是使用一个入点和出点标记剪辑，大约在剪辑的中途位置删除并替换数据包。

与 Premiere Pro 中的许多工作流一样，有多种方式来创建子剪辑，而且结果相同。

5. 尝试如下操作中的一种。

- 在源监视器的图像显示中右键单击并选择制作子剪辑命令。

- 在源监视器为活动状态时，单击剪辑 > 制作子剪辑命令。

- 在源监视器为活动状态时，按下 Ctrl + U（Windows）或 Command + U（macOS）组合键。

- 在按住 Ctrl（Windows）或 Command（macOS）键的同时，将源监视器中的图像拖放到项目面板素材箱中。

6. 将新创建的子剪辑命名为 Packet Moved，然后单击确定按钮，如图 5.6 所示。

图5.6

新的子剪辑被添加到 Subclips 素材箱中，而且使用入点和出点标记指定了它的时长。

> **注意**：如果选择了将修剪限制为子剪辑边界选项，那么查看子剪辑时就无法查看位于选区之外的剪辑部分。这可能正是用户想要的（可以更改此设置，方法是右键单击素材箱中的子剪辑，然后选择编辑子剪辑）。

5.3 导航时间轴

时间轴面板是实现创意的画布，如图 5.7 所示。在该面板中，可以将剪辑添加到序列、对它们进行编辑更改、添加视觉特效和音频特效、混合音轨，以及添加标题和图形。

下面是有关时间轴面板的一些信息。

- 可以在时间轴面板中查看和编辑序列中的剪辑。

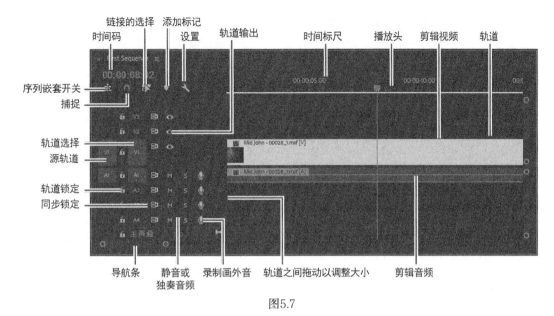

图5.7

- 节目监视器显示播放头当前所在位置的序列内容。

- 可以同时打开多个序列，每个序列都在自己的时间轴面板中显示。

- 术语"序列"和"时间轴"通常是可互换的，比如"在序列中"或"在时间轴上"。

- 可以添加任意数量的视频轨道，只要系统有足够的资源。

- 上面的视频轨道会先于下面的视频轨道播放，因此通常会将图形剪辑放在背景视频剪辑上面的轨道上。

- 可以添加任意数量的音频轨道，它们能同时播放从而创建音频混合。音频轨道可以是单声道（1 声道）、立体声（2 声道）、5.1（6 声道）或自适应的，最多 32 声道。

- 可以更改时间轴轨道的高度，以访问视频剪辑相关的其他控件和缩略图。

- 每个轨道都有一组控件，它们显示在最左侧的轨道头上，用于更改轨道的工作方式。

- 时间总是在时间轴上从左到右移动，所以在播放序列时，播放头也以这样的方向移动。

- 对于时间轴上的大部分操作，将使用标准的选择工具（ ），如图 5.8 所示。但是，还有几个工具用于其他用途，而且每个工具都有键盘快捷键。如果有疑问，请按 V 键，这是选择工具的快捷键。

图5.8　工具面板中包含了很多工具，可以在时间轴面板和节目监视器中使用

- 可以缩放时间轴，方法是使用键盘顶部的等号（＝）键和减号（－）键。如果使用反斜杠（\）键，则可以在当前设置和显示整个序列之间切换缩放级别。也可以双击时间轴底部的导航条，查看整个时间轴。

- 在时间轴面板顶部左侧有许多按钮，可以用来访问不同的模式、标记和设置，如图 5.9 所示。

图5.9

5.3.1 什么是序列

序列是一系列依次播放的剪辑，有时还具有多个混合图层，并且通常具有特效、字幕和音频，这构成了一个完整的影片。

在项目中，可以拥有任意多的序列。序列存储在项目面板中，而且与剪辑一样，它们也有自己的图标，如图 5.10 所示。

Theft Unexpected

图5.10

与剪辑一样，用户可以将序列编辑到其他序列中（称为嵌套），这可以为高级编辑工作流创建一个动态链接的序列集。

下面就来为 Theft Unexpected 戏剧制作一个新序列。

Pr | **注意**：可能需要单击向上导航按钮才能看到 Theft Unexpected 素材箱。

1. 在 Theft Unexpected 素材箱中，将剪辑 Excuse Me（而不是 Excuse Me Tilted）拖动到面板底部的 New Item 按钮上。

这是一种制作与媒体完美匹配的序列的快捷方式。

Premiere Pro 会创建一个新序列，名称与所选剪辑的名称相同。

2. 序列会在素材箱中突出显示，并且最好立刻对它进行重命名。在素材箱中右键单击该序列并选择重命名命令，将其命名为 Theft Unexpected，如图 5.11 所示。

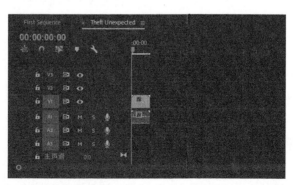

图5.11　剪辑在序列中看起来可能有些小，可以使用时间轴面板底部的导航条来放大。要想查看剪辑的缩略图，则增大V1轨道的高度

注意：如果之前已经打开了一个序列，则新序列将在同一框架中的一个新面板中打开。

提示：可以使用时间轴面板的设置菜单，选择最小化所有轨道或展开所有轨道命令，在单个步骤中修改所有轨道的高度。

序列将自动打开，它包含了用于创建它的剪辑。这适用于我们的目标，但是如果使用了一个随机剪辑来执行此快捷方式，那么现在可以在序列中选择并删除它，方法是按下退格键（Windows）或 Delete 键（macOS）。

单击时间轴面板中其名称选项卡的 × 来关闭序列，如图 5.12 所示。

× Theft Unexpected ≡

图5.12

5.3.2 在时间轴面板中打开序列

要在时间轴面板中打开序列，请执行以下一个操作。

* 在素材箱中双击序列。

* 在素材箱中右键单击序列，并选择在时间轴中打开命令。

现在打开刚刚创建的 Theft Unexpected 序列。

提示：与剪辑一样，也可以将序列拖放到源监视器中使用它。注意，不要将序列拖动到时间轴面板来打开它，因为这会将它添加到当前序列中，或者利用它创建一个新序列。

相符性

序列具有帧速率、帧大小和音频母带格式（例如单声道或立体声）。它们会调整添加的所有剪辑，以匹配这些设置。

可以选择是否缩放剪辑以匹配你的序列帧大小。例如，如果序列的帧大小是 1920×1080（普通高清），而视频剪辑的帧大小是 4096×2160（Cinema 4K），那么可以自动缩小高分辨率的剪辑以匹配序列分辨率或保持不变，仅在缩小的序列"窗口"中查看部分图像。

缩放剪辑时，会按比例缩小垂直和水平大小以保持原始宽高比。如果剪辑与序列的宽高比不同，则在缩放时它可能无法完全填满序列帧。例如，如果剪辑的宽高比是 4:3，将它添加到 16:9 的序列中并进行了放大，那么就会在两侧看到空白。

在效果控件面板中使用运动控件（参见第9课），可以对想要看到的部分图像进行动画处理，甚至可以在图像中创建一种动态的摇摄和扫描效果。

5.3.3 理解轨道

与铁轨保持火车正常运行一样，序列有视频和音频轨道来限制添加剪辑的位置。最简单的序列形式是仅有一个视频轨道和一个音频轨道。依次将剪辑从左到右添加到轨道中时，它们的播放顺序与放置的顺序相同。

序列也可以有更多的视频和音频轨道，它们将成为视频和其他音频通道的图层。由于较高的视频轨道出现在较低的视频轨道的前面，因此可以合并不同轨道上的剪辑，制作分层合成。

例如，使用一个顶部的视频轨道来为序列添加字幕，或者是使用特效混合多个视频图层，如图 5.13 所示。

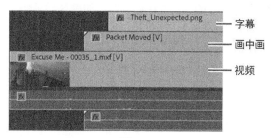

图5.13

使用多个音频轨道来为序列创建一个完整的音频合成，具有原始的源对话、音乐和现场音频效果，比如枪声或烟花、大气音波和画外音，如图 5.14 所示。

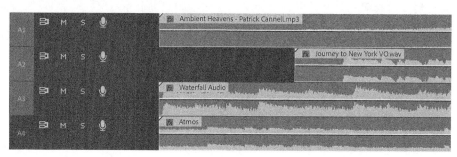

图5.14

取决于鼠标指针所在的位置，可以采用多种方式来滚动剪辑和序列。

- 如果将鼠标指针悬停在源监视器或节目监视器上，可以使用滚轮前后导航；轨迹板手势也起作用。

- 如果时间轴首选项中选择了水平时间轴鼠标滚动，可以在时间轴面板中对序列进行导航。

- 如果在使用鼠标滚动时按住 Alt（Windows）或 Option（macOS）键，时间轴视图会放大或缩小。

- 在按住 Alt（Windows）或 Option（macOS）键的同时，如果将鼠标指针悬停在轨道标题（header）上并滚动，则可以增加或减小轨道的高度。

- 如果将鼠标指针悬停在视频或音频轨道标题上，并在按住 Shift 键的同时进行滚动，则可以增加或降低所有此类轨道（视频和音频轨道）的高度。

> **Pr** 提示：在以滚动方式调整轨道的高度时，如果按住 Ctrl（Windows）或 Command（macOS）键，可以进行更精准的控制。

5.3.4　定位轨道

时间轴轨道标题中有用来启用/禁用轨道的按钮，当以每轨道为基础进行精确选择时，将会用到这些按钮。

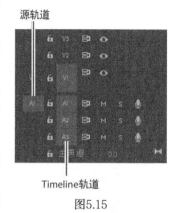

源轨道

Timeline轨道

图5.15

轨道标题的左侧有一组看起来相似的按钮。这些是源轨道的选择按钮，表示源监视器中当前显示的剪辑的可用轨道，或项目面板中所选剪辑的可用轨道，如图 5.15 所示。这些按钮与时间轴轨道一样具有编号。在执行更复杂的编辑时，这有助于使事务清晰明了。

如果将一个剪辑拖放到序列中，则源轨道选择按钮的位置会被忽略。尽管只添加了启用后的源轨道上的内容，但是，当在源监视器中使用键盘快捷键或按钮为序列添加剪辑时，则源轨道选择按钮非常重要，它们的位置指定了要将新剪辑添加到哪个轨道上。

在如图 5.16 所示的例子中，源轨道选择按钮的位置意味着，在使用按钮或键盘快捷键将剪辑添加到当前序列时，会将带有一个视频轨道和一个音频轨道的剪辑添加到 Timeline 上的 Video 1 和 Audio 1 轨道上。

在如图 5.17 所示的例子中，相较于时间轴轨道选择按钮，源轨道选择按钮已经通过拖动的方式移动到了一个新的位置。在这个例子中，当使用按钮或键盘快捷键将剪辑添加到当前序列中时，剪辑将被添加到时间轴的 Video 2 和 Audio 2 轨道上。

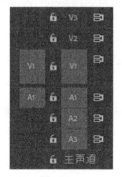

图5.16

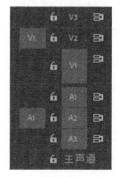

图5.17

源轨道选择按钮可以通过单击的方式来启用或禁用。蓝色的凸显标记表示轨道是启用的。通过将源轨道选择按钮拖放到不同的轨道，并选择要启用或禁用的轨道，可以进行高级编辑。

当采用这种方式进行编辑时，轨道选择按钮并不会影响结果。尽管源轨道选择按钮看起来很相似，但是它们的功能不同。左侧是源轨道选择按钮；右侧是时间轴轨道选择按钮。

注意：在渲染特效或做出时间轴选择时，时间轴轨道选择按钮很重要；但是在向序列中添加剪辑时，时间轴轨道选择按钮不会对此产生任何影响，而源轨道选择按钮则会产生影响。

5.3.5 入点和出点标记

源监视器中使用的入点和出点标记定义了想要添加到序列中的剪辑部分。

在时间轴上使用的入点和出点标记有下列两个主要目的。

- 告诉 Premiere Pro 将剪辑添加到序列的什么位置。
- 选择想要删除的序列部分。在使用入点和出点标记时，将它们与轨道选择按钮一起使用，可以精确选择要从指定的轨道上移除整个剪辑，或移除部分剪辑，如图 5.18 所示。

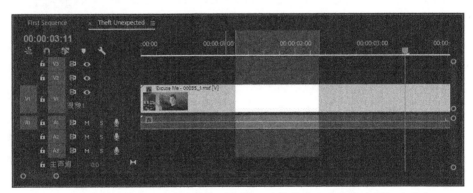

图5.18　较亮的区域表示所选的序列部分，这部分由入点和出点标记来定义

1. 设置入点和出点标记

在时间轴上添加入点和出点标记与在源监视器中添加它们一样。

一个主要差别是，与源监视器中的控件不同，节目监视器中的控件也适用于时间轴。

要在播放头的当前位置向时间轴添加入点，要确保时间轴面板或节目监视器是活动的，然后按 I 键或单击节目监视器中的标记入点按钮。

要在播放头的当前位置向时间轴添加出点，要确保时间轴面板或节目监视器是活动的，然后按 O 键或单击节目监视器中的标记出点按钮。

2. 清除入点和出点标记

如果打开了一个已经带有入点和出点标记的剪辑，可以通过添加新的入点和出点做出修改；新添加的标记将取代原有的标记。

也可以删除剪辑或序列中已有的标记。在时间轴、节主目监视器和源监视器中，删除入点和出点标记的技术是一样的。

1. 在时间轴中，单击 Excuse Me 剪辑一次，以选择它。

2. 按下斜杠（/）键，这会在时间轴中的剪辑开始处（左侧）添加一个入点标记，在剪辑结束处（右侧）添加一个出点标记。入点和出点都添加到了时间轴顶部的时间标尺中。

3. 右键单击时间轴顶部的时间标尺，查看菜单选项。

在该菜单中选择需要的选项，或者使用以下任意一种键盘快捷键。

- Ctrl + Shift + I（Windows）或 Option + I（macOS）：删除入点标记（Clear In，清除入点）。

- Ctrl + Shift + O（Windows）或 Option + O（macOS）：删除出点标记（Clear Out，清除出点）。

- Ctrl + Shift + X（Windows）或 Option + X（macOS）：删除入点标记和出点标记（Clear In and Out，清除入点和出点）。

4. 最后一个选项特别有用。它容易记忆并且可以快速清除入点和出点标记。现在使用该选项来清除添加的标记。

5.3.6　使用时间标尺

节目监视器和源监视器底部以及时间轴顶部的时间标尺的用途是一样的：它们允许用户及时导航剪辑或序列。

在 Premiere Pro 中，时间总是从左到右的，并且播放头的位置以一种可见的方式表明了与剪辑的关系。

现在左右拖动时间轴中的时间标尺（即时间轴面板顶部的时间标记），播放头会跟随鼠标移动。在 Excuse Me 剪辑上拖动鼠标时，会在节目监视器中看到该剪辑的内容。以这种拖动的方式来浏览内容被称为调整。

注意，源监视器、节目监视器和时间轴面板底部都有导航条，如图 5.19 所示。将鼠标指针悬停在导航条上并使用鼠标滚轮滚动会缩放时间标尺。放大时间标尺后，可以通过拖动导航条的方式来移动时间标尺。

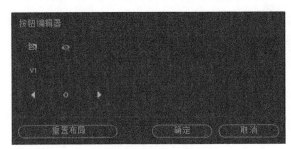

图5.19 拖动节目监视器导航条的末端，对时间标尺进行精确的缩放控制

双击导航条可以将时间标尺缩至最小。

5.3.7 自定义轨道标题

与自定义源监视器和节目监视器的控件一样，用户可以修改时间轴轨道标题上的许多选项。

要访问这些选项，右键单击视频或音频轨道标题，然后选择自定义命令；或者单击时间轴设置菜单（🔧），然后选择自定义视频标题或自定义音频标题，结果如图 5.20 和图 5.21 所示。

图5.20 视频轨道标题按钮编辑器 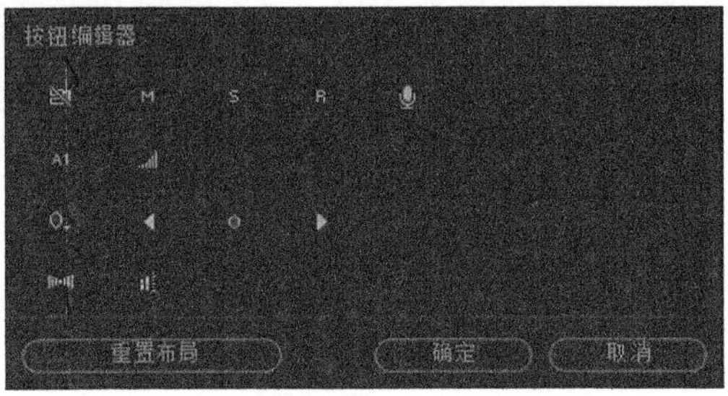　　　　　图5.21 音频轨道标题按钮编辑器

要找到可用按钮的名称，将鼠标指针悬停在按钮上可以查看工具提示。许多按钮对用户来说已经很熟悉了，还有一些按钮将在后面的课程中介绍。

通过将按钮从按钮编辑器拖放到轨道标题，可用为轨道标题添加按钮。将按钮拖离轨道标题可以删除按钮。

所有的轨道标题将更新，以匹配调整的轨道标题。

现在可以自由尝试此功能，完成尝试后，单击按钮编辑器上的重置布局按钮，以将轨道标题返回其默认选项。

最后，单击取消按钮来关闭按钮编辑器。

5.4 使用基本的编辑命令

无论是使用鼠标将剪辑拖放到序列中，还是使用源监视器上的按钮，或者是使用键盘快捷键，都是在应用两种编辑类型中的一种：插入编辑或覆盖编辑。

当用户要将一个新剪辑添加到序列中，而且序列在这个添加位置存在剪辑时，插入和覆盖两个选项会产生完全不同的效果。

5.4.1 执行覆盖编辑

继续处理 Theft Unexpected 序列。目前为止只有一个剪辑，即 John 问询一个座位是否为空的剪辑。

首先，使用覆盖编辑添加一个响应镜头，来回复 John 对座位的请求。

1. 在源监视器中打开镜头 HS Suit。之前已经为此剪辑添加了入点和出点标记。

2. 需要小心地设置时间轴。在第一次使用时间轴时，处理起来可能会比较慢，但是在经过练习之后，就可以快速容易地进行编辑。

将时间轴播放头定位到 John 做出请求之后，大约是 00:00:04:00 位置。

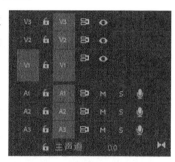

除非已经在时间轴上放置了入点和出点标记，否则在使用键盘或屏幕按钮进行编辑时，会使用播放头来定位新剪辑。当使用鼠标将剪辑拖放到序列中时，将忽略播放头的位置以及已有的入点和出点标记。

3. 尽管新剪辑具有音频轨道，但是并不需要它。用户需要将音频保留在时间轴上。单击音频轨道选择按钮 A1 以关闭它。按钮现在应该是灰色，而不是蓝色，如图 5.22 所示。

图5.22

> **Pr** | 提示：术语"镜头"和"剪辑"通常是可交互使用的。

4. 检查你的轨道标题是否与图 5.22 所示类似。对这次编辑来说，只有 A1 和 V1 轴轨道选择按钮是重要的，原因是序列中的其他轨道没有任何剪辑。

5. 单击源监视器上的覆盖按钮（ ）。

剪辑添加到了时间轴上的 Video 1 轨道上，结果如图 5.23 所示。

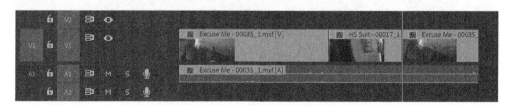

图5.23

尽管添加剪辑的时机可能不是很完美，但是现在有了对话场景！

> **Pr** | 注意：执行覆盖编辑时，序列不会变长。

默认情况下，当使用鼠标将剪辑拖放到序列中时，是在执行覆盖编辑。按住 Ctrl（Windows）或 Command（macOS）键然后再进行拖放，执行的则是插入编辑。

5.4.2　执行插入编辑

现在尝试插入编辑。

1. 拖动时间轴的播放头，将它放置到 Excuse Me 剪辑中 John 说了 "Excuse me" 之后（大约是 00:00:02:16 位置）。

2. 在源监视器中打开剪辑 Mid Suit，在 01:15:46:00 处添加一个入点标记并在 01:15:48:00 处添加一个出点标记。这实际上来自剪辑的不同部分，但是观众并不知道。它也可以用作一个响应镜头。

3. 确保时间轴的源轨道选择按钮的排列位置与图 5.24 所示的例子一样。

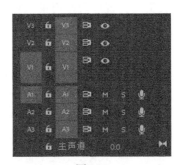

图5.24

4. 单击源监视器上的插入按钮（ ），结果如图 5.25 所示。

图5.25

恭喜你已经完成了一个插入编辑。

序列中的剪辑 Excuse Me 已经被拆分开，稍后会移动播放头后面的剪辑部分，为新剪辑留出位置。

 注意：在应用一个插入编辑时，序列会变长：已经在选定轨道上的剪辑在序列中会向后移动，以便为新编辑留出位置。

5. 将播放头放在序列的开始位置，并播放编辑。用户可以使用键盘上的 Home 键跳转到开始位置；

也可以使用鼠拖动播放头，或者按向上箭头键来使播放头跳转到之前的编辑（按向下箭头键会跳到后面的编辑）。

注意：序列（sequence）和 edit（编辑）通常也会交互使用。

6. 在源监视器中打开剪辑 Mid John。之前我们已经为该剪辑添加了入点和出点标记。

7. 将时间轴播放头放在序列的末尾，即 Excuse Me 剪辑的结尾处。可以按住 Shift 键，让播放头与剪辑的末尾对齐。

注意：如果在时间轴上添加了入点和出点标记，则在执行编辑时，Premiere Pro 将优先使用它们作为播放头的位置。

8. 单击源监视器上的插入或覆盖按钮。由于时间轴播放头位于序列末尾，没有多余的剪辑，因此使用哪种编辑模式都可以。

现在再插入一个剪辑。

9. 将时间轴播放头放在 John 喝茶之前，大约是 00:00:14:00 位置。

提示：随着序列变长，可能需要不断缩放序列，才能更好地查看剪辑。

10. 在源监视器中打开剪辑 Mid Suit，并使用入点和出点标记选择一个位于 John 坐下和第一次喝茶之间的剪辑部分，入点标记位于 01:15:55:00，出点标记位于 01:16:00:00。

11. 使用插入编辑将剪辑编辑到序列中，结果如图 5.26 所示。

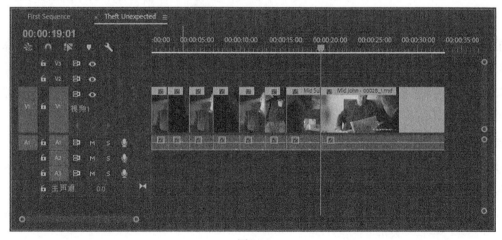

图5.26

添加编辑的时机可能不是很完美，但没有关系，后续可以修改添加时机——这也是非线性编辑之美的体现。最重要的是剪辑的顺序要正确。

> **Pr** **注意**：可以通过从项目面板或源监视器拖放到节目监视器的方式，将剪辑编辑到序列中。在拖动时按住 Control（Windows）或 Command（macOS）键，执行的则是插入编辑。

5.4.3　执行三点编辑

要将一个剪辑或部分剪辑添加到序列中，Premiere Pro 需要知道剪辑的持续时间，以及它在时间轴中的放置时机和位置。

这意味应该有 4 个入点和出点标记：

- 用于剪辑的一个入点标记；
- 用于剪辑的一个出点标记；
- 用于序列的一个入点标记，当剪辑一旦被添加到序列中，用这个入点标记来设置剪辑的开始位置；
- 用于序列的一个出点标记，剪辑一旦被添加到序列中，用这个入点标记来设置剪辑的结束位置。

事实上，只需要 3 个标记即可，因为可以基于所选剪辑的持续时间，自动计算出第四个标记。

来看这样一个例子。如果在源监视器中选择了一个 4 秒的剪辑，Premiere Pro 将自动获知该剪辑在序列中将占据 4s 的时间。一旦设置了剪辑的放置位置，就可以准备执行编辑了。

由于 In 和 Out 标记通常称为 In 和 Out 点，因此只使用 3 个标记以这种方式来执行的编辑，被称为三点编辑。

在进行最后的编辑时，Premiere Pro 会将剪辑的入点标记（剪辑的开头）与时间轴的入点标记（播放头）对齐。

即使没有手动将入点标记添加到时间轴，仍然是在执行三点编辑，而持续时间是根据源监视器中的剪辑计算出来的。

如果为时间轴添加一个入点标记，则 Premiere Pro 会使用此入点放入新的剪辑，而忽略播放头。

为时间轴添加一个出点标记（而不是入点标记）也可以实现类似的效果。在这种情况下，在执行编辑时，Premiere Pro 会对齐源监视器中剪辑的出点标记与 Timeline 的出点标记。

如果序列中剪辑的末尾有一个定时的动作（比如关门），并且新剪辑的时间需要与它对齐，那么可以为时间轴添加一个出点标记。

5.4.4 故事板编辑

术语"故事板"通常描述用来展示电影的目标摄像机角度和动作的一系列绘图。故事板通常与连环画十分相似, 尽管它们通常包含更多技术信息, 比如目标摄像机的移动、台词和音效。

用户可以将素材箱中的剪辑缩略图用作故事板图像。

拖动缩略图, 以用户想要剪辑在序列中出现的顺序对其进行排列(从左到右和从上到下), 然后将它们拖放到序列中, 如图5.27所示。

图5.27

1. 使用故事板构建一个集合编辑

集合编辑(assembly edit)是剪辑顺序正确但时间还没有计算出来的序列。通常首先将序列构建为集合编辑（只是为了确保结构能正常工作），然后再调整时间。

用户可以使用故事板编辑快速让剪辑保持正确的顺序。

1. 保存当前的项目。

2. 打开 Lessons/Lesson 05 文件夹中的 Lesson 05 Desert Sequence.prproj。

3. 选择菜单文件 > 另存为命令，将项目存储为 Lesson 05 Desert Sequence Working.prproj。

该项目有一个带音乐的 Desert Montage 序列。这里将添加一些精彩的镜头。

音频轨道 A1 已经被锁定（单击轨道挂锁图标可以锁定或解锁一个轨道），这意味着无须冒着更改音频轨道的风险调整序列。

 提示：项目的文件名可以很长，如果文件名包含了有用的信息，则有助于用户识别一个项目，但是太长的文件名会导致文件管理存在难度。

2. 排列故事板

双击 Desert Footage 素材箱以打开它。该素材箱中有一些美丽的镜头。

1. 单击素材箱左下角的图标视图按钮（■），查看剪辑的缩略图。

 注意：Premiere Pro 的图标视图中有根据多项标准排列剪辑的选项。针对选项单击排列图标按钮（◇）。将菜单设置为用户顺序后，能够将剪辑拖放到一个新顺序中。

2. 拖放素材箱中的缩略图，使它们按用户想要的顺序出现在序列中（从左到右，从上到下，就像连环画或故事书那样）。

3. 确保选中了 Desert Footage 素材箱（带有一个蓝色的轮廓）。按 Ctrl + A（Windows）或 Command + A（macOS）组合键选择素材箱中的所有剪辑。

4. 将剪辑拖放到序列中，将它们放到时间轴开始位置的 Video 1 轨道上，位于音乐剪辑的上方，如图 5.28 所示。

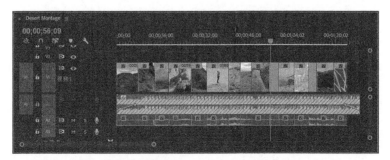

图5.28　剪辑将以用户在Project面板中的选择顺序添加到序列中

5. 播放序列，查看结果。

设置静态图像的持续时间

这些视频剪辑已经有入点和出点标记，在将剪辑添加到序列中时，会自动使用这些入点和出点标记。

图形和照片在序列中可以有任意的持续时间。但是，它们拥有在导入时应用的默认入点和出点标记。

选择编辑>首选项>时间轴（Windows）或Premiere Pro>首选项>时间轴选项（macOS），并在静态图像的默认持续时间框中更改持续时间。只有在导入它们时，用户所做的改变才会应用到剪辑中，而且这不会影响项目中已经存在的剪辑。

静态图像和静态图像序列（像动画那样顺序播放的一系列图像）也没有时基（timebase，即每秒钟应该播放的帧的数量）。用户可以为静态图像设置默认的时基，方法是选择编辑 > 首选项 > 媒体选项（Windows）或Premiere Pro > 首选项 > 媒体选项（macOS），然后为模糊媒体时基设置一个选项。

5.5 复习题

1. 入点和出点标记的作用是什么?

2. Video 2 轨道在 Video 1 轨道的前面还是后面?

3. 子剪辑有什么作用?

4. 如何选择在时间轴面板中处理的一个序列的时间范围?

5. 覆盖编辑和插入编辑之间的区别是什么?

6. 如果源剪辑没有入点或出点标记,而且在序列中也没有入点或出点标记,则可以将多少源剪辑添加到序列中?

5.6 复习题答案

1. 在源监视器和项目面板中,入点和出点标记定义了想在序列中使用的剪辑部分。在时间轴上,入点和出点标记用于定义想要删除、编辑、渲染或导出的序列部分。在处理特效时,还可以使用它们定义想要渲染的序列部分。当想要导出部分时间轴来创建视频文件时,也可以使用它们来定义要导出的时间轴部分。

2. 上面的视频轨道始终位于下面的视频轨道的前面。

3. 尽管在 Premiere Pro 播放视频和声音时,子剪辑几乎没有差别,但是它们可以轻松地将素材分到不同的素材箱中。对于具有大量较长剪辑的大型项目,如果能以这种方式分割内容会带来很大的不同。

4. 可以使用入点和出点标记来定义想要处理的序列部分。例如,在处理特效时,可能需要进行渲染,或者将序列的某些部分导出为文件。

5. 使用覆盖编辑方法添加到序列中的剪辑会替换序列中相应位置的已有内容;使用插入编辑方法添加到序列中的剪辑会取代已有剪辑并将它们推后(向右),从而使得序列更长。

6. 如果不为源剪辑添加入点和出点标记,则整个剪辑会被添加到序列中。设置一个入点标记和 / 或一个出点标记后,则会对编辑中使用的源剪辑的内容形成限制。

第6课 使用剪辑和标记

课程概述

在本课中，你将学习以下内容：

- 理解节目监视器和源监视器之间的区别；
- 播放虚拟现实（VR）头盔的 360° 视频；
- 使用标记；
- 应用同步锁定和轨道锁定；
- 在序列中选择项目；
- 在序列中移动剪辑；
- 从序列中删除剪辑。

 本课大约需要 75 分钟。

一旦序列中包含一些剪辑后，就可以准备下一阶段的微调了。用户可以在编辑中移动剪辑并删除不需要的剪辑部分；还可以添加注释标记，用于存储有关剪辑和序列的信息，在进行编辑期间，或者将序列发送到其他 Adobe Creative Cloud 应用程序时，这会很有用。

编辑视频序列中的剪辑时，Adobe Premiere Pro CC 可以使用标记和高
级工具来同步和锁定轨道，从而使微调编辑变得更简单。

6.1 开始

视频编辑的技巧和艺术在完成序列的第一个版本之后的阶段得到了最好的证明。一旦选择了镜头并将它们以大致正确的顺序放置时，仔细调整编辑时间的过程就开始了。

本课将介绍节目监视器中的更多控件，以及标记是如何帮助用户做到井然有序的。

另外，我们还将学习如何处理 Timeline 上已有的剪辑。时间轴是 Adobe Premiere Pro CC 非线性编辑的"非线性"部分。

在开始学习之前，确保使用的是编辑工作区。

1. 打开 Lesson 06 文件夹中的 Lesson 06.prproj 文件。

2. 选择文件 > 另存为命令。

3. 将文件重命名为 Lesson 06 Working.prproj。

4. 选择硬盘上的一个存储位置，然后单击保存按钮来保存项目。

5. 将工作区重置为默认模式，在工作区面板中单击编辑按钮。然后单击编辑选项附近的菜单，选择重置为保存的布局命令。

6.2 使用节目监视器控件

节目监视器与源监视器几乎完全相同，但是，两者之间还存在少量非常重要的差别。

6.2.1 什么是节目监视器

节目监视器（见图 6.1）显示序列播放头所在位置的帧或正在播放的帧。时间轴中的序列显示剪辑片段和轨道，而节目监视器显示生成的视频输出。节目监视器的时间标尺是时间轴的微型版本。

在早期的编辑阶段，用户可能会花大量时间来使用源监视器。一旦将序列粗略地编辑在一起，则需要花费大量的时间来使用节目监视器和时间轴。

节目监视器和源监视器的对比

节目监视器与源监视器的主要差别如下。

- 源监视器显示剪辑的内容；节目监视器显示时间轴面板中当前显示的序列的内容。

- 源监视器有插入和覆盖按钮来为序列添加剪辑（或部分剪辑）。节目监视器具有对应的提取和提升按钮，可以从序列中删除剪辑（或部分剪辑）。

- 尽管两个监视器都有时间标尺，但节目监视器的播放头是与当前正在时间轴面板中查看的序列中的播放头相匹配的（当前序列的名称出现在节目监视器的左上角）。只要移动一个播放头，另一个播放指示器也随之移动，允许用户使用任何一个面板来更改当前显示的帧。
- 在Adobe Premiere Pro中处理特效时，节目监视器中将显示结果。该规则有一个例外：主剪辑特效可以在源监视器和节目监视器中查看（有关特效的更多信息，请见第13课）。
- 节目监视器上的标记入点和标记出点按钮与源监视器中这两个按钮的工作方式是一样的。将入点和出点标记添加到节目监视器时，会将它们添加到当前显示的序列中。

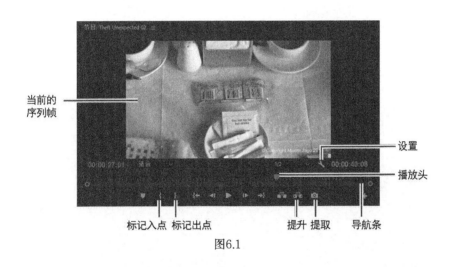

图6.1

6.2.2 使用节目监视器向时间轴添加剪辑

前面已经学习了如何使用源监视器来选择部分剪辑，然后通过按一个键、单击一个按钮或者拖放的方式，将编辑添加到序列中。

用户还可以直接将剪辑从源监视器拖放到节目监视器中，以将其添加到时间轴。

1. 在序列素材箱中，打开 Theft Unexpected 序列。

2. 将时间轴的播放头放在序列的结尾，即剪辑 Mid John 最后一帧的后面。可以按住 Shift 键使播放头与编辑对齐，或者按向上和向下箭头键在编辑之间导航。

提示：在列表视图下，可以使用左箭头和右箭头键展开和折叠项目面板中的素材箱。

提示：可以按下 End 键（Windows）或 fn+ 右箭头键（macOS），将播放头移动到序列的末尾。可以按下 Home 键（Windows）或 fn+ 左箭头键（macOS），将播放头移动到序列的末尾。

3. 在源监视器中打开 Theft Unexpected 素材箱的剪辑 HS Suit。这是已经在序列中使用的剪辑，但是这次想使用这个剪辑中的不同部分。

4. 在大约 01:26:49:00 处为剪辑设置一个入点标记。镜头中没有太多动作，因此它作为切换镜头会工作得很好。在大约 01:26:52:00 处添加一个出点标记，这样 Suit 中还有一点时间。

提示：用户可以单击时间码显示，输入数值（不要输入标点符号），然后按 Enter 键，这会将播放头移动到这个时间点。

5. 单击源监视器中画面的中间位置，将剪辑拖放到节目监视器中，但是不要松开鼠标，如图 6.2 所示。

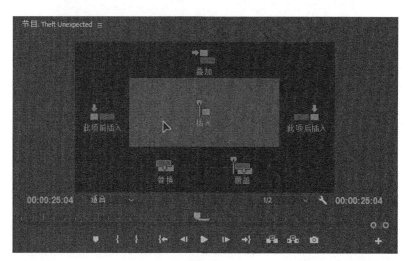

图6.2

在节目监视器中会出现几个重叠图像，而且每一个图像都会凸显一个拖放区域（drop zone）。在你准备进行编辑时，拖放区域会给出一些不同的选项。

如果计算机屏幕支持触摸操作，当通过触摸的方式进行编辑时，重叠区域可以提供最大程度的灵活性。用户既可以使用鼠标来拖入剪辑，也可以通过触摸的方式来拖入剪辑。

当将鼠标移动到每个覆盖图像上面时，释放鼠标按钮时应用的编辑类型将会突出显示。

下面是一些选项。

- **插入**：执行插入编辑，该选项使用源轨道选择按钮来选择剪辑将要放置到的轨道。

- **覆盖**：执行覆盖编辑，该选项使用源轨道选择按钮来选择剪辑将要放置到的轨道。

- **重叠**：如果已经在时间轴上选择了一个剪辑，则新的剪辑会添加到选定剪辑上面的下一个可用轨道上。如果下一个轨道上也有了一个剪辑，则使用这个剪辑上面的轨道，以此类推。

- **取代**：新剪辑会取代当前位于时间轴播放头下面的剪辑（有关取代编辑的更多信息，请见第 8 课）。

- **在之后插入**：新剪辑会立即插入到当前位于时间轴播放头下方的剪辑的后面。

- **在之前插入**：新剪辑会立即插入到当前位于时间轴播放头下方的剪辑的前面。

就这个例子来说，时间轴上没有选择任何剪辑，而且也没有要进行覆盖的剪辑。这里选择插入选项，原因是它是最大的拖放区域，更容易进行准确操作。

当释放鼠标按钮时，剪辑将添加到序列中播放头的位置，此时整个编辑工作就完成了。

> **Pr** **注意**：当使用鼠标将剪辑拖放到序列中时，Premiere Pro 仍然使用源通道选择按钮来控制要使用剪辑（视频和音频通道）的哪些部分。

使用节目监视器进行插入编辑

让我们尝试使用相同的技术在序列的中间插入一个剪辑。

1. 将时间轴的播放头放在剪辑的 00:00:16:01 位置，位于 Mid Suit 和 Mid John 镜头之间。在这个剪辑中，动作的连续性不是很好，因此添加 HS Suit 剪辑的另一部分。

2. 在源监视器中，为 HS Suit 剪辑添加一个新的入点和出点标记，选择喜欢的任何部分，其持续时间为 2 秒。可以在源监视器的右下角看到所选的持续时间（见图 6.3），显示为白色数字。

1/2 ✕ 00:00:02:00
图6.3

3. 再次将剪辑从源监视器拖放到节目监视器中，确保将剪辑放到插入重叠（insert overlay）上面。当释放鼠标按钮时，剪辑将插入到序列中，如图 6.4 所示。

相较于使用键盘快捷键、使用源监视器上的插入和覆盖按钮，或将剪辑拖放到节目监视器中，如果更喜欢将剪辑拖放到序列中，依然有办法仅添加剪辑的视频或音频部分。

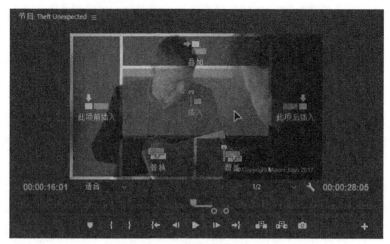

图6.4

下面就来尝试组合使用各种技术。用户设置时间轴轨道标题，然后将它拖放到节目监视器中。注意，在将剪辑编辑到序列中时，只有源轨道选择按钮起作用，时间轴轨道选择按钮不起作用。

1. 将时间轴播放头放在大约 00:00:25:20 位置，就是 John 拿出钢笔的前面。

2. 在时间轴轨道标题上，拖动时间轴视频 2 轨道附近的源 V1 轨道选择按钮，如图 6.5 所示。这是用户要使用的技术，使用轨道定位来设置正在添加的剪辑位置。

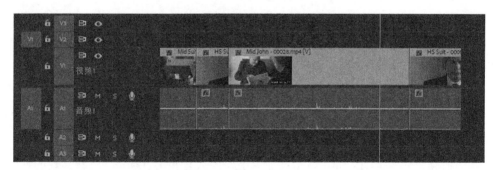

图6.5

3. 在源监视器中打开剪辑 Mid Suit。在大约 01:15:54:00 位置，John 正在使用钢笔。在此处添加一个入点标记。

4. 在大约 01:15:56:00 位置添加一个出点标记。我们只需要一个快速的替代角度。

在源监视器底部，可以看到仅拖动视频和仅拖动音频图标（ ▣ ⋙ ）。

这两个图标有两个目的。

· 表示剪辑是否包含视频和 / 或音频。例如，如果没有视频，则电影胶片图标是灰色的；如果没有音频，则波形是灰色的。

- 可以使用鼠标拖动它们以选择性地将视频或音频编辑到序列中。

5. 将源监视器底部的电影胶片图标拖到节目监视器中，并放到覆盖图标上。当释放鼠标按钮时，只有剪辑的视频部分添加到时间轴的 Video 2 轨道中，如图 6.6 所示。

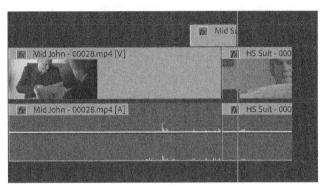

图6.6

即使同时启用了源视频和源音频选择按钮，节目监视器也可以工作，这是一种选择所需的部分视频的快速且直观的方法。通过选择性地禁用源轨道选择按钮，可以实现相同的效果。

6. 从头开始播放序列。

剪辑的时序还不是很好，但是现在已经是一个良好的开端。刚添加的剪辑在 Mid John 剪辑末尾和 HS Suit 剪辑开始之前播放，这更改了时序。由于 Premiere Pro 是非线性编辑系统，因此可以更改时序。第 8 课将介绍如何更改时序。

为什么有这么多将剪辑编辑到序列中的方法？

这种方法看起来可能是实现相同事情的另一种方式，好处是什么呢？很简单：随着屏幕分辨率的增加和按钮变小，瞄准并单击正确的位置也就变得越不容易。

如果更喜欢使用鼠标（或在触摸屏上使用手指）进行编辑（而不是键盘），节目监视器呈现了一个大的拖放区域供用户将剪辑添加到时间轴。它使用轨道标题控件和播放头的位置（或入点和出点标记），提供了剪辑的精确放置，同时使用户更够直观地工作。

6.3 设置播放分辨率

水银回放引擎支持 Premiere Pro 实时播放多种媒体类型和特效等内容。水银回放引擎使用计算机硬件能力来提升性能。这意味着 CPU 的速度、RAM 的大小、GPU 的能力和硬盘的速度都是影响播放性能的因素。

如果系统在播放序列（在节目监视器中）或剪辑（在源监视器中）中的视频帧时有困难，可以降低播放分辨率，使播放更流畅一些。当你看到视频播放不顺畅、经常停止和开始时，通常表示由于硬件限制而导致系统无法播放文件。

需要知道的是，播放高分辨率的视频文件通常很有难度！一个未压缩的全高清视频帧近似等同于大约 800 万个文本字幕。而超高清视频（通常称之为 4K 视频）是全高清视频的 4 倍。

尽管降低分辨率意味着无法看到图像的每个像素，但是这样做可以显著提升性能，使创意工作变得更简单。此外，视频拥有的分辨率比能够显示的分辨率高是很常见的事情，这是因为源监视器和节目监视器通常要比原始的媒体尺寸小。这意味着在降低播放分辨率时，实际上可能看不到显示差别。

6.3.1 更改播放分辨率

接下来尝试调整播放分辨率。

1. 从 Boston Snow 素材箱打开剪辑 Snow_3。默认情况下，该剪辑在源监视器中以半分辨率（half-resolution）显示，如图 6.7 所示。

1/2 ⌄

图6.7

在源监视器和节目监视器的右下角，你将看到选择播放分辨率菜单。

2. 在将剪辑设置为半分辨率时，播放剪辑以了解其品质。

3. 将分辨率更改为全分辨率，并再次播放剪辑以进行比较，如图 6.8 所示。它可能看起来很相似。

图6.8

4. 尝试将分辨率降低到 1/8。现在，在播放时可能开始看到差别，如图 6.9 所示。注意，暂停播放时，图像会变清晰。这是因为暂停分辨率与播放分辨率是独立的（参见 6.3.2 节）。

图6.9

用户将在图片元素（比如文字）上看到最大的差异。比如，可以对树枝的细节进行比较。

5. 尝试将播放分辨率降低到 1/16。Premiere Pro 会评估正在处理的每种媒体，如果降低分辨率的好处小于它降低分辨率所花费的时间，则该选项就不可用。在这个例子中，媒体是全 4K 分辨率（4096×2160 像素），因此 1/16 选项是可用的。

> **Pr** **注意**：源监视器和节目监视器上的播放分辨率控件完全相同，但是它们是独立的。

6. 将设置修改为 1/2，为项目中的其他素材做好准备。

如果正在使用一台强大的计算机，用户在预览时可能想实现播放质量最大化。为此有一个额外的选项：在设置菜单（🔧）中针对源监视器或节目监视器选择高质量播放。

6.3.2 在播放暂停时更改分辨率

源监视器和节目监视器上的设置菜单中有可用的播放分辨率控件。

如果在上述任意一个监视器上查看设置菜单，会发现与显示分辨率相关的第二个选项：暂停分辨率，如图 6.10 所示。

该菜单与播放分辨率菜单的工作方式相同，但是用户可能会猜到，只有在暂停播放视频时才能更改分辨率。

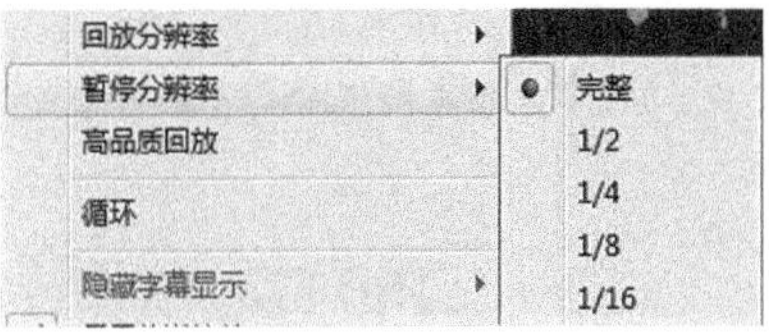

图6.10

大多数编辑人员选择将暂停分辨率设置为全分辨率。这样，在播放期间可能看到较低分辨率的视频，但在暂停时，Premiere Pro 会恢复为显示全分辨率。这意味着在使用特效时，将会看到处于全分辨率下的视频。

如果使用第三方特效，可能会发现它们使用系统硬件的效率不像 Premiere Pro 那样高。因此，对效果设置进行更改时，可能需要花很长的时间来更新图像。为此可以通过降低暂停分辨率来加速处理。

6.4 播放 VR 视频

家用的虚拟现实（VR）头盔现在非常常见，人们对适用于 VR 的内容需求也很高。Premiere Pro 内置了对 360° 视频的支持，而且带有剪辑解释选项、沉浸式视频视觉效果、桌面播放控件、集成的 VR 头盔播放和高保真度立体声响复制音频（Ambisonics Audio）支持。

接下来尝试播放一些 360° 视频剪辑。

360° 视频和VR之间的区别是什么

360° 视频拍摄类似于全景照片。视频是从多个方位录制的，然后不同的摄像机角度被"缝合"成一个完成的球体。这个球体被平展成2D视频素材（被描述为"等矩形"）。"等矩形"这个术语用来描述将地球平展为地图集的方式，这样就可以在书本中查看地球。

等矩形视频看上去是失真的，因此很难查看并跟踪视频中的动作。然而，因为它是一个与其他视频一样的普通视频文件，所以Premiere Pro可以很轻松地处理它。

要正确地查看360° 视频，通常有必要穿戴虚拟现实头盔。在头盔中，360° 视频呈现在你周围，可以抬头看到图像的不同部分。因为虚拟现实头盔是正确观看360° 视频的必需设备，通常将其称为VR视频。

真正的VR其实不是视频。它是一个完整的3D环境，人可以里面来回走动，可以从不同的方向查看事物（这与360° 视频一样），还可以在虚拟空间中的不同位置观看事物。

因此两者之间重要的区别是，在360° 视频中，用户可以从不同的方向查看，但是在真正的VR中，用户可以从场景内不同的位置查看。

1. 浏览到 Further Media 素材箱，在源监视器中打开 360 Intro.mp4 剪辑。播放该剪辑，如图 6.11 所示。

这是一个 360° 视频影片的介绍。该剪辑具有 4K 分辨率，如果系统在播放时有困难，可以降低播放分辨率。

图6.11

图像的中心可以很容易地辨认出,但是如果查看图像边缘,则很难确认看到的是什么。

这是因为剪辑是等矩形的视频,即一个用于 VR 头盔的球形视频被平展为 3D 图像。要清晰地观看该剪辑,需要切换到 VR 视频模式。

2. 单击源监视器的设置菜单,选择 VR 视频 > 启用选项。

现在剪辑看起来更像普通视频了,而且源监视器中出现了额外的控件,如图 6.12 所示。

图6.12

3. 再次播放剪辑，在播放时单击图像并拖动，更改视角。

图像下面和右侧的数字允许用户精确控制视角。这些设置很有用，但是会占据大量的空间。

4. 进入源监视器的设置菜单，选择 VR 视频 > 隐藏控件选项。

用户仍然可以单击图像以更改视角，但是现在源监视器中的图像要比刚才大。

我们将在 Settings 菜单中发现一个 VR 视频设置区域（见图6.13），这时可以采用度数的形式指定视图的高度和宽度，模拟不同的 VR 头盔。

默认情况下，视图的高度和宽度都很小，理想的设置值将与预期的 VR 头盔视界产生匹配。

5. 现在打开源监视器的设置菜单，选择 VR 视频 > 启用选项，将其取消选中。

图6.13

6.5　使用标记

用户有时可能很难记住有用镜头的位置或者不清楚如何处理它。如果可以对感兴趣的剪辑部分添加注释和标记，就会简单得多。这时需要的就是标记（marker）。

6.5.1　什么是标记

标记允许用户识别剪辑和序列中的具体时间并为它们添加注释。这些临时（基于时间的）标记（见图 6.14）是帮助你保持一切井然有序并与合作者进行沟通的绝佳方式。

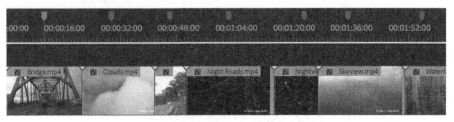

图6.14

用户可以使用标记用作个人参考或协作。它们可以连接到单独的剪辑或序列。

默认情况下，在为剪辑添加标记时，标记包含在原始媒体文件的元数据中。这意味着可以在另一个 Premiere Pro 项目中打开此剪辑并查看相同的标记。通过选择编辑 > 首选项 > 媒体选项（Windows）或 Premiere Pro CC > 首选项 > 媒体选项（macOS），并取消选中 Write Clip Markers To XMP，可以禁用这个选项。

用户可以将与剪辑或序列相关的标记导出为 HTML 页面的形式，该页面带有缩略图或者电子表格编辑应用程序可以阅读的 .csv（逗号分隔值）文件。这对于协同工作来说很重要，可以用作参考。

选择文件 > 导出 > 标记命令，可以导出标记。

6.5.2 标记类型

有多种标记类型可供使用，与剪辑一样，每个标记有一种颜色，可通过双击的方式来更改标记类型。

- **注释标记**：一个通用标记，可以指定名称、持续时间和注释。
- **章节标记**：DVD 或蓝光光盘设计程序可以将这种标记转换为普通的章节标记。
- **分段标记**：这种标记使得某些视频服务器可以将内容拆分为若干部分。
- **Web 链接**：某些视频格式（比如 QuickTime）可以在播放视频时，使用这种标记自动打开一个 Web 页面。当导出序列来创建支持的格式时，会将 Web 链接标记包含在文件中。
- **Flash 提示点**：这是 Adobe Animate CC 使用的一种标记。将这些提示点添加到 Premiere Pro 的时间轴中，可以在编辑序列的同时开始准备 Animate 项目。

1. 序列标记

下面来添加一些标记。

1. 打开 City Views 序列。

这个序列使用一个旅行广播节目中的几个镜头进行了简单整合。

2. 将时间轴播放头放在大约 00:00:12:00 位置，确保没有选中剪辑（可以单击时间轴的背景，取消选中剪辑）。

3. 以下述任意一种方式添加一个标记。

- 单击时间轴左上方的添加标记按钮（ ）。
- 右键单击时间轴的时间标尺并选择添加标记。
- 按 M 键。

Premiere Pro 向时间轴添加一个绿色标记，位于播放头的上方，如图 6.15 所示。

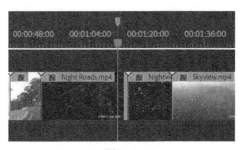

图6.15

同一个标记出现在节目监视器的底部，如图 6.16 所示。

图6.16

用户可以将该标记用作一个简单的视觉提示，或者进入到设置中，并将其修改为一种不同类型的标记。可以先在标记面板中查看该标记。

4. 打开标记面板，如图 6.17 所示。默认情况下，标记面板与项目面板位于同一个组。如果没有看到它，可以访问窗口菜单并选择标记。

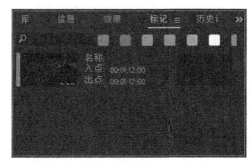

图6.17

提示：标记面板的顶部有一个搜索框，其工作方式与项目面板中的搜索框一样。靠近搜索框位置的是标记颜色过滤器选项。单击其中的一个（或多个）选项，可以在标记面板中查看与单击颜色相匹配的标记。

标记面板显示了一个标记列表，以时间顺序显示标记。它还显示了序列或剪辑的标记，这取决于时间轴、序列中的剪辑或源监视器是否是活动的。

5. 双击标记面板中标记的缩略图，弹出标记对话框，如图 6.18 所示。

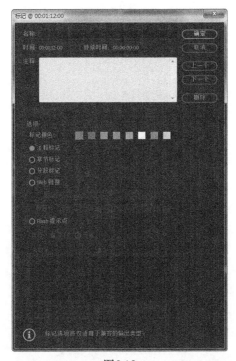

图6.18

提示：可以双击标记面板中的标记，或者双击标记图标，打开标记对话框。

6. 单击持续时间字段并输入 400。避免按 Enter 或 Return 键，否则面板将关闭。只要单击字段之外的地方，或者按下 Tab 键进入下一个字段，Premiere Pro 会自动添加标点符号，将此数字转化为 00:00:04:00（4秒）。

7. 单击名称文本框并输入注释，比如 Replace this shoot，如图 6.19 所示。

8. 单击确定按钮。

现在标记在时间轴上有了持续时间。放大对话框，可以看到添加的注释，如图 6.20 所示。

图6.19

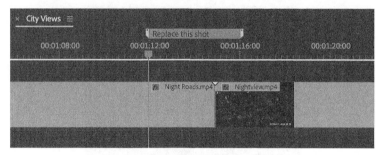

图6.20

该注释作为标记的名称也显示在标记面板中，如图 6.21 所示。

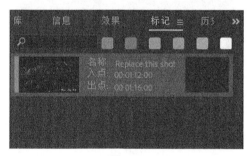

图6.21

9. 打开 Premiere Pro 界面顶部的标记菜单，查看其相关选项。

标记菜单底部是波纹序列标记命令。启用该命令之后，在使用插入编辑或提取编辑命令时，序列标记会与剪辑同步移动，这将改变序列的持续时间和时序。在禁用该命令后，当移动剪辑时，标记保持不动。

> **Pr** 提示：标记菜单中的选项都有键盘快捷键。使用键盘来处理标记通常比使用鼠标更快速。

2. 剪辑标记

接下来将标记添加到剪辑上。

1. 在源监视器中打开 Further Media 素材箱中的剪辑 Seattle_Skyline.mov。

2. 播放此剪辑，并在播放它时按几次 M 键以添加标记，如图 6.22 所示。

图6.22

> **Pr** **注意**：可以使用按钮或键盘快捷键添加标记。如果使用键盘快捷键 M，可以轻松添加匹配音乐节拍的标记，因为可以在播放时添加标记。

3. 查看标记面板。如果源监视器是活动的，则会列出你添加的所有标记，如图 6.23 所示。

为序列添加带有标记的剪辑时，会保留剪辑的标记。

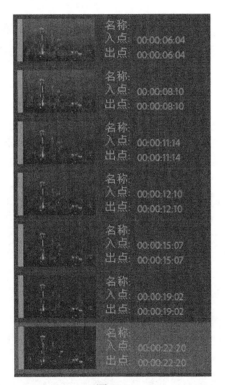

图6.23

4. 单击源监视器,确保它是活动的。选择标记 > 清除所有标记命令,所有标记会从剪辑中删除。

> **Pr** **提示**：在源监视器、节目监视器或者在时间轴的时间标尺上右键单击，并选择清除所有标记命令，也可以删除所有的标记（或当前的标记）。

在添加标记之前，可以先选择标记，然后将标记添加到序列中的剪辑中。在查看剪辑时，如果剪辑已经被编辑到序列中，则添加到剪辑中的标记仍然会出现在源监视器中。

3. 交互式标记

交互式标记用于在视频播放期间触发事件。在提供媒体时，系统会咨询用户是否在视频的关键时刻添加这样的标记。添加交互式标记与添加普通标记一样简单。现在来试一下。

1. 将播放头放在希望标记出现在时间轴上的位置，单击添加标记按钮或按 M 键。Premiere Pro 会添加一个普通标记。

2. 在时间轴或标记面板中，双击已经添加的标记。

3. 将标记类型更改为 Flash 提示点，并单击标记对话框底部的加号（＋）按钮来根据需要添加名称和值等详细信息，如图 6.24 所示。

图6.24

4. 单击确定按钮。

> **Pr** | 提示：连续按两次 M 键，可以快速添加标记并显示标记对话框。

> **Pr** | 提示：用户可以使用标记快速导航剪辑和序列。如果在标记面板中双击了一个标记，可以访问该标记的选项。如果执行的是单击操作，Premiere Pro 会将播放头移动到标记所在的位置——这种方式很便捷。

使用Adobe Prelude添加标记

Adobe Prelude是Adobe Creative Cloud中包含的一种记录和摄取应用程序。Prelude提供了出色的工具来管理大量素材，并且可以将标记添加到与Premiere Pro完全兼容的素材中。

标记以元数据的形式添加到剪辑中，与在Premiere Pro中添加的标记一样，它们会与媒体一起进入其他应用程序。

如果使用Adobe Prelude为素材添加标记，则当查看剪辑时，这些标记会自动出现在Premiere Pro中。事实上，用户甚至可以将Prelude中的剪辑复制并粘贴到Premiere Pro项目中，而且还会将标记包含进来。

6.5.3 在时间轴中查找剪辑

除了可以在项目面板中搜索剪辑，也可以在序列中搜索剪辑。取决于是项目面板处于活动状态，还是时间轴处于活动状态，选择编辑 > 查找命令，或按下 Ctrl + F（Windows）或 Command + F（macOS）组合键会显示相应面板的搜索选项，如图 6.25 所示。

图6.25

当在序列中找到了与搜索条件相匹配的剪辑时，Premiere Pro 将高亮显示。如果选择查找所有选项，Premiere Pro 会高亮显示满足搜索条件的所有剪辑，如图 6.26 所示。

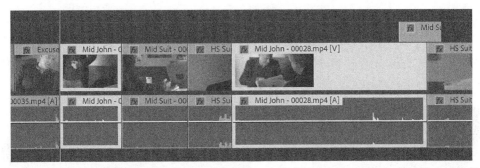

图6.26 可以使用查找对话框迅速在序列中查找剪辑。在该实例中，名字为John的剪辑已经高亮显示

6.6 使用同步锁定和轨道锁定

时间轴上有下面两种锁定轨道的不同方式（见图 6.27）。

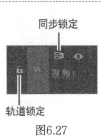

- 可以同步锁定剪辑，因此当使用插入编辑添加一个剪辑时，其他剪辑都被锁定。

- 可以锁定轨道，这样就不能对轨道进行任何更改。

图6.27

6.6.1 使用轨道锁定

同步的目的并不仅是为了语言！可以将同步视为协调同时发生的任意两件事。在发生精彩的动作或者某些事情的同时（这些事情甚至可以是出现一个标识发言人身份的字幕），应该会有配乐响起来。如果它们是同时发生的，那么就是同步的。

打开序列素材箱中的 Theft Unexpected 序列。

在序列的开头位置，当 John 到达时，观众不知道他正在看什么。

1. 在源监视器中打开 Theft Unexpected 素材箱中的 Mid Suit 剪辑。在大约 01:15:35:18 位置添加一个入点标记，并在大约 01:15:39:00 位置添加一个出点标记。

2. 将时间轴的播放头放在序列的开头，并确保时间轴上没有任何入点或出点标记。

> **Pr** | 提示：可以按下 Home 键（Windows）或 fn + 左箭头键（macOS），将播放头移动到序列的末尾。

3. 取消选中视频 2 轨道的同步锁定，如图 6.28 所示。

4. 确认时间轴的配置如图 6.29 所示，而且源 V1 轨道被修复为时间轴 V1 轨道。现在，时间轴轨道标题按钮并不重要，但是启用合适的源轨道按钮选择非常重要。

图6.28

> **Pr** | 注意：可能执行缩小操作后才能看到序列中的其他剪辑。

在做其他事情之前，先查看 Mid Suit 切换剪辑在视频 2 轨道上的位置，该位置临近序列的末尾，如图 6.30 所示。

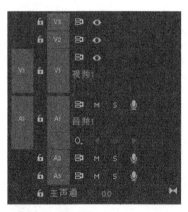

图6.29

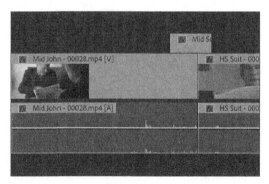

图6.30

它位于视频 1 上 Mid John 和 HS Suit 剪辑之间。

5. 采用插入编辑的方式，将源剪辑放到序列中。

再次查看 Mid Suit 切换剪辑的位置，如图 6.31 所示。

图6.31

Mid Suit 切换剪辑的位置不变，而其他剪辑向右移动，为新剪辑腾出位置。这是一个问题，因为现在切换剪辑与它相关的剪辑之间的位置发生了偏离——切换剪辑无法再覆盖相关剪辑。

6. 按 Ctrl + Z（Windows）或 Command + Z（macOS）组合键撤销操作，在打开视频 2 轨道的同步锁定之后再尝试此操作。

7. 打开视频 2 轨道的同步锁定并再次执行插入编辑，结果如图 6.32 所示。

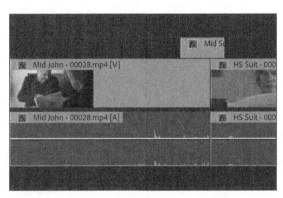

图6.32

这时，切换剪辑与时间轴上的其他剪辑一起移动，尽管没有对视频 2 轨道进行任何编辑。这就是同步锁定的作用——使一切保持同步！

Pr │ **注意**：覆盖编辑不会更改序列的持续时间，因此它们不受同步锁定的影响。

6.6.2 使用轨道锁定

轨道锁定能够防止对轨道进行更改。在工作时，轨道锁定能够避免用户对序列进行意外更改，是在特定轨道上修复剪辑的绝佳方式。

例如，在插入不同的视频剪辑时，可以锁定音乐轨道。通过锁定音乐轨道，可以在编辑时忽略它，不会对它进行任何更改。

通过单击切换轨道锁定按钮来锁定和解锁轨道。位于锁定轨道上的剪辑使用斜线进行突出显示，如图 6.33 所示。

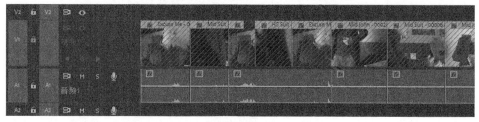

图6.33

6.7 在时间轴中查找间隙

直到现在，我们一直在为序列添加剪辑。非线性编辑的优势是能够在序列中随意移动编辑，并且删除不想要的部分。

删除剪辑或部分剪辑时，执行提升编辑会留下间隙，而执行提取编辑则不会留下间隙。

提取编辑有点像插入编辑，但是顺序相反。在提取编辑中，不是移动序列中的其他剪辑，为新编辑留好空间，而是序列中的其他剪辑会移动过来，填充某个剪辑删除后留下的间隙。

当缩小一个复杂的序列时，可能很难看到执行编辑之后留下的间隙。要自动查找下一个间隙，请选择序列 > 转至间隙 > 序列中下一个命令。

一旦找到间隙，可以通过选中并按删除键的方式将其删除。

删除多个间隙的方法是选择序列 > 封闭间隙命令，如图 6.34 所示。

如果在序列中设置了入点和出点标记，则只有标记之间的间隙将被删除。

图6.34

下面学习有关在时间轴中处理剪辑的更多信息。我们将继续处理 Theft Unexpected 序列。

6.8 选择剪辑

选择是 Adobe Premiere Pro 的一个重要功能。例如，根据所选择的面板，会有不同的菜单选项可用。在调整剪辑之前，用户会想要在序列中仔细地选择剪辑。

处理带有视频和音频的剪辑时，每个剪辑都有两个或多个片段：一个视频片段和至少一个音频片段。

当视频和音频剪辑片段来自同一个原始媒体文件时,会被自动视为链接的文件。如果选择一个,也会自动选择另一个。

在时间轴上全局地打开和关闭链接的选择的方法是单击时间轴左上方的链接选择按钮（ ![] ）。打开链接选择时，在单击序列中的视频和音频剪辑时，会自动一起选中。关闭链接选择时，在单击剪辑的视频或音频部分时，只会选择单击的这部分。如果有多个音频剪辑，将只选择用户单击的剪辑。

6.8.1 选择剪辑或剪辑范围

有两种方法可以在序列中选择剪辑。

- 使用入点和出点标记进行时间选择。

- 通过选择剪辑片段来进行选择。

在序列中选择剪辑的最简单的方式是单击它。注意不要双击,因为双击会在源监视器中打开它,在这里可以调整入点或出点编辑（相应的操作也会在时间轴中实时更新）。

进行选择时，可以使用默认的时间轴工具，即选择工具（ ![] ）。该工具的键盘快捷键是 V。

如果在使用选择工具单击序列时按住 Shift 键,则可以选择或取消选择其他剪辑,如图 6.35 所示。

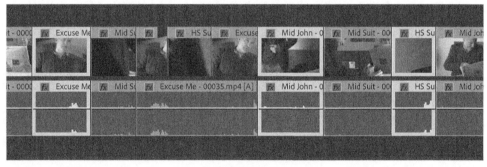

图6.35

用户还可以将选择工具拖放到多个剪辑上，将它们选中。首先单击时间轴的一个空白区域,然后拖放出一个选择框,则在该选择框中的所有剪辑都将被选中。

Premiere Pro 中有一个选项可以自动选择时间轴播放头经过的任何一个剪辑。对于基于键盘的编辑工作流来说，这相当有用。选择序列 > 播放头后选择后，可以启用该选项。用户还可以按键盘快捷键 D 选择时间轴播放头下的当前剪辑。

6.8.2 选择轨道上的所有剪辑

如果想选择轨道上的所有剪辑，可以使用两种比较方便的工具：前向轨道选择工具（ ![] ），键盘快捷键是 A；后向轨道选择工具（），键盘快捷键是 Shift + A。

现在来试一下。选择前向轨道选择工具，并单击视频 1 轨道的任意剪辑。

每一个轨道上的每一个剪辑（从选中的剪辑到序列末尾的剪辑）都会被选中。当想在序列中添加一个间隙，为更多剪辑预留空间时，这很有用。用户可以将选中的所有剪辑拖放到右侧，以引入间隙。

尝试使用工具面板中的后向轨道选择工具图标。注意，这个图标附近有一个小三角形，用来表示这个按钮也是一个菜单。如果按下该工具且不松手，则后向轨道选择工具会出现一个菜单。当使用该工具单击一个剪辑时，所单击剪辑之前的每个剪辑都会被选中。

在使用上面任意一个轨道选择工具时，如果按住 Shift 键，则只选择一个轨道上的剪辑。

结束后，切换回选择工具，方法是在工具面板上单击该工具，或者是按下 V 键。

6.8.3　仅选择音频或视频

先为序列添加剪辑，然后意识到不需要剪辑的音频或视频部分，是一种很常见的情况。如果想要删除音频部分或视频部分，使时间轴整齐有序，有一种简单的方法可以做出正确的选择：如果打开了链接选择，可以临时将其覆盖。

切换到选择工具，在按住 Alt（Windows）或 Option（macOS）键的同时，单击时间轴上的一些剪辑片段。Premiere Pro 会忽略剪辑的视频和音频部分之间的链接。用户也可以使用套索工具执行此操作。

6.8.4　拆分剪辑

先为序列添加剪辑，然后意识到需要将它分成两部分，这种情况也很常见。可能用户想仅选择部分剪辑并将它用作切换镜头，或者是可能想要分离剪辑的开头和结尾，以便为新剪辑留出空间。

有多种方式可以拆分剪辑。

- 使用剃刀工具（），如果在单击剃刀工具时按住 Shift 键，则会拆分所有轨道上的剪辑。

Pr ｜ 提示：剃刀工具的键盘快捷键是 C。

- 确保选择了时间轴，然后选择序列 > 添加编辑选项。只要轨道为打开状态（轨道选择按钮为打开状态），Premiere Pro 就会在该轨道的剪辑中添加一个编辑，添加位置是播放头的位置。如果在序列中选择了剪辑，则 Premiere Pro 仅将剪辑添加到选中的编辑中，而忽略轨道选择。

- 如果选择序列 > 为所有轨道添加编辑，Premiere Pro 会为所有轨道上的剪辑添加编辑，而不管轨道是否打开。

- 使用添加编辑键盘快捷键。按 Ctrl + K（Windows）或 Command + K（macOS）组合键为所选轨道或剪辑添加编辑，或者按 Shift + Ctrl + K（Windows）或 Shift + Command + K（macOS）组合键为所有轨道添加编辑，而不管是否选择了该轨道。

原本连续的剪辑仍然会无缝播放，除非移动了它们，或者对剪辑的不同部分进行了单独的调整。

如果单击时间轴的设置按钮（），可以选择显示直通编辑点选项，查看这种编辑类型上的特殊图标，如图 6.36 所示。结果如图 6.37 所示。

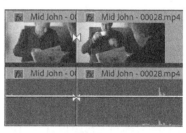

图6.36　　　　　　　　　　　　图6.37

通过右键单击剪辑并选择加入直通剪辑，也可以重新链接带有直通编辑图标的剪辑。

使用选择工具，也可以单击直通编辑图标，然后按 Enter（Windows）或 Delete（macOS）键重新链接剪辑的两个部分。

用户可以对该序列进行这种尝试。一定要使用撤销操作删除新添加的剪辑。

6.8.5　链接和断开剪辑

用户可以轻松地打开和关闭一个已连接的视频和音频片段的链接。仅选择想要更改的剪辑，右键单击剪辑，选择取消链接选项，如图 6.38 所示。

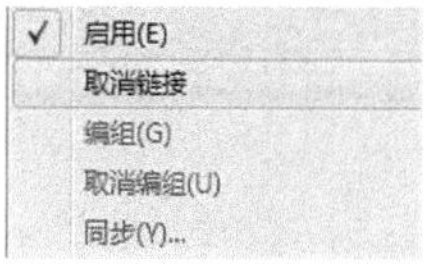

用户还可以使用剪辑菜单。将剪辑再次链接到其原始音频的方法是选择剪辑和音频片段，右键单击其中一个，然后选择链接选项。链接或断开剪辑没有任何坏处，它不会更改 Adobe Premiere Pro 播放序列的方式。它只是提供了一种灵活性，使用户可以按照自己想要的方式处理剪辑。

图6.38

即使视频和音频剪辑片段链接在一起，也需要确保启用了时间轴上的链接选项选项，以便同时选择链接的剪辑。

6.9 移动剪辑

插入编辑和覆盖编辑会以截然不同的方式为序列添加新剪辑。插入剪辑会使现有剪辑向后移动，而覆盖剪辑会替换现有剪辑。这两种处理剪辑的方式可以延伸到在时间轴上四处移动剪辑和从时间轴上删除剪辑的技术上。

使用插入模式移动剪辑时，要确保对轨道应用了同步锁定以避免失去同步。

下面将尝试一些技术。

6.9.1 拖动剪辑

在时间轴的左上角，会看到对齐按钮（ ）。启用对齐时，剪辑的边缘会自动与其他编辑的边缘对齐。这种简单但非常有用的功能有助于精确放置剪辑片段帧。

1. 在时间轴上选择最后一个剪辑 HS Suit，并将它稍向右拖放，如图 6.39 所示。

由于该剪辑之后没有剪辑，因此会在该剪辑前面添加一个间隙，这不会影响其他剪辑。

2. 确保启用了 Snap 选项，然后将剪辑拖放回其初始位置。如果缓慢地移动鼠标，则会注意到剪辑片段在最后时刻跳到了初始位置。当出现这种情况时，可以确信已经完美放置了它。注意，该剪辑也会与视频 2 轨道上切换镜头的末尾对齐。

3. 向左拖动剪辑，直到该剪辑的末尾与前一个剪辑的末尾对齐，形成重叠。释放鼠标按键时，此剪辑会替换上一个剪辑的末尾，如图 6.40 所示。

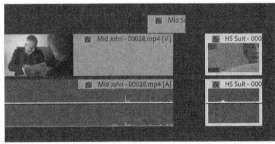

图6.39

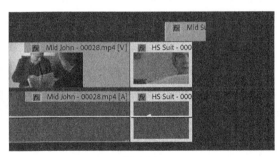

图6.40

在拖放剪辑时，默认的编辑模式是覆盖。

4. 不断撤销操作，直到将剪辑恢复到其初始位置。

6.9.2 微移剪辑

许多编辑人员喜欢尽可能多地使用键盘，最大程度地减少鼠标的使用，原因是使用键盘操作速度通常更快一些。

一种常见的方式是组合使用箭头键和修饰符键，并在轨道之间上下左右微移所选项，从而在序列中移动剪辑片段。

用户不能上下微移 V1 和 A1 上链接的视频和音频剪辑，除非分离了它们或断开它们之间的链接，因为视频和音频轨道之间的分隔符会妨碍它们的移动。

默认的剪辑微移快捷方式

Premiere Pro包含了许多键盘快捷方式选项，有些可用的快捷方式尚未指派按键。用户可以对这些快捷方式进行设置，优先使用可用的按键来适配工作流。

下面是使用键盘来微移剪辑的快捷方式。

- 将选择的剪辑向左微移1帧（要微移5帧，则添加Shift键）：Alt +左箭头键（Windows）或Command +左箭头键（macOS）。
- 将选择的剪辑向右微移1帧（要微移5帧，则添加Shift键）：Alt +右箭头键（Windows）或Command +右箭头键（macOS）。
- 将选择的剪辑向上微移：Alt +上箭头键（Windows）或Option +上箭头键（macOS）。
- 将选择的剪辑向下微移：Alt +下箭头键（Windows）或Option +下箭头键（macOS）。

6.9.3 在序列中重新排列剪辑

在时间轴上拖动剪辑时，如果按住 Ctrl（Windows）或 Command（macOS）键，则在释放鼠标按键时，Premiere Pro 将使用插入模式而非覆盖模式添加剪辑。

位于大约 00:00:20:00 位置的 HS Suit 镜头可能工作得很好，前提是如果它出现在上一镜头前面，并且它可能有助于隐藏 John 的两个镜头之间的不连续性。

1. 将最后一个 HS Suit 剪辑向左拖动到它前面一个剪辑的左边。HS Suit 剪辑的左边缘将与 Mid Suit 剪辑的左边缘对齐。在拖动时按住 Ctrl（Windows）或 Command（macOS）键，并在放置好剪辑后释放按键，结果如图 6.41 所示。

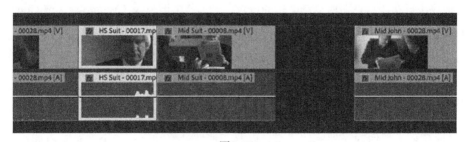

图6.41

2. 播放结果。这将创建用户想要的编辑，但会在 HS Suit 剪辑原来的位置引入一个间隙。

下面使用一个额外的修饰符键再尝试一下。

3. 撤销操作，将剪辑恢复到其原始位置。

4. 按住 Ctrl + Alt（Windows）或 Command + Option（macOS）组合键，将 HS Suit 剪辑拖放到前一个剪辑的开头，结果如图 6.42 所示。

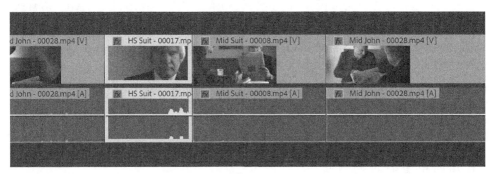

图6.42

这次，序列中不会留下间隙。播放剪辑以查看结果。

6.9.4 使用剪贴板

与在字处理器程序中复制和粘贴文本一样，用户可以复制和粘贴时间轴上的剪辑片段。

1. 在序列中选择想要复制的任意剪辑片段，然后按 Ctrl + C（Windows）或 Command + C（macOS）组合键将它们添加到剪贴板上。

2. 将播放头放在想要粘贴所复制剪辑的位置，然后按 Ctrl + V（Windows）或 Command + V（macOS）组合键。

Premiere Pro 将根据启用的轨道为序列添加剪辑副本。启用的最底部轨道会接收剪辑。

6.10 提取和删除剪辑片段

用户已经知道了如何为序列添加剪辑，以及如何四处移动它们，下面将学习如何删除它们。

用户在插入或覆盖模式下进行操作。

有两种方法可以选择想要删除的序列部分：组合使用入点/出点标记与轨道选择，或者选择剪辑片段。

6.10.1 执行提升编辑

提升编辑（lift edit）会删除序列的所选部分，并留下空白。它与覆盖编辑很相似，但是顺序相反。

打开序列素材箱中的序列 Theft Unexpected 02。该序列有一些不需要的额外剪辑。它们具有不同的标签颜色，用于进行区分。

在时间轴上设置入点和出点标记，以选择想要删除的部分。方法是定位播放头并按 I 或 O 键。也可以使用方便的快捷方式。

图6.43

1. 将播放头放置在第一个不想要的剪辑 Excuse Me Tilted 上。

2. 确保启用了视频 1 轨道标题，并且没有选中剪辑，然后按 X 键。

Premiere Pro 会自动添加入点和出点标记以匹配剪辑的开头和结尾。应该看到突出显示了所选的序列部分，如图 6.43 所示。

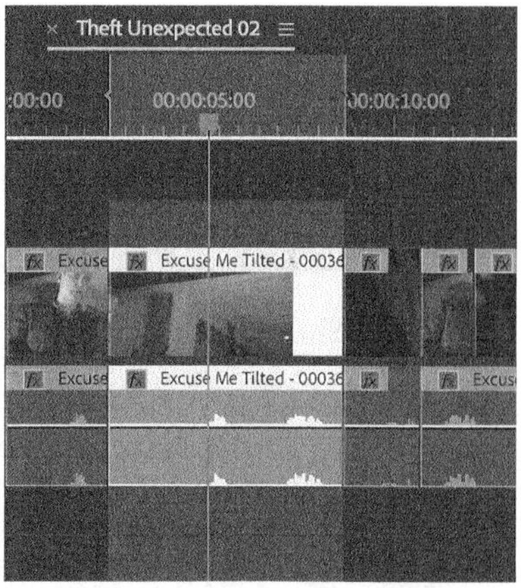

我们已经选择了正确的轨道，现在就可以准备执行提升编辑了。事实上，因为已经选择了一个剪辑，因此轨道选择不会有任何效果。用户将要执行的编辑会应用到所选择的剪辑上。

添加入点和出点标记的不同快捷方式

在前面，我们知道在剪辑的开头和结尾添加入点和出点标记的方式是选择剪辑，然后按/键。这种方法简单地将播放头放到剪辑上并选择合适的轨道。尽管这种方法与按X键之间的区别很细微，但是相较于使用基于选择的/键，使用X键要更快一些。

3. 单击节目监视器底部的提升按钮（▒）。如果键盘上有分号（；）键，也可以按该键。

Premiere Pro 会删除所选的序列部分，并留下间隙。在其他场合下，这可能没有问题，但是在这里不想要间隙。可以删除这个间隙，但是就这个练习来讲，要使用提取编辑。

6.10.2 执行提取编辑

提取编辑会删除所选的序列部分并且不会留下间隙。它与插入编辑类似，但过程相反。

1. 撤销上一次编辑。

2. 单击节目监视器底部的提取按钮（▣）。如果键盘上有撇号（'）键，可以按该键。

这一次，Premiere Pro 会删除序列的所选部分，并且时间 轴上的其他剪辑会进行移动，将间隙填充起来。

6.10.3 执行删除编辑和波纹删除编辑

正如有两种方法可以删除基于入点和出点标记的部分序列，也有两种通过选择剪辑片段来删除剪辑的方法：删除和波纹删除。

单击第二个不想要的剪辑 Cutaways，并尝试这两个选项。

* 按键盘上的退格键 /Delete 键以删除所选剪辑，这将留下间隙。这与提升编辑一样。

* 按 Shift + Delete/Shift + Forward Delete 组合键删除所选剪辑，这样做不会留下间隙。这与提取编辑一样。如果使用的是没有 Forward Delete 键的 Mac 键盘，则可以按下 Function 键（Fn）和 Delete 键，将 Delete 键转换为 Forward Delete 键。

结果与使用入点和出点标记达成的结果看上去相似，因为是使用入点和出点标记轻松选择了整个剪辑。用户可以使用入点和出点标记选择剪辑的任意部分，而选择剪辑片段并按下 Delete 键将删除整个剪辑。

6.10.4 禁用剪辑

与可以打开或关闭轨道输出一样，用户可以打开和关闭各个剪辑。禁用的剪辑仍然在序列中，只是在播放时看不到或听不到它们。

当想要查看背景图层或比较不同的版本时，这是一种选择性地隐藏复杂且多层序列的某些部分的有用功能。

在视频 2 轨道靠近序列末尾的切换镜头上尝试该功能。

1. 右键单击视频 2 轨道上的剪辑 Mid Suit 并选择启用选项，将其取消选中，如图 6.44 所示。

播放这部分序列，会看到尽管剪辑存在，但是无法再看到它。

2. 再次右键单击剪辑，并选择启用选项。这会重新启用该剪辑。

图6.44

6.11 复习题

1. 直接将剪辑拖动到时间轴面板中时,应该使用哪个修饰符键(Ctrl/Command、Shift 或 Alt 键)来执行插入编辑而不是覆盖编辑?

2. 如何仅将剪辑的视频或音频部分从源监视器拖放到序列中?

3. 在源监视器或节目监视器中如何降低播放分辨率?

4. 如何为剪辑或序列添加标记?

5. 提取编辑和提升编辑之间的区别是什么?

6. 删除和波纹删除之间的区别是什么?

6.12 复习题答案

1. 在将剪辑拖放到时间轴中时,按住 Ctrl(Windows)或 Command(macOS)键,是执行插入编辑而不是覆盖编辑。

2. 不是在源监视器中捕捉图像,而是拖放电影胶片图标或音频波形图标,以仅选择剪辑的视频或音频部分。针对用户想要排除在外的部分,也可以禁用源修补按钮。

3. 使用监视器底部的选择播放分辨率菜单来更改播放分辨率。

4. 要添加标记,单击监视器或时间轴底部的添加标记按钮,或按 M 键,或者使用标记菜单。

5. 使用入点和出点标记提取序列的一部分时,不会留下间隙。使用提升编辑时,会留下间隙。

6. 在序列中删除剪辑时会留下间隙。使用波纹删除功能来删除剪辑时,不会留下间隙。

第7课 添加切换

课程概述

在本课中，你将学习以下内容：

- 理解切换；
- 理解编辑点和手柄；
- 添加视频切换；
- 修改切换；
- 优化切换；
- 同时为多个剪辑应用切换；
- 使用音频切换。

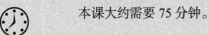 本课大约需要 75 分钟。

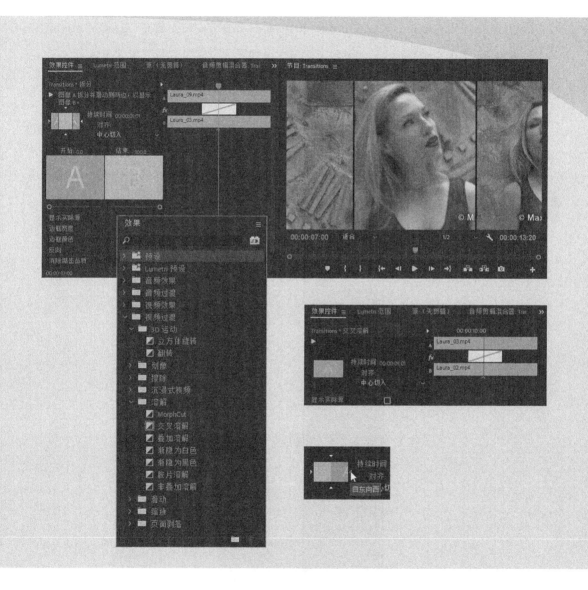

切换有助于在两个视频或音频剪辑之间建立无缝的流。视频切换通常
用于表示时间或地点的更改。音频切换是避免生硬的编辑刺激听众的
有用方式。

7.1 开始

本课将介绍在视频和音频剪辑之间使用切换。视频编辑人员通常使用切换来使编辑流程更为顺畅。用户将进行选择切换的最佳实践。

本课程将使用一个新项目文件。

1. 启动 Adobe Premiere Pro CC，在 Lessons/Lesson 07 文件夹中打开项目 Lesson 07.prproj。

2. 将该项目以 Lesson 07 Working.prproj 的名字保存在同一个文件夹中。

3. 选择工作区面板中的效果，或者选择窗口 > 工作区 > 效果。

这会将工作区更改为创建的预设，使切换和效果的处理变得更简单。如果已经使用过 Premiere Pro，可能需要将工作区重置为已保存的版本，方法是单击工作区面板中靠近效果选项的菜单。

> **注意**：如果已经使用过 Premiere Pro 一段时间，设置可能会使得工作区面板无法显示出来。恢复工作区面板显示的方法是在窗口菜单中选择正确的工作区，然后返回窗口菜单，并重新设置这个菜单中的工作区。

该工作区使用了堆叠式面板，以便在屏幕上同时显示最大数量的面板，如图 7.1 所示。

图7.1　堆叠式面板节省了空间——可以在面板菜单中启用或禁用它们

通过进入面板菜单，并选择面板组设置 > 堆叠式面板组选项，可以为任何面板组启用堆叠式面板。该选项也可以禁用堆叠式面板。

单击堆栈中任何面板的名字，可以查看该面板。首先从效果面板开始。

7.2　什么是切换

Adobe Premiere Pro 提供了几种效果和预设动画来帮助用户在时间轴中连接相邻的剪辑，如图 7.2 所示。这些切换（比如溶解、翻页和蘸色 [dips to color] 等）提供了一种使观看者轻松地从一个场景切换到另一个场景的方式。有时，切换还可以用于引起观看者的注意力，来表示故事中的重大转折。

图7.2

为项目添加切换是一门艺术。应用切换在刚开始时很简单，只需要将需要的切换拖放到两个剪辑之间的镜头上即可。但是切换的技巧在于其位置、长度和参数，比如方向、运动和开始 / 结束位置。

用户可以在时间轴和效果控件面板中调整切换的设置。除了每种切换特有的各种选项，效果控件面板还显示了 A/B 时间轴，如图 7.3 所示。该功能使下列操作变得更简单：相对于编辑点移动切换；更改切换的持续时间；为没有足够头帧或尾帧（即用来提供覆盖的额外内容）的剪辑应用切换。用户也可以为一组剪辑中的所有镜头应用切换效果。

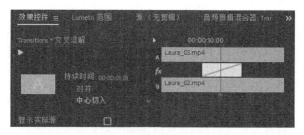

图7.3

VR视频切换

Premiere Pro为360°视频提供了优秀的支持，而且还为这种独特的格式提供了效果和切换。

与2D或立体视频不同，360°视频需要专门设计的视觉效果和切换，来处理没有边缘的环绕视频。

这里讲解的技术，在使用效果时也可以应用到360°视频切换中。可以在效果面板的视频切换 > 沉浸式视频分类中找到这些技术。

7.2.1 何时使用切换

切换能够最有效地帮助观看者理解故事。例如，在视频中，可能想从室内切换到室外，或者是在同一个位置向前跳几小时。动画切换、褪为黑色或溶解可帮助观看者理解时间已经流逝或者位置发生了变化。

观众能够理解切换给出的信号，而且在视频编辑中，切换是标准的故事讲述工具。例如，场景末尾的缓慢变黑用来明确表示场景已经结束。切换的关键是具有目的性，这通常意味着使用约束，除非完全缺乏约束是想要展示的结果。

只有用户清楚地了解什么才适合自己的创意工作。只要这看起来像是刻意包含一个特殊的效果，则观众会倾向于相信这个决定（无论他们是否同意这个选择）。只有在练习和体验之后，才能培养出敏感性，才能知道应该在什么时候使用效果，比如切换。

7.2.2 使用切换的最佳实践

新的编辑人员有时会过度使用切换，这样做的原因可能是，可以很容易地使用切换来添加视觉趣味。用户可能倾向于为每一个镜头都使用切换。千万别这样做！或者至少在第一个编辑中不要使用切换。

大多数电视节目和故事片电影仅使用剪接编辑，很少看到切换。为什么呢？因为只有当一种效果能够带来明显的好处时，才应该使用这种效果，但是大多数情况下，切换效果并没有带来好处。事实上，切换效果会分散观众的注意力。

 注意：为项目添加切换很有趣。但是，过度使用它们会使视频看起来太业余。选择一种切换时，确保切换会为项目添加意义。用户可以观看最喜欢的电影和电视节目来学习如何优雅地使用切换。

如果新闻编辑使用了一个切换效果，那肯定是有目的的。在新闻编辑室中，频繁使用切换的目的是消除生硬编辑（通常称为跳跃剪辑），从而使新闻更容易被接受。

精心策划的切换在故事讲述过程中确实占有一席之地。电影《星球大战》中就具有高度风格化的切换效果，比如明显且缓慢的切换。每个切换都有目的。在这部电影中，George Lucas 故意创建了一种类似旧连载电影和电视节目的效果。切换效果向观众传达了一个明确的信息："注意，我们正在进行空间和时间切换"。

7.3 使用编辑点和手柄

要理解切换效果，需要首先理解编辑点和手柄。编辑点是时间轴中的一个点，表示一个剪辑结束，下一个剪辑开始（这通常称为剪接 [cut]）。它们很容易看到，因为 Premiere Pro 绘制了垂直线来显示一个剪辑结束而另一个剪辑开始的位置（与相邻的两块砖很像），如图 7.4 所示。

图7.4

当将一个剪辑的一部分编辑到序列中时，位于剪辑开头和结尾的未使用部分仍然是可用的，只不过隐藏了起来。剪辑手柄就是这些未使用的部分。

在第一次将剪辑编辑进序列中时，可以设置入点和出点标记选择想要剪辑的哪些部分，如图7.5所示。在剪辑最初的开始位置和设置的入点标记之间，有一个手柄。在剪辑最初的结束位置和设置的出点标记之间，也有一个手柄。

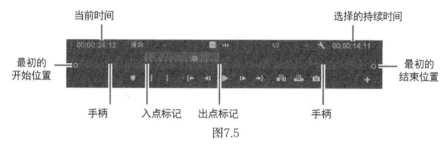

图7.5

当然，用户可能没有使用入点和出点标记，或者是只在剪辑的开头或结束设置了一个入/出点或其他标记。此时，将不存在未使用的媒体，或者是未使用的媒体在剪辑的一端。

在时间轴上，如果在剪辑的右上角或左上角看到了一个小三角形，则表示到达了原始剪辑的末尾，而且没有可用的其他帧（称为手柄），如图7.6所示。

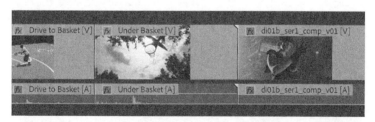

图7.6　在这个例子中，中间位置的剪辑在开始位置（左侧）有一个可用的手柄，
但是在末尾（右侧）则没有手柄

要想使切换奏效，需要用到手柄，因为在创建切换效果时，手柄用来创建所需的重叠。

在应用了切换效果后，这些未使用的剪辑部分才是可见的。切换效果自动在传出剪辑和传入剪辑之间创建一个重叠。例如，如果在两个视频剪辑的中间应用一个2秒的交叉溶解切换，则需要两个剪辑都有一个1秒的手柄（每个剪辑的另外1秒在时间轴上通常是不可见的）。

7.4 添加视频切换

Premiere Pro 提供了多种视频切换效果供大家选择。大多数选项位于效果面板中的视频切换组中，如图 7.7 所示。

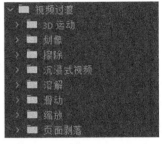

主要的切换被组织为 8 种效果子类。在效果面板中的视频效果 > 切换组中可以看到其他切换。这些效果用于一个完整的编辑，也可以用来显示素材（通常位于其开始帧和结束帧之间）。第二个类别适用于叠加文本或图形。

图7.7

> **Pr** 注意：如果需要更多切换，请访问 Adobe 网站。

7.4.1 应用单侧切换

最容易理解的切换是仅用于一个剪辑的一端的切换。这可以是在序列的第一个剪辑上应用淡出切换（从黑色褪色为无色），或应用一个溶解到动画图形中的切换，使得最后只留下屏幕。

现在进行尝试。

1. 打开序列 Transitions。

该序列有 4 个视频剪辑。剪辑拥有足够长的手柄来应用切换效果。

2. 在效果面板中，打开视频切换 > 溶解组，找到交叉溶解效果。

> **Pr** 注意：可以使用面板顶部的搜索字段按照名称或关键词进行查找，也可以手动打开存放效果的文件夹。

3. 将效果拖动到第一个视频剪辑的开头，如图 7.8 所示。

图7.8　高亮区域显示了在松开鼠标按钮之前要添加切换效果的位置

4. 将交叉溶解效果拖放到最后一个视频剪辑的结尾，如图 7.9 所示。

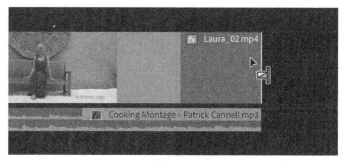

图7.9

对于最后一个剪辑，只能将效果设置为结束位置对齐。

溶解图标表明了效果的时序（timing）。比如，刚才应用到序列中最后一个剪辑的效果将从剪辑结束之前开始，并在剪辑结束时完成，如图 7.10 所示。

因为是在剪辑的末尾应用了交叉溶解切换效果，这个位置没有连接的剪辑，因此图像将溶解在时间轴的背景中（背景恰好为黑色）。

这种类型的切换并不会将剪辑拉长（使用手柄），因为切换没有超过剪辑的末尾。

图7.10

5. 通过播放序列来查看结果。

用户应该在序列的开头看到一个淡出，并在结尾看到一个淡入。

以这种方式应用交叉溶解效果时，结果应该与渐隐为黑色效果相似，后者将切换到黑色。然而，在现实中是让剪辑在黑色背景的前面逐渐变为透明。当处理剪辑的多个图层，而且剪辑有不同颜色的背景图层时，这一区别将更为明显。

7.4.2 在两个剪辑之间应用切换

接下来在几个剪辑之间应用切换。为了进行解释，本小节将打破常规，尝试一些不同的选项。

1. 继续处理之前的序列 Transitions。

2. 将播放头放在时间轴上剪辑 1 和剪辑 2 之间的编辑点，然后按 2 ~ 3 次等号（=）键进行放大，以近距离地查看。如果键盘没有等号键，可以使用时间轴底部的缩放滑块控件执行放大操作。

Pr | 提示：可以很容易地记住等号键执行的是放大操作，因为在同一个键上还有一个加号（＋）。

3. 将渐隐为白色从效果面板的溶解组中拖放到剪辑 1 和剪辑 2 之间的编辑点上，如图 7.11 所示。确保将效果的中点与剪接（cut）对齐，不要与第一个剪辑的末尾或第二个剪辑的开始对齐。

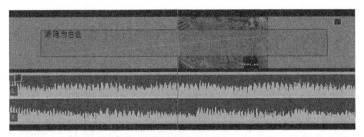

图7.11

渐隐为白色切换效果逐渐建立一个完全的白色屏幕，这将遮挡住第一个剪辑和下一个剪辑之间的剪接（cut）。

4. 将 Push 切换从滑动组中拖放到剪辑 2 和剪辑 3 之间的编辑点上，如图 7.12 所示。

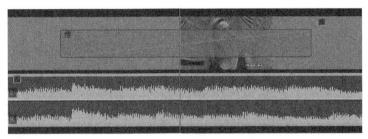

图7.12

5. 按下键盘上的向下箭头键，在时间轴播放头的位置放到剪辑 2 和剪辑 3 之间的编辑（edit）上。向上和向下箭头键是将时间轴播放头移动到下一个编辑或上一个编辑的快捷键。

6. 在时间轴的 Push 切换效果图标上单击一次，将其选中，然后打开效果控件面板。

7. 单击位于控件右上角的小缩略图上的方向控件，将剪辑的方向由自西向东改为自东向西，如图 7.13 所示。

这将改变下一个剪辑出现的方向。

8. 将翻转切换从 3D 运动组中拖放到剪辑 3 和剪辑 4 之间的编辑点上。

图7.13

9. 从头到尾播放几次序列，进行查看。

在观看完序列之后，应该就明白为什么在使用切换时要进行约束了。

下面尝试替换一个现有效果。

10. 将分裂切换从滑动组拖放到剪辑 2 和剪辑 3 之间的现有的推切换效果上。新的切换效果将取代旧的效果，并占据旧效果的持续时间。

注意：在将新视频或音频切换效果从效果面板拖动到现有切换的顶部时，它将替换现有效果。它还将保留之前切换的对齐方式和持续时间。这是一种交换切换效果并进行尝试的简单方式。

11. 在时间轴上选择分裂切换效果，其相关设置将显示在效果控件面板中。在效果控件面板中，将边框宽度设置为 7，并将抗锯齿质量设置为中等，以在剪辑切换的边缘创建一条细黑边，如图 7.14 所示。

图7.14

抗锯齿方法减少了线条运动时的潜在闪烁。

注意：需要在效果控件面板中向下滚动，才能访问其他控件。

12. 观看序列，查看新的切换效果。

切换都有默认的持续时间，可以按秒或帧的方式进行设置（默认是帧）。取决于序列的帧速率，切换效果的持续时间会发生改变（除非采用秒的方式来设置默认的持续时间）。用户可以在首选项面板的时间轴选项卡中修改切换的默认持续时间。

13. 选择编辑 > 首选项 > 时间轴（Windows）或 Premiere Pro CC > 首选项 > 时间轴（macOS），结果如图 7.15 所示。

图7.15　取决于所在的地区，你可能会看到默认的视频切换持续时间为30帧或25帧

14. 这是一个每秒 24 帧的序列，如果将视频切换默认持续时间选项修改为 1 秒，则不会对序列造成影响。现在就这样做，然后单击确定按钮。

现有的切换效果仍与原来一样，但是未来添加的切换将使用新持续时间。

切换效果的持续时间可以显著改变其影响。本课后面将讲解如何调整切换的时序。

7.4.3　同时为多个剪辑应用切换

到目前为止，我们一直是在为视频剪辑应用切换。然而，用户还可以对静态图像、图形、颜色蒙版甚至音频应用切换，本课的下一部分将介绍此内容。

编辑人员经常遇到的一种项目类型是照片蒙太奇。在照片之间应用切换之后，这些蒙太奇通常看起来不错。一次为100张图像应用切换将花费大量的时间。Premiere Pro 通过对该过程进行自动化处理，使应用切换变得更轻松，方法是允许将（你定义的）默认切换添加到任意连续或不连续的剪辑中。

1. 在项目面板中，找到并打开序列 Slideshow。

该序列有几张按顺序编辑的图像。注意，恒定功率音频交叉淡化已经应用到了音频剪辑的开始和结束位置，创建了音乐的淡入和淡出效果。

2. 按空格键来播放时间轴。

你会注意到在每对剪辑之间都有一个剪接。

3. 按反斜杠（\）键来缩小时间轴，使整个序列可见。

4. 使用选择工具，在所有剪辑周围绘制一个选取框以选择它们，如图 7.16 所示。

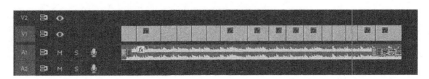

图7.16

5. 选择序列 > 应用默认切换到选择项选项。

这将在当前所选的所有剪辑之间应用默认切换，如图 7.17 所示。位于音乐剪辑开始和结束位置的恒定功率音频交叉淡化现在变短了。

图7.17

默认的视频切换效果是 1 秒的交叉溶解效果，默认的音频切换效果是 1 秒的恒定功率交叉淡化效果。刚才使用的快捷方式使用新的更短的交叉淡化效果取代了已有的交叉淡化效果。

在效果面板中右键单击一种效果，并选择将所选切换设置为默认切换选项，可以更改默认切换。

6. 播放时间轴，观看交叉溶解切换在照片蒙太奇上产生的差别。

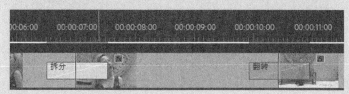

> **注意**：如果正在处理的剪辑具有链接的音频和视频，可以仅选择视频或音频部分。方法是按住 Alt（Windows）或 Option（macOS）键并使用选择工具拖动，然后选择序列 > 应用默认切换到选择项选项。注意，此命令仅适用于双侧切换。

> **提示**：在序列菜单中有一个选项，用来应用纯音频或纯视频切换效果。

用户也可以使用键盘将一个现有的切换效果复制到多个编辑中。为此，在时间轴上选择切换效果图标，按下 Ctrl + C（Windows）或 Command + C（macOS）组合键。然后在使用选择工具框选多个其他编辑（而非剪辑）时，按住 Ctrl（Windows）或 Command（macOS）键。

在选中编辑后，可以按下 Ctrl + V（Windows）或 Command + V（macOS）组合键，将切换效果粘贴到所有选择的编辑中。

这是一种在多个剪辑之间应用匹配的切换效果的绝佳方式。

更改序列显示

为序列添加切换时，在时间轴面板的切换上方可能会出现一条红色或黄色的水平线。黄线表示Premiere Pro希望能够平滑地播放效果。红线表示在将序列的一部分录制到磁带或查看预览且不丢帧之前，必须先渲染这一部分序列。

在将序列导出为文件时渲染会自动发生，但是可以选择在任意时刻进行渲染，以便能够在运行较慢的计算机上平滑地预览这些序列。

进行渲染的最简单的方法是按下Enter（Windows）或Return（macOS）键。还可以添加入点和出点来选择序列的一部分，然后进行渲染。而且只有被选中的片段才进行渲染。如果有多个效果需要渲染，但是现在只关心这一个片段时，这会相当有用，如图7.18所示。

图7.18

Premiere Pro会创建该片段（隐藏在Preview Files文件夹中）的视频剪辑，并将红色或黄线改为绿线。只要是绿线，剪辑就可以平滑地进行播放。

7.5　使用 A/B 模式微调切换

效果控件面板中的查看切换效果选项可以访问 A/B 编辑模式，该模式将单个视频轨道拆分为两个。通常在单个轨道上显示为两个相邻且连续的剪辑现在显示为独立轨道上的单独剪辑，从而可以在它们之间应用切换，处理它们的头帧和尾帧（或手柄），以及更改其他切换选项。

7.5.1　在效果控件面板中更改参数

Premiere Pro 中的所有切换都可以自定义。一些效果的自定义属性（比如持续时间和起点）很少。而其他效果提供了方向、颜色和边框等更多选项。效果控件面板的主要好处是可以看到传出和传入的剪辑手柄（原始剪辑中未使用的媒体）。这使调整效果的位置变得非常简单。

下面将修改切换的操作步骤。

1. 切换回序列 Transitions。

2. 将时间轴播放头放到在剪辑 1 和剪辑 2 之间添加的渐隐为白色切换，然后单击切换效果图标将其选中。

3. 在效果控件面板中，选择显示实际源复选框，以查看实际剪辑的帧，如图 7.19 所示。

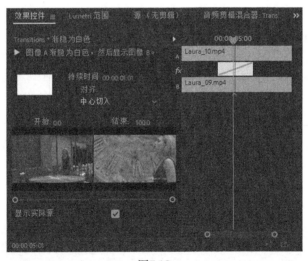

图7.19

现在更容易判断所做的更改。

4. 在效果控件面板中，单击对齐菜单，然后选择开始位置对齐选项。

切换图标将显示新位置。

5. 单击效果控件面板左上角的播放切换按钮，预览切换，如图 7.20 所示。

6. 现在修改切换的持续时间。单击效果持续时间框中的蓝色数字，输入 112，然后单击其他地方或者按 Tab 键，为效果的持续时间应用一个新的数值，即 1 又 1/2 秒（Premiere Pro 会自动添加正确的标点）。

对齐菜单修改为 Custom Start，原因是没有足够的手柄在新的持续时间中播放切换。为了适应新的切换持续时间，Premiere Pro 会将开始时间设置得稍微晚一些。

播放切换，查看这一修改，如图 7.21 所示。

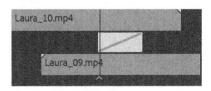

图7.20   图7.21

通过播放切换来确保对手柄中新出现的媒体感到满意，这很重要。尽管 Premiere Pro 会修改效果的时序，来补偿丢失的手柄，但在继续操作之前要先检查效果，这更重要。

现在自定义下一个效果。

7. 单击时间轴中剪辑 2 和剪辑 3 之间的分割切换效果。

8. 在效果控件面板中，将鼠标光标悬停在切换图标中间的编辑线上，鼠标光标将变成一个红色的滚动编辑工具，如图 7.22 所示。

图7.22

这是两个剪辑之间的编辑点。滚动编辑工具允许重新定位编辑点。

注意：用户可能需要调整效果控件面板的大小，使显示 / 隐藏时间轴视图按钮（ ▶ ）显示出来。效果控件时间轴应该已经是可见的了。单击效果控件面板中的显示 / 隐藏时间轴视图按钮，可以将其打开或关闭。

9. 在效果控件面板中，将滚动编辑工具左右拖动，如图 7.23 所示。注意，只要释放鼠标按钮，左侧剪辑变化的出点和右侧剪辑变化的入点会出现在节目监视器中。这也称为修剪（trimming）。

第 8 课将详细讲解修剪的内容。

Pr 提示：通过拖放的方式可以不对称地定位溶解的开始时间。这意味着无须设置 Centered、Start at Cut 和 End at Cut 选项。也可以直接在时间轴上拖动切换效果的位置，无须使用效果控件面板。

Pr 注意：修剪时，可以将切换的持续时间缩短为 1 帧。这会使捕捉和定位切换效果的图标变得更加困难，可以使用持续时间和对齐控件进行尝试。如果想要删除切换，可在序列中选择它，然后按退格键（Windows）或 Delete 键（macOS）。

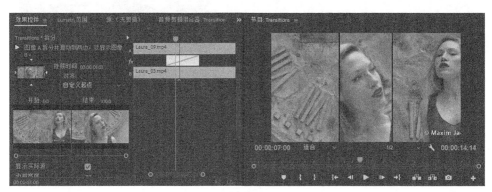

图7.23

Pr 提示：可能需要更早或更晚地移动播放头，才能看到两个剪辑之间的编辑点。

10. 将鼠标光标稍微移动到编辑线的左侧或右侧，注意，它更改为滑动工具，如图 7.24 所示。

使用滑动工具更改切换的开始点和结束点，无须更改总体长度。新的开始点和结束点编辑将显示在节目监视器中，但是与使用滚动编辑工具不同，使用滑动工具移动切换矩形不会更改两个剪辑之间的编辑点。相反，它只是修改切换效果的时序（timing）。

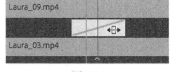

图7.24

11. 使用滑动工具左右拖动切换矩形，比较结果。

7.5.2 使用 Morph Cut 效果

Morph Cut 是一种旨在提供不可见切换的特殊效果，专门用于为"接受电视采访者"视频访谈提供帮助，其中一个单独的发言人看着摄像头的方向。如果受访者停顿了好长时间，或者素材中存在不合适的内容，则会将访谈中的部分内容删除。

这通常会产生跳跃剪辑（jump cut），但是借助于合适的媒体和一个小实验，Morph Cut 效果可以实现一种不可见的切换，它能够无缝地隐藏删除的内容。我们来尝试一下。

1. 打开序列 Morph Cut。播放序列的开始位置。

该序列中有一个镜头，在靠近开始的位置有一个跳跃剪辑。尽管这个跳跃剪辑不大，但是足以对观众造成干扰。

2. 在效果面板中，进入视频切换 > 溶解组，查找 Morph Cut 效果。将该效果拖放到剪辑两部分的连接处。

Morph Cut 效果首先在后台分析两个剪辑，如图 7.25 所示。在分析的同时，用户可以继续处理序列。

图7.25

取决于媒体，通过体验不同的持续时间，我们将发现 Morph Cut 切换效果工作得最好。

3. 双击 Morph Cut 切换效果，弹出设置切换持续时间对话框。将持续时间修改为 13 帧。

4. 当分析结束时，按 Enter（Windows）或 Return（macOS）键渲染该效果（如果系统需要的话），然后预览效果。

尽管结果不完美，但是也不错，观众几乎不可能注意到这个连接处。

7.5.3　处理不足（或不存在）的头 / 尾手柄

如果剪辑没有足够的帧作为手柄，而你试图扩展该剪辑的切换，则尽管会出现切换，但是会出现对角线警告栏。这意味着 Premiere Pro 正在使用冻结帧来扩展剪辑的持续时间。

可以调整切换的持续时间和位置来解决问题。

1. 打开序列 Handles。

2. 找到剪辑之间的编辑线处，如图 7.26 所示。

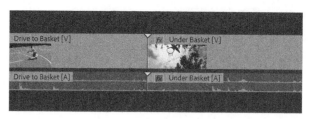

图7.26

时间轴上的两个剪辑都没有头或尾，我们可以从位于剪辑角落上的小三角形看出这一点：三角形指出了一个原始剪辑的最后帧。

3. 使用工具面板中的波纹编辑工具（ ），将第一个剪辑的右边缘向左拖动。拖动到大约 1:10 处以缩短第一个剪辑的持续时间，然后停止拖动，如图 7.27 所示。

图7.27 在进行修剪以显示新剪辑的持续时间时，会出现一个工具提示

编辑点之后的剪辑会波动以封闭间隙。注意，修剪过的剪辑末尾的小三角形消失。

4. 将交叉溶解切换效果从效果面板拖动到两个剪辑之间的编辑点上，如图 7.28 所示。

只能将切换拖动到编辑点的右侧，而不能拖动到左侧，因为如果不使用冻结帧，则没有可用的手柄来创建重叠了第一个剪辑末尾的溶解效果。

图7.28

5. 按下键盘上的 V 键选择标准的选择工具，单击一次溶解切换效果图标将其选中。可能需要放大以轻松选择切换。

6. 在效果控件面板中，将效果的持续时间设置为 1:12，如图 7.29 所示。

图7.29

视频没有足够的帧来创建该效果，在效果控件面板和时间轴的切换上，都会出现对角线，这表示已经自动添加的静态帧将填充设置的持续时间。无论在哪里看到对角线，结果都将是冻结帧。

7. 播放切换，查看结果。

8. 将切换的对齐方式更改为中心切入，如图 7.30 所示。

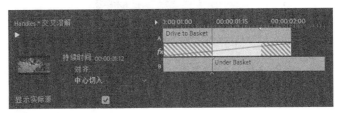

图7.30

9. 在切换中缓慢拖动时间轴播放头，并观察结果。

- 对于切换的前半部分（到编辑点为止），B 剪辑是冻结帧，而 A 剪辑则继续播放。

- 在编辑点的位置，A 剪辑和 B 剪辑开始播放。

- 在编辑点之后，使用了一个短冻结帧。

以下几种方式可以用来修复该问题。

- 更改效果的持续时间或对齐方式。

- 通过单击并按住工具面板中的波纹编辑工具，访问并使用滚动编辑工具（ ）（见图 7.31）来重新定位切换。

- 可以使用波纹编辑工具（ ）（见图 7.32）来缩短剪辑。

图7.31　滚动编辑工具

图7.32　波纹编辑工具

Pr | **注意**:使用滚动编辑工具可以向左或向右移动切换，而且不会更改序列的总长度。

第 8 课将介绍有关滚动编辑和波纹编辑工具的更多信息。

7.6　添加音频切换

通过删除不想要的音频噪音或生硬编辑，音频切换（见图 7.33）可以显著改进序列的声音。在音频剪辑末尾（或之间）应用交叉淡化切换是一种在它们之间添加淡入、淡出和渐淡的快速方式。

图7.33

7.6.1　创建交叉淡化

可以选择 3 种交叉淡化。

- **恒定增益**（见图 **7.34**）：顾名思义，恒定增益交叉淡化在剪辑之间使用恒定音频增益（音量）来切换音频。一些人认为这种切换类型很有用，但是，它会在音频中创建一种突然的切换，这是因为传出剪辑的声音在淡出时，传入剪辑的声音以相同的增益淡入。当不希望混合两个剪辑，而想在剪辑之间应用淡出和淡入时，则恒定增益交叉淡化最为有用。

- **恒定功率**（见图 **7.35**）：Premiere Pro 中的默认音频切换在两个音频剪辑之间创建了一种渐变的平滑切换。恒定功率交叉淡化的工作方式与视频溶解非常类似。应用该交叉淡化时，首先缓慢淡出传出剪辑，然后快速接近剪辑的末端。对于传入剪辑，过程是相反的。传入剪辑开头的音频电平增加很快，然后缓慢接近切换的末端。当想要在两个剪辑之间混合音频时，则该交叉淡化非常有用，而且在音频的中间部分不会有明显的音频下降。

- **指数淡化**（见图 **7.36**）：该效果类似于 Constant Power 交叉淡化。指示淡化切换在剪辑之间创建非常平滑的淡化。它使用对数曲线来淡出淡入音频。当执行单侧切换（比如在节目开始或结尾处，先沉默，然后淡入一个剪辑）时，有些编辑人员更喜欢使用指示淡化切换。

图7.34　　　　　　　图7.35　　　　　　　图7.36

7.6.2　应用音频切换

　　有几种方法可以为序列应用音频交叉淡化。当然，可以拖放一个音频切换（如同处理视频切换那样），但是还有一些有用的快捷方式可以加速操作过程。

　　音频切换有默认的持续时间(单位是秒或帧)。对默认的持续时间进行修改的方法是选择编辑 >首选项 > 时间轴（Windows）或 Premiere Pro CC > 首选项 > 时间轴（macOS）。

1. 打开 Audio 序列。

该序列有多个带有音频的剪辑。

2. 在效果面板中打开音频切换 > 交叉淡化组。

3. 将指数淡化切换拖动到第一个音频剪辑的开始位置，如图 7.37 所示。

4. 移动到序列末尾。

5. 在时间轴中右键单击最终的编辑点，并选择应用默认过渡选项，如图 7.38 所示。

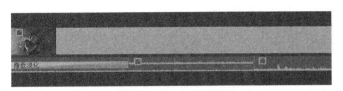

图7.37 图7.38

这会添加新的视频和音频切换。要只添加音频切换，按住 Alt（Windows）或 Option（macOS）键，然后右键单击，只选择音频剪辑。

恒定功率切换作为一个切换添加到末尾的音频编辑，以创建平滑混合作为音频的结尾。

6. 在时间轴中拖动切换的边缘，可以调整其长度。对创建的音频切换进行拖放，扩展其长度，然后收听结果。

7. 要完善项目，可在序列的开始位置添加视频交叉溶解切换。将播放头移动到接近序列的开始位置，选择第一个剪辑，然后按 Ctrl + D（Windows）或 Command + D（macOS）组合键，添加默认的视频切换。

现在，在序列的开头位置创建了黑色淡出的效果，而在末尾创建了黑色淡入的效果。现在，添加一系列短音频溶解，对背景声音进行平滑处理。

8. Alt（Windows）或 Option（macOS）键允许临时断开音频剪辑和视频剪辑之间的链接，以分离切换。

选中选择工具，按住 Alt（Windows）或 Option（macOS）键，然后使用套索选择 Audio 1 轨道上的所有音频剪辑，注意不要选中任何视频剪辑——从音频剪辑下方拖动以避免不小心选择了视频轨道上的项目，如图 7.39 所示。

图7.39

注意：选择的剪辑不需要是连续的。可以按住 Shift 键并单击剪辑，以在序列中选择单独的剪辑。

9. 选择序列 > 应用默认切换到选择项选项，结果如图 7.40 所示。

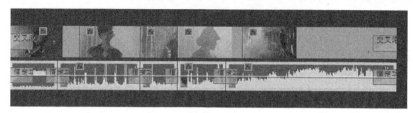

图7.40

提示：可以在序列菜单中选择应用音频切换，只为音频剪辑添加切换。如果已经选择了纯音频剪辑，也就没有必要这样操作了，因为默认的切换选项将有相同的效果。

10. 播放序列，并查看和收听你做出的修改。

提示：Shift + Ctrl + D（Windows）或 Shift + Command + D（macOS）组合键是在选中剪辑或选中的剪接点（cut point）之间，在靠近播放头的编辑点位置添加默认的音频切换的快捷方式。轨道选择（或剪辑选择）指出了切换效果的应用位置。

一种很常见的情况是，音频编辑人员会为序列中的每一个剪辑添加一帧或两帧音频切换，以免在音频剪辑开始或结束时出现刺耳的声音。如果将音频切换的默认持续时间设置为两帧，则可以使用序列菜单中的应用默认切换到选择项选项，对音频混合快速进行平滑处理。

7.7 复习题

1. 如何为多个剪辑应用默认切换？

2. 在效果面板中，如何根据名称查找切换？

3. 如何使用一个切换替换另一个切换？

4. 描述更改切换持续时间的 3 种方式。

5. 一种在剪辑开头或结尾淡化音频的简单方法是什么？

7.8 复习题答案

1. 选择已经在时间轴上的剪辑，然后选择序列 > 应用默认切换到选择项选项。

2. 在效果面板的 Contains Text 文本框中输入切换的名称。在输入时，Premiere Pro 会显示名称中具有此字母组合的所有效果和切换（视频和音频）。输入更多字符可以缩小搜索范围。

3. 将替换的切换拖动到想要删除的切换上面。新切换会自动替换旧切换，而且也会采用旧切换的时序。

4. 在时间轴中拖动切换图标的边缘，在效果控件面板的 A/B 时间轴显示中进行同样的操作，或者在效果控件面板中更改持续时间值，也可以双击时间轴面板中的切换图标。

5. 在剪辑的开头或结尾应用音频交叉淡化切换。

第8课 高级编辑技术

课程概述

在本课中，你将学习以下内容：

- 执行四点编辑；
- 在时间轴中更改剪辑的速度或持续时间；
- 在序列中替换一个剪辑；
- 在项目中替换素材；
- 创建嵌套序列；
- 对媒体执行基本修剪，以完善编辑；
- 应用滑移和滑动编辑来完善剪辑；
- 动态修剪媒体。

 本课大约需要 120 分钟。

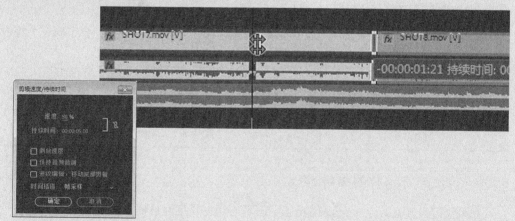

Adobe Premiere Pro CC 中的主要编辑命令都很容易掌握。有些高级技术需要花时间才能掌握，但这样做很有意义。这些技术可以提高编辑效率，使用户了解如何生成最高水平的专业成果。

8.1 开始

在本课中，我们将使用几个短序列来探究 Adobe Premiere Pro CC 中的高级编辑概念，旨在使读者动手体验高级编辑所需要的技术。

1. 在 Lesson 08 文件夹中打开项目 Lesson 08.prproj。

2. 将该项目以 Lesson 08 Working.prproj 的名字保存在 Lesson 08 文件夹中。

3. 在工作区面板中选择编辑选项，或选择窗口 > 工作区 > 编辑选项。

4. 单击工作区面板中的编辑菜单，或者选择窗口 > 工作区 > 重置为已保存布局，将工作区重置为保存过的版本。

8.2 执行四点编辑

In 和 Out 标记也称为点（point）。在之前的课程中，已经使用过三点编辑的标准技术，即使用 3 个入点和出点（分别在源监视器、节目监视器和时间轴中）设置了编辑的源、持续时间和位置。

但是，如果定义了 4 个点会怎么样？

简单的回答就是，必须要做出选择。很有可能你在源监视器中标记的持续时间，与在节目监视器或者时间轴中标记的持续时间不同。

在这种情况下，当想要使用键盘快捷键或屏幕上的按钮执行编辑时，会出现一个警告对话框，说明持续时间不匹配，提醒用户做出决定。通常情况下，是丢弃一个标记。

> 提示：专业的编辑人员通常使用不同的语言来描述相同的事情，这里的标记（mark）和点（point）就是一个很好的例子。本书使用了编辑人员最常使用的名字，以便读者能更容易地识别工具、技术和其他项目。

8.2.1 设置四点编辑的编辑选项

如果执行四点编辑，Premiere Pro 会打开符合素材长度对话框（见图 8.1），提醒用户注意。用户需要从 5 个选项中进行选择以解决冲突。可以忽略四个点中的一个或者更改剪辑的速率。

> 提示：在进行四点编辑时，可以设置一个默认的行为，方法是做出一个选择，然后选择总是使用该选择选项。如果改变了主意，可以打开 Premiere Pro 时间轴首选项，针对编辑范围不匹配的情况选择符合素材长度对话框，将其打开。

- **更改剪辑速度** [1]（适合填充）：第一个选项假设用户设置了具有不同持续时间的4个点。Premiere Pro 保留源剪辑的入点和出点，但会调整剪辑的播放速率，使其持续时间匹配在时间轴或节目监视器中设置的持续时间。如果想调整剪辑的播放速率来填充间隙，这是一个很好的选择。

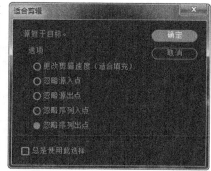

图8.1

- **忽略源入点**：如果选择该选项，Premiere Pro 会忽略源剪辑的入点，并将编辑转换回三点编辑。当在源监视器中有一个出点，但是没有入点时，将基于在时间轴或源监视器（或剪辑的末端）上设置的持续时间自动计算入点。只有当源剪辑比序列中设置的范围要长时，才可使用该选项。

- **忽略源出点**：当选择该选项时，Premiere Pro 会忽略源剪辑的出点，并将编辑转换回三点编辑。当在源监视器中有一个入点，但是没有出点时，将基于在时间轴或源监视器（或剪辑的末端）上设置的持续时间来计算出点。只有当源剪辑比目标持续时间要长时，才可使用该选项。

- **忽略序列入点**：当选择了该选项时，Premiere Pro 将忽略在序列上设置的入点，并仅使用序列出点执行三点编辑。持续时间来自源监视器。

- **忽略序列出点**：该选项与上一个选项类似。它告诉 Premiere Pro 忽略在序列上设置的出点，然后执行三点编辑。持续时间依然来自源监视器。

8.2.2 执行四点编辑

下面将执行四点编辑。修改一个剪辑的播放速率，以匹配序列中设置的持续时间。

1. 打开序列 01 Four Point。

2. 滚动序列并找到已经设置了入点和出点的部分。在时间轴中应该能看到一个突出显示的范围，如图 8.2 所示。

3. 找到 Clips to Load 素材箱，在源监视器中打开 Laura_04 剪辑。

该剪辑应该已经设置了入点和出点。

4. 在时间轴中，检查源轨道指示器按钮已经正确地修复，而且 Source V1 在时间轴 Video 1 的附近，如图 8.3 所示。

5. 在源监视器中，单击覆盖按钮以进行编辑。

---

[1] 本章的截图中会重复出现"速率""速度"两个词汇，从字面意思来看，两者区别不大。为了确保图文一致，本章会交替使用"速度"与"速率"，请各位读者知悉。——译者注

6. 在符合素材长度对话框中，选择更改剪辑速度（适合填充）选项，然后单击确定按钮。

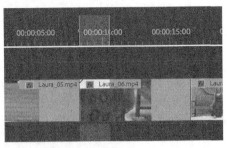

图8.2   图8.3

7. 编辑已经成功应用。使用面板底部的导航条控件，放大时间轴面板，直到能够看到刚编辑到序列中的 Laura_04 剪辑的名字和速率信息，如图 8.4 所示。

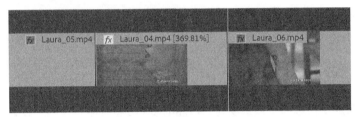

图8.4

百分比显示了新的播放速率。剪辑的速率已经进行了完美调整，来匹配新的持续时间。

 注意：可以将修改剪辑的播放速率当作一种视觉效果。注意剪辑上的"*fx*"小标志会更改颜色，来指示效果已经应用。

8. 现在观看序列，查看编辑和速率变化的效果。

8.3 改变播放速率

在视频后期制作中，慢动作是最常使用的一种效果。用户可能会出于技术原因或者艺术效果来修改剪辑的速率。这是一种增加戏剧性或者给观众更多时间来体验的有效方式。

注意：在修改剪辑的播放速率时，如果新速率是原始剪辑播放速率的偶数倍或者分数，通常会实现更平滑的播放。例如，将一个 24fps 的剪辑修改为以原始速率的 25% 进行播放，则会得到一个 6fps 的剪辑，这相较于将剪辑的速率设置为一个非平均分割的速率（比如 27.45%），编辑的播放要更平滑。有时，通过手动修改编辑的播放速率，然后修剪得到一个预期的持续时间，会得到最好的结果。

适合填充编辑只是修改剪辑播放速率的一种方式。实现高质量慢动作的最佳方法是，以高于序列播放的帧速率来录制。如果在播放视频时，其帧速率低于录制时的速率，将看到看慢动作。

例如，假设一个 10 秒的视频剪辑是在每秒 48 帧的速率下录制的，但是序列被设置为每秒 24 帧。可以对素材进行设置，使其以每秒 24 帧的速率播放，从而匹配序列。在将剪辑添加到序列中时，播放将很平滑，也不需要转换帧速率。但是，剪辑是在以原始帧速率的一半进行播放，从而产生 50% 的慢动作。在播放时将占用两倍的时间，因此现在剪辑的持续时间将为 20 秒。

过度转动

该技术称为过度转动（over-cranking），原因是早期的摄影机是通过转动摇把来驱动的。

摇把转动得越快，每秒捕获的帧越多；转动得越慢，每秒捕获的帧越少。这样一来，当以正常速率播放电影时，电影制片人能够通过转动摇把实现快动作或慢动作。

现代的摄像机允许以较快的帧速率进行录制，这样就可以在后期制作时提供优质的慢动作。摄像机也可以为剪辑元数据分配一个不同于真实录制速率（使用系统帧速率）的帧速率。

这意味着在将剪辑导入 Premiere Pro 中时，剪辑能够自动以慢动作播放。使用解释素材对话框可以设置 Premiere Pro 如何播放剪辑。

下面就来试一下。

1. 打开序列 02 Laura In The Snow。播放序列中的剪辑。

出于下述原因，剪辑将以慢动作的方式播放。

- 剪辑是以每秒 96 帧的速率录制的。

- 剪辑被设置为以每秒 24 帧的速率播放（这是通过摄像机设置的）。

- 序列的播放速率被配置为每秒 24 帧。

2. 在时间轴面板中，右键单击剪辑，选择在项目中显示选项。这会在项目面板中凸显剪辑。

3. 在项目面板中右键单击剪辑，然后选择修改 > 解释素材选项，出现如图 8.5 所示的界面。

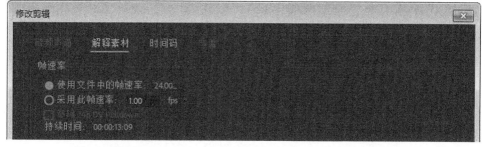

图8.5 使用 Interpret Footage 对话框告诉 Premiere Pro 如何播放剪辑

4. 选择 Assume this frame rate 选项，在文本框中输入 96。这将告诉 Premiere Pro 以每秒 96 帧的速率播放剪辑。单击确定按钮。

再看一下时间轴面板。剪辑的外观发生了改变，如图 8.6 所示。

图8.6　剪辑上的对角线表示有媒体缺失

我们已经给剪辑指定了一个更快的帧速率，因此不再使用原始的剪辑持续时间。剪辑播放得越快，其持续时间就越短，对角线表示没有媒体的那部分剪辑。

Premiere Pro 没有更改时间轴剪辑的持续时间，因为这样做会更改编辑的时序。相反，没有媒体的那部分序列剪辑现在是空的。

5. 再次播放序列。

剪辑以正常速率播放，因为它最初是使用每秒 96 帧的速率录制的。播放不太平滑，这并不是因为剪辑有问题，而是因为原始的摄像机在录制时有颠簸。

6. 将 Laura_01.mp4 剪辑拖放到靠近第一个实例的时间轴上，如图 8.7 所示。

图8.7

新剪辑实例要更短，而且能够以全新的帧速率来匹配总体的播放时间。如果现在降低剪辑的播放速率，它将恢复原来的帧，从而生成质量更好的慢动作。

 注意：如果使用的系统具有一个较慢的存储器，可能需要在节目监视器中降低播放分辨率，以便能在不丢帧的情况下，以较快的帧速进行播放。

8.3.1　更改剪辑的速率 / 持续时间

尽管降低剪辑的播放速率是很常见的事情，但是加快剪辑的速率也是一种有用的效果。速率 / 持续时间命令可以两种不同的方式更改剪辑的播放速率。可以设置剪辑的持续时间，使其与一个特定的时间相匹配，也可以采用百分比的方式设置播放速率。

例如，如果将一个剪辑设置为以 50% 的速率播放，则它会以半速播放；设为 25% 则为 1/4 的速率。在设置播放速率时，Premiere Pro 允许保留两位小数，所以，如果需要，可以设置为 27.13%。

下面来学习这种技术。

1. 打开序列 03 Speed and Duration。播放序列，先感知其正常的播放速率。

2. 右键单击 Eagle_Walk 剪辑，并选择速率 / 持续时间选项。可以在时间轴中选择剪辑，然后选择剪辑 > 速率 / 持续时间。

剪辑速度 / 持续时间对话框（见图 8.8）中包含控制剪辑播放速率的选项。

如果单击锁链图标，可以保持剪辑的持续时间和速率之间的联动，也可以断开两者之间的联动。如果该图标为链接状态，则对其中一个进行修改时，另外一个也随之更新。

图8.8

- 单击锁链图标，使其显示为一个断开的链接，此时持续时间和速率不再联动。现在，如果输入一个新的速率，则时序时间不会更新。

- 一旦断开了两者之间的联动，则在修改持续时间时不会改变速率。如果时间轴上该剪辑后面紧跟着另外一个剪辑，则缩短剪辑时会留下间隙。默认情况下，如果剪辑比可用空间长，则速率的改变不会有任何影响。原因是在修改持续时间和速率时，编辑不会移动下一个剪辑，从而为新的持续时间留下空间。如果选择"波纹编辑，移动尾部剪辑"选项，则可以让剪辑为它自己留出空间。

- 要倒放剪辑，可选择倒放速度选项。这时会在序列中显示的新速率旁边看到一个负号。

- 如果正在改变速率的剪辑带有音频，可以考虑选择保持音频音调复选框。这将在新速率下保持剪辑原来的音调。如果禁用该选项，则音调会自然地上升或下降。对于较小的速率改变来说，该选项相当有效。迅速地重新采样将生成不自然的结果。如果想要做出更为显著的速率变化，可以考虑在 Adobe Audition 中调整音频。

> **注意**：锁链图标在剪辑速度 / 持续时间对话框中的工作方式有一个例外：如果一个更高的新速率显著降低了剪辑的持续时间，以至于所有的原始媒体都已经用上了，但产生的持续时间仍然比时间轴中的剪辑要短，则时间轴中的剪辑也需要缩短持续时间，以与其匹配。这样一来，在序列中就不会有空白的视频帧了。

3. 确保速度和持续时间链接在一起（即锁链图标 🔗 为链接状态），将速率修改为 50%，单击确定按钮，结果如图 8.9 所示。

在时间轴中播放剪辑。用户可能需要按下 Enter（Windows）或 Carriage Return（macOS）键来渲染剪辑，才能看到流畅的播放。注意，剪辑现在的长度是 10 秒。这是因为将剪辑的播放速率放慢了 50%；播放速率降低一半，则意味着长度是原来长度的两倍。

图8.9

4. 选择编辑 > 撤销命令，或者按 Ctrl + Z（Windows）或 Command + Z（macOS）组合键。

5. 在时间轴上选中剪辑，按 Ctrl + R（Windows）或 Command + R（macOS），打开剪辑速度 / 持续时间对话框。

6. 单击锁链图标（），确保速度和持续时间的链接是断开的（），如图 8.10 所示。然后将速度更改为 50%。

7. 单击确定按钮，然后播放剪辑，结果如图 8.11 所示。

图8.10　剪辑的播放速率变慢，由于播放速率与持续时间是联动的，因此在时间轴上它的持续时间变长了

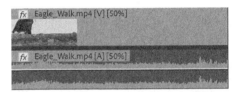

图8.11　剪辑的播放速率变慢，由于播放速率与持续时间的关联是断开的，因此它在时间轴上的持续时间保持不变

剪辑现在以 50% 的速率播放，因此其播放时长是原来的两倍（即 10 秒）。因为我们已经断开了播放速率和持续席间的链接，因此已经对第 2 个 5 秒进行了修剪，以在序列中维护 5 秒的持续时间。

现在尝试倒向播放。

8. 再次打开剪辑速率 / 持续时间对话框。

9. 将速度设置为 50%，但这一次要选中倒放速度选项，然后单击确定按钮。

10. 播放剪辑，注意，它以 50% 的慢动作进行播放。

提示：用户可以同时更改多个剪辑的速率。为此，选择多个剪辑，然后选择剪辑 > 速度 / 持续时间命令。当更改多个剪辑的速率时，要注意波纹编辑，移动尾部剪辑选项。在速度发生改变后，该选项将自动为所有选择的剪辑缩小或扩大间隙。

8.3.2 使用速率伸展工具更改速率和持续时间

有时有一个内容能够完美填充序列中一个间隙的剪辑，但是它的长度有点太短或太长。这种情况下，速率伸展工具就派上用场了。

1. 打开序列 04 Rate Stretch。

该序列与音乐同步，而且剪辑包含所需的内容，但是第一个剪辑太短了。用户可以做出猜测，并尝试调整速度 / 持续时间，但是使用速率伸展工具可以更容易、迅速地来拖动剪辑的尾部，以填充间隙。

2. 在工具面板中选择速率伸展工具（ ），方法是单击并按住波纹编辑工具图标（ ）。

3. 使用该工具拖动第一个视频剪辑的右端，直到它与第二个视频剪辑相接为止，如图 8.12 所示。

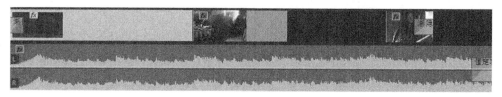

图8.12

第一段剪辑的速率发生了改变，以填充间隙。但是其内容没有改变，只不过剪辑的播放速度变慢了。

 提示：如果你对速率伸展工具做出的调整改变了主意，可以总是使用它恢复剪辑。或者，可以使用速度 / 持续时间命令并将速度设置为 100%，以将剪辑恢复到默认的速率。

4. 继续使用速率伸展工具，拖动第二段剪辑的右端，直到它与第三段剪辑相接为止，如图 8.13 所示。

图8.13

5. 拖动第三段剪辑的右端，直到它与音频结束点相匹配为止，如图 8.14 所示。注意，必须拖动切换效果图标之外的其他地方，才能以这种方式修改持续时间。

6. 在时间轴上播放，查看结果。

7. 按下 V 键，或单击选择工具，选中序列。

图8.14

8. 右键单击第三个剪辑，然后选择时间插值 > 光流选项。在修改剪辑速率时，这可以使剪辑平滑地播放。它是一种用于渲染运动变化的高级系统，在渲染时将花费更长的时间。

> **Pr** **注意**：使用光流来渲染新的播放速率时，将生成视觉伪影，当拍摄素材因为相机快门速度较慢而产生运动模糊时，更会如此。

9. 渲染并播放序列，查看结果。

改变时间产生的下游影响

在将多个剪辑汇集到序列中之后，如果在时间轴的开始位置更改剪辑的速率，要重点理解剪辑速率的改变对序列"下游"的影响。速率变化可能会引起下述问题。

- 由于剪辑的播放速率要比最初时快，因此剪辑变短，引入了不想要的间隙。
- 由于使用了波纹编辑选项，总体序列的持续时间发生了变化。
- 速率变化导致的潜在音频问题——包括音调的更改。

更改速率或持续时间时，要仔细查看对序列的总体影响。你可能想要更改时间轴的缩放级别，以立刻查看整个序列或部分序列。

8.4 替换剪辑和素材

在编辑过程中，一种常见的情况是，将序列中的一个剪辑更换成另一个剪辑，以尝试不同的编辑版本。

这有可能是进行全局替换，比如使用一个新文件替换一个动画徽标版本。将序列中的一个剪辑替换成素材箱中的另一个剪辑，可以使用不同的方法，取决于手头上的任务。

8.4.1 在替换剪辑中拖放

用户可以将一个新镜头拖动到打算进行替换的现有序列剪辑上。

下面就来试一下。

1. 打开序列 05 Replace Clip，如图 8.15 所示。

图8.15

2. 播放时间轴。

序列中的剪辑 2 和剪辑 3 实际上是 SHOT4 的重复。剪辑应用了运动关键帧，这使它旋转到屏幕上，之后又旋转出去。下一课将介绍如何创建这些动画效果。

这里使用名为 Boat Replacement 的新剪辑来替换 V2 轨道中的第一个剪辑实例（SHOT4），但是我们不想重复创建效果和动画，因为它们已经很完美了。这是一种很适合替换序列剪辑的情况。

3. 在 Clips to Load 素材箱中，将 Boat Replacement 剪辑直接从项目面板拖动到时间轴上 SHOT4 剪辑的第一个实例上，但是不要松开鼠标按钮，如图 8.16 所示。

该剪辑比打算替换掉的原有剪辑长。

图8.16　对该技术来说，没有必要精确定位鼠标光标的位置，只需要确保鼠标光标位于想要替换的剪辑上即可

4. 按 Alt（Windows）或 Option（macOS）键，结果如图 8.17 所示。

图8.17　注意到鼠标光标发生变化，表示将执行替换编辑

在按住修饰符键时，用来替换的剪辑会适应原来剪辑的精确长度。松开鼠标按钮，替换剪辑。

5. 播放时间轴。注意，所有画中画（PIP）剪辑将相同的效果应用到了不同的素材上。新的剪辑继承了原来剪辑的设置和效果。这是一种在序列中尝试不同镜头的快速且简单的方法。

8.4.2　执行同步替换编辑

在使用拖放的方式来替换序列剪辑时,Premiere Pro 会将替换剪辑中的第一个帧(或入点)与序列中现有剪辑的第一个可见帧进行同步处理。通常情况下这很好,但是如果想要同步动作中的一个特定时刻,比如拍手或关门,该怎么处理?

如果想更好地控制一个替换编辑,可以使用替换编辑命令。这允许对替换剪辑中的一个特定帧与原有剪辑中的一个特定帧进行同步处理。

1. 打开序列 06 Replace Edit。

这是之前修复的同一个序列,但是这次将精确放置替换剪辑。

2. 将播放头放在序列中大约 00:00:06:00 位置。播放头是将要执行的编辑的同步点。

3. 单击序列中 SHOT4 剪辑的第一个实例,将其选中,如图 8.18 所示。

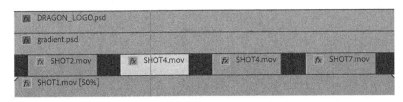

图8.18

4. 在源监视器中,打开 Clips to Load 素材箱中的 Boat Replacement 剪辑。

5. 在源监视器中,拖动播放头以选择要替换的部分动作。在剪辑上有一个标记用作参考,如图 8.19 所示。

图8.19

6. 确保时间轴是活动的，并且选中SHOT4.mov的第一个实例，然后选择剪辑 >
使用剪辑替换 > 从源监视器，匹配帧选项。

剪辑被替换掉，如图8.20所示。

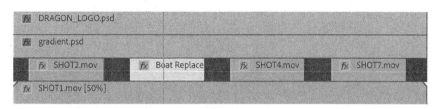

图8.20

7. 播放新编辑的序列，观察结果。

播放头的位置在源监视器和节目监视器中得到了同步处理。序列剪辑的持续时间、效果和设置都应用到了替换剪辑上。该技术可以节省大量的时间。

8.4.3　使用替换素材功能

替换编辑可以用来替换序列中的剪辑，而替换素材功能会替换项目面板中的素材，以便剪辑链接到不同的媒体文件。当需要替换一个或多个序列内多次出现的剪辑时，这非常有用。使用该功能可以更新一个动画徽标或者一段音乐。

当替换项目面板中的剪辑时，该剪辑的所有示例都将在使用了剪辑的地方发生改变。

1. 载入序列 07 Replace Footage。

2. 播放序列。

使用更有意思的东西来替换第 4 个视频轨道上的图形。

3. 在 Clips to Load 素材箱中，在项目面板中选择剪辑 DRAGON_LOGO.psd。

4. 选择剪辑 > 替换素材命令，或者右键单击剪辑，然后选择替换素材命令，如图 8.21 所示。

5. 导航到 Lessons/Assets/Graphics 文件夹，选择 DRAGON_LOGO_FIX.psd 文件，然后双击，将其选中，如图 8.22 所示。

图8.21

图8.22　替换素材命令将更新剪辑的名字，以匹配新的媒体文件

6. 播放时间轴。序列和项目中的图形已经得到了更新。甚至项目面板中的剪辑名字也进行了更新，以匹配新文件，结果如图 8.23 所示。

图8.23

注意：替换素材命令是无法撤销的。如果想要切换回原始剪辑，请再次选择剪辑 >
替换素材命令，然后导航到原始文件并重新链接它。

8.5 嵌套序列

嵌套序列是一个包含在其他序列中的序列。通过为每一个部分创建单独的序列，可以将一个长期的项目拆分成可管理的部分。然后可以将每一个序列（包含其所有剪辑、图形、图层、多个音频 / 视频轨道和效果）拖放到另外一个"主"序列中。嵌套序列的外观和行为与单个音频 / 视频剪辑很像，但是你可以编辑它们的内容，并在主序列中看到更新后的变化。

嵌套序列有许多潜在用途。

- 通过单独创建复杂的序列来简化编辑工作。这有助于避免冲突，防止因意外移动剪辑而破坏编辑。

- 允许在一个单独的步骤中将一种效果应用到一组剪辑中。

- 允许在多个其他序列中将序列用作一个源。用户可以为由多个部分组成的序列创建一个用于介绍目的的序列，然后将它添加到每一个部分中。如果需要修改这个介绍目的的序列，在修改一次之后，就能在它嵌套的所有位置看到更新后的结果。

- 允许采用在项目面板中创建子文件夹的相同方式来组织作品。

- 允许为一组剪辑应用切换（这一组剪辑作为单个项目）。

在将一个序列剪辑到另外一个序列中时，时间轴面板左上角的按钮可以用来选择是将序列的内容添加进去（ ），还是将它进行嵌套处理（ ）。

8.5.1 添加嵌套序列

使用嵌套的一个原因是重用已经编辑的序列。现在，将一个已经编辑过的开场字幕添加到序列中。

1. 打开序列 08 Bike Race，确保选项被设置为嵌套序列（）。

2. 在序列的开始位置设置一个入点。

3. 确保时间轴中源轨道 V1 被修复到 Video 1 轨道。可能需要在项目面板中选择一个剪辑，来查看源轨道启用按钮。在本利中，选择序列 09 Race Open。

4. 将序列 09 Race Open 拖放到节目监视器中（而不是时间轴上），将剪辑拖放到插入选项上，如图 8.24 所示。

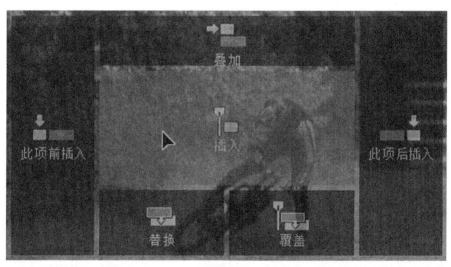

图8.24

这将执行一个插入编辑。

> **提示**：一种快速创建嵌套序列的方法是将序列从项目面板拖放到当前的活动序列相应的轨道上。还可以将序列拖放到源监视器中，应用入点和出点，然后执行插入编辑和覆盖编辑，将它添加到另外一个序列中。

5. 播放 08 Bike Race 序列，查看结果。

将 09 Race Open 序列作为单个剪辑添加进来，即使它包含多个视频轨道和音频剪辑。

> **提示**：如果需要对一个嵌套的序列进行更改，可以双击它，它将在一个新时间轴中打开。

6. 按下 Ctrl + Z（Windows）或 Command + Z（macOS）组合键撤销最后的编辑。

7. 关闭序列嵌套。

8. 再次将序列 09 Race Open 拖放到节目监视器中。

将 09 Race Open 序列中的剪辑将添加到当前序列中。

8.6 执行常规修剪

可以使用多种方法来调整序列中使用的剪辑的长度。该过程通常称为修剪。修剪时，可以使选择的部分原始剪辑变长或变短。有些修剪类型仅影响一个剪辑，而其他修剪类型可以调整两个相邻剪辑之间的关系。

8.6.1 在源监视器中修剪

编辑到序列中的剪辑，是一个来自项目面板中原始剪辑的单独实例。可以通过双击的方式在源监视器中查看一个序列剪辑。一旦在源监视器中打开一个剪辑，可以调整其入点和出点标记，剪辑将在序列中更新。

默认情况下，当在源监视器中打开序列剪辑时，源监视器的导航条将会放大现有的选择，如图 8.25 所示。

图8.25

需要调整导航条的缩放，以便更容易地查看剪辑中所有可用的内容。

在源监视器中，有两种基本的方法可以更改已有的入点和出点。

- **添加新的入点和出点**：在源监视器中，设置新的入点和出点标记。如果在时间轴中该剪辑有一个与之相邻的剪辑，只能使当前剪辑更短，这会在进行修剪的那一侧留下一个间隙。

- **拖动入点和出点**：将鼠标指针放在源监视器底部迷你时间轴中的入点或出点上，鼠标指针会变为红黑色图标，表示可以执行一个修剪，如图 8.26 所示。现在可以向左或向右拖动，以更改入点或出点标记。

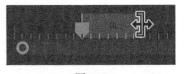

图8.26

再次强调，如果在时间轴中该剪辑有一个与之相邻的剪辑，则只能使当前剪辑更短，这会在修剪后留下一个间隙。

8.6.2 在序列中修剪

另一种修剪剪辑的快速方式是直接在时间轴上进行修剪。使一个剪辑变得更短或更长被称为常规修剪，这相当简单。

1. 打开序列 10 Regular Trim。

2. 播放序列。

最后一个镜头被删除了，需要对该序列进行扩展，以匹配音乐的末尾。

3. 确保选中了选择工具（V）。

4. 将鼠标指针放在序列中最后一个剪辑的出点上，如图 8.27 所示。

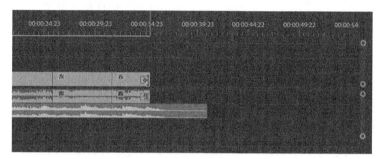

图8.27

鼠标光标更改为带有双向箭头的红色头侧或尾侧光标。将鼠标光标悬停在剪辑边缘会在修剪剪辑的出点（向左）或入点（向右）之间切换。

剪辑在末端应用了一个切换效果。需要放大剪辑，以方便修剪剪辑，而且不用重新调整切换效果的时间。

5. 向右拖动剪辑的一个边缘，直到遇到音频文件的末尾为止，如图 8.28 所示。

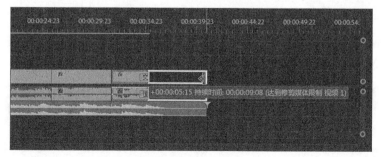

图8.28

将会有一个工具提示来显示修剪的程度。

6. 释放鼠标按钮，应用修剪。

> **注意**：如果使一个剪辑变得更短，则会在该剪辑与相邻剪辑之间留下间隙。本课稍后将介绍使用波纹编辑工具来自动删除任意间隙，或将序列中的剪辑向后推动，以避免覆盖它们。

8.7 执行高级修剪

到目前为止，我们所学的修剪方法都有其局限性。它们会因为缩短剪辑而在时间轴中留下不想要的间隙。如果待修剪的剪辑还有相邻的剪辑，它们还将阻止你延长剪辑。

幸运的是，Premiere Pro 还提供了几种修剪方式。

8.7.1 执行波纹编辑

使用波纹编辑工具（ 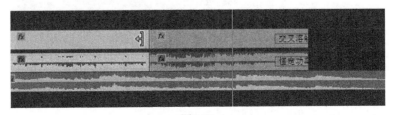 ），而非选择工具，可以避免在修剪时创建间隙。

使用波纹编辑工具修剪剪辑的方法与使用选择工具一样。当使用波纹编辑工具更改剪辑的持续时间时，会在序列中产生调整波纹。也就是说，位于所调整剪辑后面的剪辑将向左滑动以填充间隙，或者向右滑动，为更长的剪辑预留空间。

下面来尝试一下。

> **注意**：执行波纹编辑时，会使其他轨道上的素材变得不同步。在进行波纹修剪时，要使用同步锁定来避免这种情况。

1. 打开序列 11 Ripple Edit。

2. 选择波纹编辑工具。

> **提示**：波纹编辑的键盘快捷键是 B。

3. 将波纹编辑工具光标悬停在第七段剪辑（SHOT7）的右边缘上，直至它变成一个黄色且向左的大方括号和箭头为止，如图 8.29 所示。

图8.29

这个镜头太短了，我们从剪辑中再添加一些素材。

4. 向右拖动，直到工具提示中的时间码读数为 +00:00:01:10，如图 8.30 所示。

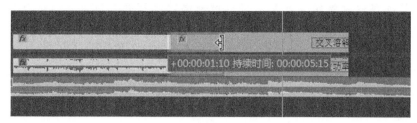

图8.30

请注意，使用波纹编辑工具时，节目监视器左侧显示第一个剪辑的最后一帧，右侧显示第二个剪辑的第一帧，如图 8.31 所示。在剪辑时，图像将自动更新。

图8.31

5. 释放鼠标按键，完成编辑。

该剪辑进行了扩展，而且其右侧的剪辑也随之移动。请播放这部分序列，查看编辑是否可以平滑地工作。

6. 继续修剪，这次在 SHOT 7 剪辑中添加 2 秒钟。

此时，修剪后的剪辑具有轻微的摄像机晃动，接下来我们将进行处理。

Pr 提示：通过按下 Ctrl（Windows）或 Command（macOS）键，可以临时将选择工具用作波纹编辑工具。要确保单击的是编辑的一侧，以免执行滚动编辑（下文将讲解）。

使用键盘快捷键进行波纹编辑

尽管使用波纹编辑工具能更好地控制编辑的修剪，但是有两个有用的键盘快捷键，可以基于时间轴面板播放头的位置，对剪辑应用相同类型的修剪调整。

这些快捷键要想工作，则必须启用正确的轴轨道指示器。修剪被启用的轨道。

将Timeline的播放头放置在剪辑上（或剪辑的多个图层上），然后按下面的快捷键。

- Q：对剪辑进行波纹修剪，其修剪范围是从当前的开始位置到播放头的位置。
- W：对编辑进行波纹修剪，其修剪范围是从当前的结束位置到播放头的位置。

这是一种很迅速的修剪剪辑的方式，尤其是在编辑的早期阶段想要对剪辑的头尾进行修剪时（在剪辑的开始位置和结束位置删除不想要的内容）。

8.7.2 执行滚动编辑

使用波纹编辑工具时，它会改变序列的总长度。这是因为当一个剪辑变短或变长时，序列中的其他剪辑会发生移动，以封闭间隙（或者预留空间）。

还有一种方式来更改编辑的时序：滚动编辑。

滚动编辑不会改变序列的总长度，相反，滚动编辑在缩短一个剪辑的同时，延长其他剪辑，使用相同的帧数量来同时调整它们。

> **Pr** | **注意**：滚动编辑修剪有时也称为双滚动（double-roller）修剪。

例如，如果使用滚动编辑工具将一个剪辑延长 2 秒钟，则也会将与其相邻的剪辑缩短 2 秒钟。

1. 继续处理序列 11 Ripple Edit。

在时间轴上已经存在几个剪辑，并且具有足够的处理帧来支持将要进行的编辑。

2. 在工具面板中单击并按住波纹编辑工具（ ），从中选择滚动编辑工具（ ）。

> **Pr** | **提示**：滚动编辑工具的键盘快捷键是 N。

3. 将编辑点拖放到 SHOT7 和 SHOT8（时间轴中的最后两个剪辑）之间，使用节目监视器拆分屏幕以寻找这两个镜头之间的更好的匹配编辑，如图 8.32 所示。

图8.32

向左拖动编辑，删除摄像机抖动。

> **Pr** 提示：放大时间轴可以进行更为精准的调整。

> **Pr** 注意：修剪时，可以将剪辑的持续时间修剪为 0（从时间轴上删除它）。

尝试将编辑向左滚动到 1 秒 20 帧（01:20）。可以使用节目监视器时间码或时间轴中的弹出时间码来查找该编辑，如果预置了时间轴播放头，则在拖动时，编辑会自动与播放头的位置对齐，如图 8.33 所示。

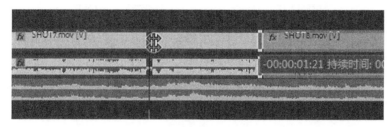

图8.33

> **Pr** 注意：在使用选择工具的时候，按住 Ctrl（Windows）或 Command（macOS）键，可以作为波纹编辑工具或滚动编辑工具的快捷键。

8.7.3　执行滑移编辑

滑移修剪采用相同的量在适当的位置滚动可见的内容，从而在同一时刻更改序列剪辑的入点和出点。

因为滑移修剪以相同的量修改了开始位置和结束位置，所以它并没有修改序列的持续时间。就这方面来讲，它与滚动修剪一样。

滑移修剪只更改选择的剪辑，在它之前或之后的相邻剪辑不会受到影响。使用滑移工具调整剪辑有点像移动传输带：原始剪辑的可见部分在时间轴剪辑片段内发生变化，但是剪辑或序列的长度没有发生变化。

1. 继续处理序列 11 Ripple Edit。

2. 选择滑移工具（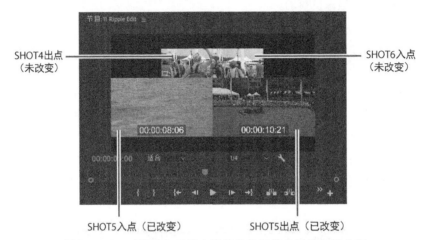），其键盘快捷键为 Y。

3. 左右拖动 SHOT5。

4. 在进行滑移编辑时，请注意观察节目监视器，如图 8.34 所示。

图8.34　Slip（滑移）工具在适当的位置修改了剪辑的内容

顶部的两幅图像分别是 SHOT4 的出点和 SHOT6 的入点，它们分别在所调整剪辑的前面和后面，而且没有改变。两幅较大的图像是 SHOT5 的入点和出点。这些编辑点发生了改变。

用户有必要花些时间来学习掌握滑移修剪工具，在对动作进行剪接时，它可以迅速调整动作的时序。

8.7.4　执行滑动编辑

滑动工具会让你正在滑动的剪辑的持续时间保持不变。它会以同样的量，以相反的方向，将剪辑的出点向左移动，将剪辑的入点向右移动。这是另外一种形式的双滚动修剪。

因为使用了相同数量的帧来更改其他剪辑的持续时间，所以序列的长度不会发生变化。

1. 继续处理序列 11 Ripple Edit。

2. 选择滑动工具（ ），其键盘快捷键为 U。

3. 将滑动工具定位到序列中第二段剪辑 SHOT2 的中间位置。

4. 向左或向右拖动剪辑。

5. 在执行滑动编辑时，请注意观察节目监视器，如图 8.35 所示。

图8.35　Slide（滑动）工具在两个相邻的剪辑上移动一个剪辑

顶部的两幅图像是正在拖放的 SHOT2 剪辑的入点和出点，它们都没有改变，因为没有更改 SHOT2 的选择部分。

两幅较大的图像分别是上一个剪辑的出点和下一个剪辑的入点。这些编辑点会随着在那些相邻剪辑上滑动所选的剪辑而改变。

8.8　在节目监视器中修剪

如果想在执行修剪时能够更好地控制，则可以使用节目监视器的修剪模式。该模式允许查看正在处理的修剪的传出帧和传入帧，而且有专用按钮来进行精确调整。

当将节目监视器设置为修剪模式时，在所选择的编辑的周围，播放会循环出现，直到停止播放为止。这意味着可以不断调整一个编辑的修剪工作，并立即查看结果。

可以使用节目监视器的修剪模式控件执行三种类型的修剪。本课前面已经介绍过这些修剪。

- **常规修剪**：这种基本的修剪类型会移动所选剪辑的边缘。该方法仅修剪编辑点的一侧。它会在时间轴中向前或向后移动所选的编辑点，但是它不会改变任何其他剪辑。

- **滚动修剪**：滚动修剪将移动一段剪辑的尾部和相邻剪辑的头部。它可以调整一个编辑点（如果有手柄的话）。该方法不会创建任何间隙，并且序列的持续时间也不会改变。

- **波纹修剪**：该方法将向前或向后移动编辑中选中的边缘。该编辑之后的剪辑会发生移动，来封闭间隙，或者为一个更长的剪辑留出空间。

8.8.1　使用节目监视器中的修剪模式

在使用修剪模式时，节目监视器中的一些控件会发生改变，以便更容易专注于修剪。要使用修剪模式，首先需要激活它，方法是选择两个剪辑之间的编辑点。

- 使用选择或修剪工具，在时间轴中双击编辑点。

- 在启用了正确的时间轴轨道指示器时，按下 Shift + T 组合键。播放头会移动到最近的编辑点，并在节目监视器中打开修剪模式。

- 使用波纹编辑或滚动编辑工具围绕着一个或多个编辑进行拖动，将它们选中，然后打开节目监视器的修剪模式。

调用修剪模式时，它会显示两个视频剪辑。左侧框显示传出剪辑（也称为 A 侧）。右侧显示传入剪辑（也称为 B 侧）。帧下面是 5 个按钮和 2 个指示器，如图 8.36 所示。

图8.36

A. **出点移动计数器**：显示 A 侧的出点有多少帧被改变。

B. **大幅向后修剪**：将执行所选修剪并向左移动多个帧。所移动的帧数取决于首选项的修剪首选项选项卡中最大修剪幅度选项。

C. **向后修剪**：将执行所选修剪类型，并每次向左移动一个帧。

D. **应用默认过渡到选择项**：会为选择了编辑点的视频和音频轨道应用默认过渡（通常是溶解效果）。

E. **向前修剪**：与向后修剪一样，但是它是将编辑向右移动一个帧。

F. **大幅向前修剪**：与大幅向后修剪一样，但它是向右移动了多个帧。

G. **入点移动计数器**：显示 B 侧的入点有多少帧被改变。

8.8.2 在节目监视器中选择修剪方法

前面已经学习了可以执行的 3 种修剪类型（常规、滚动和波纹修剪）。在节目监视器中使用修剪模式可以使过程变得更加简单，因为它提供了丰富的视觉反馈。在拖放时，无论时间轴的视图如何缩放，它都提供了微妙的控制：即使时间轴缩小到很小，也能够在节目监视器的修剪视图中进行精确的帧修剪。

1. 打开序列 12 Trim View。

2. 使用选择工具，按住 Alt（Windows）或 Option（macOS）键并双击序列中第一个剪辑和第二个剪辑之间的视频编辑。按住修饰符键将只选择视频编辑，而保持音频轨道不变。

3. 在节目监视器中，将鼠标光标悬停到 A 和 B 剪辑的图像上。

当从左向右移动鼠标光标时，会看到工具从左侧变为中间，再变为右侧。

4. 在节目监视器中，在两个剪辑之间拖动鼠标，执行滚动编辑修剪。

调整时序，直到节目显示器右下角的时间显示为 01:26:59:01，如图 8.37 所示。

图8.37

Pr | 注意：单击 A 或 B 侧将切换修剪的边缘；单击中间将切换为滚动编辑。

5. 按向下箭头键 3 次，在编辑之间进行跳转，直到选择了第 3 个剪辑和第 4 个剪辑之间的编辑。

传出镜头太长了，并且显示演员坐下了两次。

6. 针对传输剪辑，将修剪方法更改为波纹编辑（在修剪视图中向左侧拖动）。

当修剪工具显示为一个黄色的修剪箭头时，表明选择了波纹编辑，如图 8.38 所示。

图8.38

7. 将传出剪辑（在左侧）向左拖动，使编辑变得短一些。

确保左侧显示的时间为 01:54:12:18，如图 8.39 所示。

图8.39

8. 按下空格键，播放剪辑。注意，在编辑过程中会循环播放，从而能够查看它。

9. 在时间轴面板的空白区域单击，退出修剪模式。

 注意：默认情况下，使用的修剪类型看起来是随机的，但其实不是这样的。所选的最初设置是由选择编辑点的工具确定的。如果使用选择工具单击，则 Premiere Pro 会选择常规的修剪入点或修剪出点工具。如果使用波纹编辑工具单击，则会选择波纹入点或波纹出点工具。在这两种情况下，在滚动块之间循环会导致使用滚动修剪。如果使用键盘快捷键 T，将总是选择滚动编辑。

修饰键

有多个修饰键可以用来完善修剪选择。

- 当选择剪辑以暂时断开视频和音频的链接时，按住 Alt（Windows）或 Option（macOS）键。这使得仅选择剪辑的视频或音频部分变得更简单。
- 按住 Shift 键以选择多个编辑点。可以同时修剪多个轨道或多个剪辑。无论在哪里看到一个修剪"手柄"，在应用修剪时，都将进行调整。
- 组合使用两组修饰符键可以针对修剪做出高级选择。

8.8.3　执行动态修剪

执行的大多数剪辑工作会调整编辑的节奏。在许多方面，实现一个剪接的完美时序可以使编辑技艺成为一种艺术。

修剪模式的循环播放可以使用户更清楚应该怎样调整剪辑的时序，但是在实时播放序列时，也可以使用键盘快捷键或按钮对修剪进行更新。

由于修剪通常涉及恰当的编辑节奏，因此在播放序列时完成修剪会更简单一些。在实时播放序列时，Adobe Premiere Pro 允许使用键盘快捷键或按钮来更新修剪。

 注意：要控制预滚动（pre-roll）和后滚动（post-roll）的持续时间，打开 Premiere Pro 的首选项并选择播放类型。可以用秒设置持续时间。大多数编辑发现 2 ~ 5 秒的持续时间最有用。

1. 继续处理序列 12 Trim View。

2. 按向下箭头，以移动到下一个视频编辑点（位于第 4 个和第 5 个视频剪辑之间），如图 8.40 所示。将修剪类型设置为滚动修剪。

在编辑点之间切换时，可以保持修剪模式。

3. 按空格键以循环播放。

一个播放循环会持续几秒钟，而且在播放的剪辑前后都有镜头。这有助于了解编辑的内容。

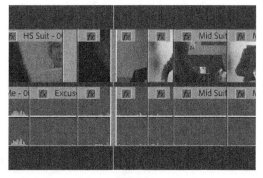

图8.40

4. 在循环播放时，尝试使用之前学到的方法调整修剪。

修剪模式视图底部的向前修剪和向后修剪按钮工作得很好，并且可以在剪辑播放时调整编辑。

现在，我们尝试使用键盘来进行动态控制。控制播放所用的 J、K 和 L 键也同样可以用来控制修剪。

5. 按 Stop 或空格键，停止播放循环。

6. 按 L 键向右进行修剪。

按一次会实时进行修剪。可以按 L 键多次来更快速地修剪。

7. 按 K 键来停止修剪。

现在向左修剪，并完善修剪。

8. 按住 K 键并按 J 键以缓慢地向左修剪。

9. 松开这两个键来停止修剪。

10. 要退出修剪模式，可单击时间轴中编辑之外的位置，取消选中编辑。

![Pr] 提示：也可以使用取消选中所有命令的键盘快捷键退出修剪模式，该快捷键是 Ctrl + Shift + A（Windows）或 Command + Shift + A（macOS）组合键。

8.8.4　使用键盘进行修剪

表 8.1 显示了在修剪时可以使用的一些最有用的键盘快捷键。

表 8.1　在 Timeline 中修剪

macOS	Windows
向后修剪：Option + 向左箭头键	向后修剪：Ctrl + 向左箭头键
大幅向后修剪：Option + Shift + 向左箭头键	大幅向后修剪：Ctrl +Shift + 向左箭头键
向前修剪：Option+ 向右箭头键	向前修剪：Ctrl + 向右箭头键
大幅向前修剪：Option + Shift + 向右箭头键	大幅向前修剪：Ctrl + Shift + 向右箭头键
将剪辑选择项向左内滑 5 帧：Option + Shift + 逗号键	将剪辑选择项向左内滑 5 帧：Alt + Shift + 逗号键
将剪辑选择项向左内滑 1 帧：Option + 逗号键	将剪辑选择项向左内滑 1 帧：Alt + 逗号键
将剪辑选择项向右内滑 5 帧：Option + Shift + 点号键	将剪辑选择项向右内滑 5 帧：Alt + Shift + 点号键
将剪辑选择项向右内滑 1 帧：Option + 点号键	将剪辑选择项向右内滑 1 帧：Alt + 点号键
将剪辑选择项向左外滑 5 帧：Command + Option + Shift + 向左箭头键	将剪辑选择项向左外滑 5 帧：Ctrl + Alt + Shift + 向左箭头键
将剪辑选择项向左外滑 1 帧：Command + Option + 向左箭头键	将剪辑选择项向左外滑 1 帧：Ctrl + Alt + 向左箭头键
将剪辑选择项向右外滑 5 帧：Command + Option + Shift + 向右箭头键	将剪辑选择项向右外滑 5 帧：Ctrl + Alt + Shift + 向右箭头键
将剪辑选择项向右外滑 1 帧：Command + Option + 向右箭头键	将剪辑选择项向右外滑 1 帧：Ctrl + Alt + 向右箭头键

8.9 复习题

1. 将一个剪辑的播放速率更改为 50%，对剪辑的持续时间有何影响？

2. 哪种工具可用于延伸一个序列的剪辑，以更改其播放速率？

3. 滑动编辑和滑移编辑之间的区别是什么？

4. 替换剪辑（clip）和替换素材（footage）之间的区别是什么？

8.10 复习题答案

1. 剪辑的持续时间是原来的两倍。降低剪辑的速率会使剪辑变长，除非在剪辑速度／持续时间对话框中断开了速度和持续时间之间的链接，或者是剪辑受到另一个剪辑的约束。

2. 速率伸展工具允许你调整播放速度（如同在进行修剪）。当需要填充序列中一个额外的小时间量时，这相当有用。

3. 当在相邻剪辑上滑动一个剪辑（滑动编辑）时，会保留所选剪辑的原始入点和出点。当在相邻剪辑下面滑移一个剪辑时（滑移编辑），会更改所选剪辑的入点和出点。

4. 替换剪辑会使用项目面板中的新剪辑替换时间轴上的单个序列剪辑。替换素材会使用新的源剪辑替换项目面板中的剪辑。项目中任意序列的任意剪辑实例都会被替换。在这两种情况下，仍然会保留被替换剪辑的效果。

第 **9** 课 让剪辑动起来

课程概述

在本课中，你将学习以下内容：

- 调整剪辑的运动效果；

- 更改剪辑大小，添加旋转效果；

- 调整锚点以改善旋转效果；

- 处理关键帧插值；

- 使用阴影和斜边增强运动效果。

  本课大约需要 75 分钟。

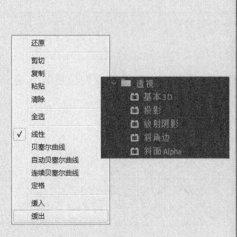

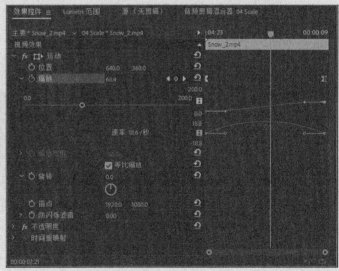

运动效果控件可以为剪辑添加运动。对于使图形动起来或者在帧内调
整视频剪辑的大小和位置来说，这很有用。用户可以使用关键帧使对
象的位置运动起来，并通过控制关键帧的解释方式来增强运动效果。

9.1　开始

视频项目通常都是面向运动图形的，用户经常会看到多个镜头被组合为复杂的合成项目，并且这些项目通常都是运动的。用户可能会看到多个视频剪辑流过浮动框，或者看到一个视频剪辑被缩小后放置在镜头内的主持人旁边。在 Adobe Premiere Pro CC 中，可以使用运动设置或能提供运动设置的一些基于剪辑的效果，来创建这些效果（和更多效果）。

运动效果控件允许在帧内定位、旋转或缩放剪辑。有些调整可以直接在节目监视器中进行。重要的是要清楚，在效果控件面板中所做的调整只与选择的剪辑有关，而与剪辑所在的序列无关。位于序列菜单中的序列设置可以被认为是输出设置。

关键帧是一种特殊类型的标记，它在一个特定的时间点定义了设置。如果使用两个或更多的关键帧，Premiere Pro 可以自动对关键帧之间的调整设置进行动画处理。用户也可以使用高级控件，对使用了不同类型关键帧的动画的时序进行调整。

9.2　调整运动效果

Premiere Pro 序列中的每一个视频剪辑都自动应用了大量的固定效果（有时也称为内在 [intrinsic] 效果）。运动效果就是这些效果中的一个。

要调整效果，在序列中选择剪辑，然后查看效果控件面板。展开运动效果，调整设置。

> **Pr**　提示：与其他效果控件不同，如果展开或折叠运动效果的设置，则所有剪辑的设置会保留为展开或折叠状态。

运动效果允许调整剪辑的位置、缩放或旋转。下面来看一下在序列中调整剪辑的位置时，是如何使用该效果的。

1. 打开 Lesson 09 文件夹中的 Lesson 09.prproj。

2. 将项目保存为 Lesson 09 Working.prproj。

> **Pr**　提示：在处理项目文件时，你处理的是使用新名称保存的项目，这使得你可以返回之前的课程，再次使用原始的项目文件副本进行操作。

3. 在工作区面板中选择效果选项，或者选择窗口 > 工作区 > 效果选项。

这个工作区可以更容易地处理切换和效果。如果曾经使用过 Premiere Pro，你可能需要将工作区重置为保存过的版本，方法是单击工作区面板中靠近效果选项附近的菜单。

4. 打开序列 01 Floating。

5. 确保节目监视器中的选择缩放级别被设置为适合，如图 9.1 所示。在设置视觉效果时，要看到整个合成图像，这很重要。

6. 播放序列。

这个剪辑的位置、缩放和旋转属性都发生了改变，还添加了关键帧，并在不同的时间点使用了不同的设置，因此剪辑能够运动起来。

图9.1

9.2.1　理解运动设置

尽管这些控件都称为运动，如图 9.2 所示，但是在添加它们之前没有运动效果。默认情况下，剪辑以 100% 的缩放比例显示在节目监视器的中央位置。

图9.2　在序列中选择一个剪辑，然后展开Motion（运动）控件，进行查看

下面是一些选项。

- **位置**：将沿着 x 轴（水平方向）和 y 轴（垂直方向）来放置剪辑。坐标将根据图像左上角一个锚点的像素位置进行计算。因此，对于 1280×720 剪辑来说，默认的位置是（640，360），也就是精确的中心位置。

- **缩放，当取消选择等比缩放时，会缩放高度**：剪辑默认设置为全大小（100%）。要缩小剪辑，可减小该数字。也可以将剪辑放大到 10000%——但是这样会让图像像素化且不清楚。

- **缩放宽度**：取消选择等比缩放后，才能使缩放宽度可用。这样可以独立地改变剪辑的宽度和高度。

- **旋转**：可以沿着 z 轴旋转图像，这会生成平旋（就像是从顶部查看转盘或旋转木马）。可以输入旋转的度数和数值。例如 450° 或 1×90°（两者相同，因为 1 表示一个完整的 360° 旋转）。正数代表顺时针方向旋转，负数代表逆时针方向旋转。

- **锚点**：旋转和位置调整都是基于锚点来进行的，而锚点在默认情况下是一个剪辑的中心。该点可以更改为任何点，比如剪辑的一个角，甚至是剪辑外的一个点。例如，如果将锚点设置为剪辑的一个角，当调整旋转设置时，剪辑将围绕着这个角点（而非图像的中心）进行旋转。如果要更改的锚点与图像相关，则需要在帧内重新定位剪辑，以弥补这一调整。

- **防闪烁滤镜**：这个功能对于交错的视频剪辑和具有高细节（比如很细的线、锐利的边缘、引发莫尔效应的平行线）的图像特别有用。这些具有高细节的图像在运动期间出现闪烁现象。要添加一些模糊并消除闪烁，请将参数改为 1.00。

仔细看一下动画剪辑，继续处理序列 01 Floating。

1. 在时间轴上单击剪辑，确保将其选中。

2. 确保效果控件面板是可见的。在重置效果工作区时，该面板应该已经出现了。如果没有看到它，可在窗口菜单中查找。

3. 在效果控件面板中，单击靠近运动标题的显示三角形（![▶]），展开运动效果控件。

4. 在效果控件面板设置的右上方，大约在主剪辑名字和序列剪辑名字的右侧，有一个小三角形（![▶]）控制着一个集成时间轴的显示与隐藏。确保效果控件面板中的时间轴是可见的。

如果不可见，单击这个三角形将时间轴显示出来。效果控件面板中的时间轴显示了关键帧，如图 9.3 所示。

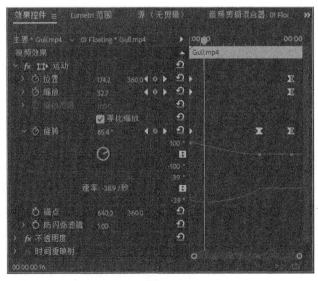

图9.3

5. 单击转到上一关键帧或转到下一关键帧箭头，在现有的关键帧之间跳转，如图 9.4 所示。每一个控件都有自己的关键帧。

> Pr **注意**：在将播放头与现有的关键帧对齐时，会比较困难。使用上一个 / 下一个关键帧按钮有助于防止添加不想要的关键帧。

现在，我们了解了如何查看动画，接下来重置剪辑。本课稍后会从剪辑的位置开始进行动画处理。

6. 单击位置属性的切换动画秒表按钮，关闭其关键帧，如图 9.5 所示。

图9.4

图9.5

7. 如果系统提示"所有的关键帧都将被删除"时，单击确定按钮，这正是我们想要的结果。

8. 以同样的方式关闭缩放和旋转属性的关键帧。

9. 单击弯曲的重置参数按钮，它位于效果控件面板中运动效果标题的右侧，如图 9.6 所示。

图9.6

现在，运动设置都被恢复为默认的设置。

> Pr **注意**：每一个控件都有自己的重置按钮。如果重置了整个效果，则每个控件都将恢复为默认状态。

> Pr **注意**：当切换动画按钮为打开状态时，单击重置按钮时不会修改任何现有的关键帧。相反，会添加一个带有默认设置的新关键帧。在重置效果时，要关闭该按钮，以避免这种情况。

9.2.2 检查运动属性

位置、缩放和旋转属性是空间属性，这意味着做出的任意更改都轻松可见，因为对象的大小和位置将改变。用户可以输入数值，或使用可选的文本，或拖放变换控件，来调整这些属性。

1. 打开序列 02 Motion。

2. 在节目监视器中，确保将缩放级别设置为 25% 或 50%（或者是能够看到活动框架周围空间的一个缩放量）。

将缩放级别设置得较小，可以更容易定位框架外面的项目。

3. 将时间轴播放头拖到剪辑内的任意位置，以便能够在节目监视器中看到视频。

4. 单击时间轴中的剪辑，以便选中它，并在效果面板中显示它的设置。

如果有必要，展开运动设置。

5. 单击效果控件面板中的运动效果标题，将其选中，如图9.7所示。

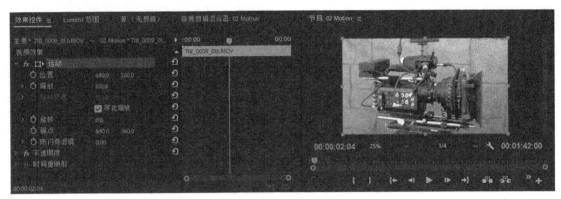

图9.7

当选择运动效果时，在节目监视器中，剪辑周围会显示一个带有十字准星和手柄的包围方框。

6. 在节目监视器中，在剪辑包围方框内部的任意位置单击，避开十字准星，并四处拖动此剪辑，如图9.8所示。

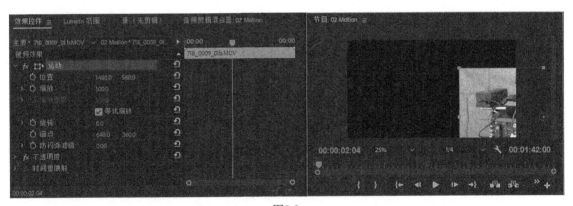

图9.8

拖动剪辑时，效果控件面板中的位置值也随之更新。

7. 将剪辑定位到屏幕的左上角。使用屏幕中心的圆圈和十字准星（⊕）将剪辑与图像的边缘对齐，如图9.9所示。

这个十字准星是一个锚点，用于调整位置和旋转控件。注意不要单击锚点，否则你的操作会变成相对于图像的位置来移动锚点。

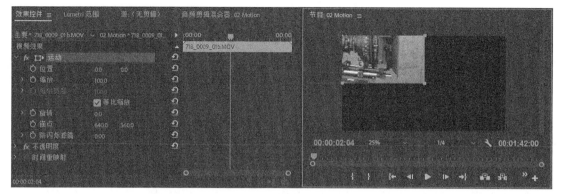

图9.9

在效果控件面板中,我们看到位置设置为(0,0),或接近该值,这取决于该剪辑中心点的放置位置。

这是一个720p的序列,因此屏幕的右下角是(1280,720)。

8. 单击运动设置的重置按钮,将剪辑恢复到其默认位置。

9. 在效果控件面板中,拖动旋转设置的蓝色数字。当向左或向右拖动时,剪辑都会旋转,如图9.10所示。

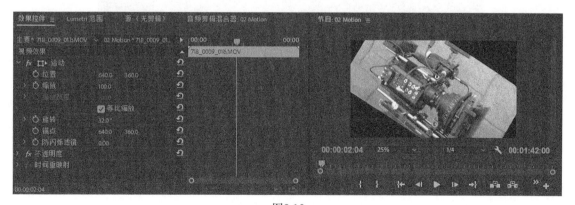

图9.10

提示：在拖动数字的同时按住 Shift 键，将会以 10 倍的速度进行显著的调整；如果按住 Ctrl（Windows）或 Command（macOS）键，将以原来 1/10 的速度进行精确的调整。

10. 在效果控件面板中，单击运动标题的重置按钮，将剪辑恢复到其默认位置。

9.3 更改剪辑位置、大小和旋转

在屏幕上滑动一个剪辑仅是利用运动效果控件的一个开端。使运动效果真正有用的是它能够更改剪辑的缩放以及旋转。在下面的例子中，我们将为一个幕后特辑构建一个简单的介绍性片段。

9.3.1 更改位置

下面将使用关键帧对图层的位置进行动画处理，对本练习来说，我们要做的第一件事情是更改剪辑的位置。图像首先从屏幕之外开始运动，然后从左到右穿越屏幕。

1. 打开序列 03 Montage。

该序列有多个轨道，其中有些轨道当前为禁用状态。我们将在后面使用它们。

2. 将播放头移动到序列的开始位置。

3. 将节目监视器的缩放级别设置为适合。

4. 单击选择轨道 V3 上的第一个视频剪辑。

用户可能想增加轨道的高度，以便能更好地查看它，如图 9.11 所示。

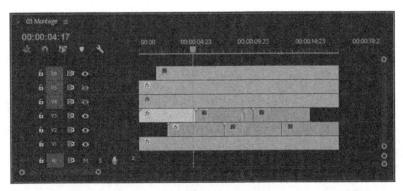

图9.11

剪辑的控件出现在效果控件面板中。

5. 在效果控件面板中，单击位置的切换动画秒表按钮。这将打开该设置的关键帧，并在播放头的位置添加一个关键帧。

从现在起，当更改设置时，Premiere Pro 会自动添加（或更新）一个关键帧。

6. 位置控件有两个数值。第一个是 x 轴，第二个是 y 轴。在 x 轴（第一个数值）中输入 -640 作为起始位置。

剪辑向左移动出屏幕，并露出了 V1 和 V2 轨道上的剪辑，如图 9.12 所示。

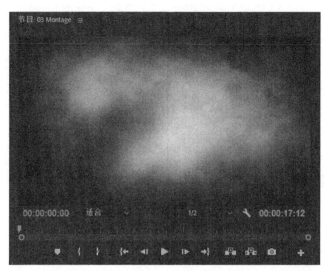

图9.12　在选择的剪辑移出屏幕之后，将露出轨道V1上的剪辑Map.jpg

7. 将播放头拖动到剪辑的最后一帧（00:00:4:23）。可以在时间轴面板或效果控件面板中执行此操作。

8. 在 x 轴中为位置输入 1920，剪辑将从屏幕的有边缘移出，如图 9.13 所示。

图9.13　当一个控件有两个数字时，它们通常表示x轴和y轴

9. 从头开始播放序列，将看到剪辑从屏幕左侧进来，并从屏幕右侧移动出去。

V3 上的第二个剪辑突然出现。将对该剪辑以及后面的其他剪辑进行动画处理。

9.3.2　重用运动设置

由于我们已经对一个剪辑应用了关键帧和效果，因此可以在其他剪辑上重用它们来节省时间。将一个剪辑的效果应用到一个或多个其他剪辑就像复制和粘贴那么简单。在本例中，我们可以对项目中的其他剪辑应用同样的从左到右的浮动动画。

重用效果的方法有几种。下面将尝试其中的一种方法。

1. 在时间轴面板中，选择想要进行动画处理的剪辑。它是 V3 上的第一个剪辑。

2. 选择编辑 > 复制命令。

剪辑以及它的效果和设置现在临时存储在你的计算机剪贴板上。

3. 使用选择工具（V），从右向左拖动以选中位于 V2 和 V3 轨道上的其他 5 个剪辑（可能需要在缩小之后才能看到所有的剪辑），如图 9.14 所示。用户也可以按住 Shift 键，然后选择 5 个剪辑的第 1 个和第 5 个。

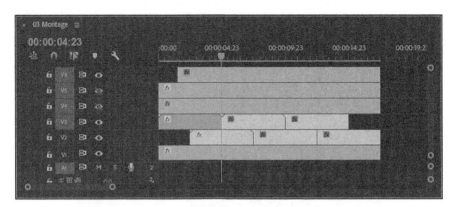

图9.14

4. 选择编辑 > 粘贴属性命令。

这将打开粘贴属性对话框（见图 9.15），以便有选择性地应用从其他剪辑中复制过来的效果和关键帧。

图9.15

注意：作为在时间轴中选择一个剪辑的替代方法，可以总是在效果控件面板中选择一个或多个效果标题。按住 Ctrl（Windows）或 Command（macOS）键单击，来选择多个不连续的效果。然后选择其他的剪辑，并选择编辑 > 粘贴命令，将效果粘贴到其他剪辑中。

5. 复选框保留其默认值，然后单击确定按钮。

6. 播放序列以查看结果，如图 9.16 所示。

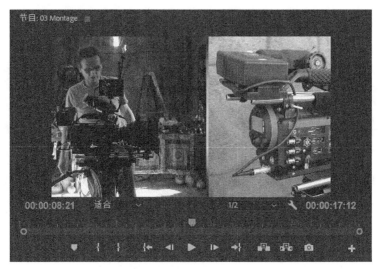

图9.16

9.3.3　添加旋转并更改锚点

尽管在屏幕上四处移动剪辑很有效，但是通过使用两个属性，可以使剪辑真正动起来。下面来试一下旋转效果。

旋转属性可以使一个剪辑围绕着它在 z 轴上的锚点旋转起来。默认情况下，锚点位于图像的中心。用户可以更改锚点和图像之间的关系，以获得更有趣的动画。

接下来向一个剪辑添加一些旋转效果。

1. 在时间轴上，单击 V6 的切换轨道输出按钮（ ），将其启用。轨道上的剪辑是一个名为 Behind The Scenes 的图像。

2. 将播放头移动到图像剪辑的开始位置（00:00:01:13）。在移动播放头时，试着按住 Shift 键。

3. 在时间轴中选择图像剪辑。

剪辑的控件出现在效果控件面板中。

4. 选择运动效果标题，在节目监视器中查看锚点和边界框控件。注意锚点的位置，它位于名称 Behind The Scenes 的中间，如图 9.17 所示。

在效果控件面板中调整旋转属性，查看其效果。

5. 在旋转字段中输入值 90.0。

名称在屏幕中间旋转。

6. 选择编辑 > 撤销命令。

7. 确保运动设置标题在效果控件面板中仍然为选中状态。

8. 在节目监视器中，拖动锚点，直到十字准星位于第一个单词的字母 B 的左上角，如图 9.18 所示。

图9.17　锚点是一个带有十字的小圆圈　　　　　　　　　　图9.18

位置设置控制着锚点，我们已经在图像中移动了锚点，因此位置的设置也进行了自动更新。

9. 播放头应该还在剪辑的第一帧上。单击旋转的切换动画秒表按钮，切换动画。这将自动添加一个关键帧。

10. 将旋转字段设置为 90.0，这将更新你刚添加的关键帧，如图 9.19 所示。

图9.19

11. 将播放头向前移动到 00:00:06:00 位置，然后在效果控件面板中将剪辑的旋转设置为 0.0。这将自动添加另外一个关键帧，如图 9.20 所示。

图9.20

12. 播放序列，查看你的动画。

9.3.4 更改剪辑的大小

下面几种方法可以更改一个序列中素材的大小。默认情况下，添加到序列的素材都是 100% 的原始大小。但是，可以选择手动调整大小，或者是由 Premiere Pro 自动执行此操作。

- 在效果控件面板中，使用运动效果的缩放属性。

- 如果剪辑的帧大小与序列不同，在时间轴上右键单击剪辑，然后选择设置为帧大小选项。这将自动调整运动效果的缩放属性，使剪辑的帧大小与序列的帧大小相匹配。

- 如果剪辑的帧大小与序列不同，在时间轴上右键单击剪辑，然后选择缩放为帧大小选项。该选项与设置为帧大小选项类似，但是 Premiere Pro 会以新的（通常是较低的）分辨率来重新采样图像。如果现在使用运动 > 缩放设置缩减了图像，则即使原来的剪辑具有非常高的分辨率，则图像也可能看起来不清晰。

- 也可以自动选择缩放至帧大小或设置为帧大小，方法是选择编辑 > 首选项 > 媒体 > 默认媒体缩放选项（Windows）或 Premiere Pro CC > 首选项 > 媒体 > 默认媒体缩放（macOS），该设置将应用到导入的素材中。

为了获得最大的灵活性，我们使用第一种或第二种方法，以便可以根据需要进行缩放，而且不会影响图像品质。示例如下。

1. 打开序列 04 Scale。

2. 浏览序列，以查看剪辑，如图 9.21 所示。

图9.21

V1 轨道上的第二个和第三个剪辑要比前两个大很多。事实上，系统可能会在不丢帧的情况下努力播放这些剪辑，但是帧的边缘会明显地剪切这些剪辑。

3. 在 V1 轨道上的序列中最后一个剪辑上移动时间轴播放头，右键单击该剪辑，然后选择缩放至帧大小选项，结果如图 9.22 所示。

图9.22

尽管该方法重新对图像进行了采样，丢失了原来的图像质量，但是可以方便地对图像进行缩放，来匹配序列的分辨率。然而，这里有一个问题：该剪辑是 4K 的，其分辨率为 4096×2160，而这并不是完美的 16:9 的图像。它不匹配序列的宽高比，会在图像的顶部和底部留下黑边。这些黑边通常称为边框化（letterboxing）。

当处理的内容与序列具有不同的宽高比时，这个问题很常见，而且也没有更方便的方法可以解决它，需要进行手动调整。

4. 再次右键单击剪辑，并再次选择缩放至帧大小选项，将其取消选中，如图 9.23 所示。用户可以随时打开和关闭该选项。

图9.23

5. 在选中剪辑的情况下，打开效果控件面板。

6. 使用缩放设置来调整帧的大小，直到剪辑的图像与序列的帧相匹配，不再具有边框化效果为止（见图 9.24）；大约 34% 的缩放应该可以实现。如果有必要，可以选择任何成帧（framing）方式，并调整位置来重构剪辑。

当缩放一个图像以避免边框化效果时，需要裁切剪辑的两侧。当宽高比不匹配时，需要在边框化、剪切或更改图像的宽高比（在效果控件面板中取消选中等比缩放选项）之间进行选择。

图9.24

9.3.5 对剪辑大小的更改进行动画处理

在前面的例子中，剪辑图像的宽高比与序列不同。

下面来尝试一个不同的例子，并对调整进行动画处理。

1. 将播放头定位到序列 04 Scale 中第二个剪辑的第一帧上面，位置为 00:00:05:00。

 注意：如果效果控件面板中的设置是像素、百分比或者度数，则它们不会显示出来。这可能需要花些时间来习惯，但是随着经验增多，会发现控件对每一个设置都有意义。

该剪辑具有 3840×2160 像素的超高清晰度（UHD），其图像的宽高比与序列相同，为 1280×720。它的宽高比还与全高清相同，为 1920×1080。如果打算在一个高清作品中包含 UHD 的内容，可以方便地进行拍摄。

2. 选择剪辑并在效果控件面板中打开，将缩放设置为 100%。

3. 在时间轴面板中右键单击剪辑，选择设置为帧大小，结果如图 9.25 所示。

图9.25

当选择设置为帧大小时，Premiere Pro 会使用缩放设置重新调整剪辑的大小，以便它能放在序列的帧内。调整的量会因为剪辑的图像大小和序列的分辨率不同而有所不同。

将剪辑缩放到 33.3% 以匹配图像。现在可以在 33.3% 和 100% 之间缩放该剪辑，并且在剪辑仍能适配帧的情况下，其质量保持不变。

4. 在效果控件面板中单击缩放的切换动画秒表按钮（ ），打开缩放的关键帧。

5. 将播放头定位到剪辑的最后一帧。

6. 在效果控件面板中单击缩放设置的重置按钮（ ），结果如图 9.26 所示。

图9.26

7. 浏览剪辑，查看结果。

这为剪辑创建了一个缩放效果的动画。因为剪辑的缩放从来不会超过 100%，因此其质量得以保留。

8. 打开 V2 轨道的轨道输出选项，结果如图 9.27 所示。

图9.27

该轨道上面有一个调整图层剪辑。调整图层将效果应用到较低视频轨道上的所有素材。

9. 选择调整图层剪辑，在效果控件面板中显示该剪辑的值。

我们会发现已经添加了两个效果：黑白效果，该效果移除了色彩饱和度；亮度和对比度效果，该效果增加了对比度。第 13 课将讲解调整图层的更多知识。

10. 播放序列。

可能需要渲染序列，才能看到平滑的播放，原因是有些剪辑具有较高的分辨率，这会占用大量的计算机处理资源来播放。要渲染序列，可选择序列 > 渲染到输出命令。

9.4 处理关键帧插值

在本课中，我们使用了关键帧来定义动画。术语"关键帧"来自传统动画，艺术总监会绘制关键帧（或主要动作），然后助理动画师会在之间的帧中应用动画。在 Premiere Pro 中进行动画处理时，用户是主动画师，而计算机在你设置的关键帧之间插入值，完成剩下的工作。

9.4.1 使用不同的关键帧插值方法

前面已经使用关键帧制作了动画，但是只触及了其基本功能。关键的最有用但很少使用的功能是其插值方法。这只是一种从点 A 移动到点 B 的理想方式。可将它视为跑步者从起点快速加速和在越过终点线时逐渐变慢的过程。

Premiere Pro 有 5 种插值方法。更改使用的方法可以创建完全不同的动画。右键单击关键帧即可访问可用的插值方法。当右键单击关键帧后可以看到 5 个选项（一些效果提供了空间和时间选项），如图 9.28 所示。

图9.28

- （❖）**线性插值**：这是关键帧插值的默认方法。该方法在关键帧之间创建了一种匀速变化。使用线性关键帧时，会从第一个关键帧立刻开始变更，并以恒定速度继续到达下一个关键帧。在第二个关键帧处，变化速度会立即切换到它和第三个关键帧之间的速度，以此类推。该方法很有效，但是看起来会有些机械。

- （▨）**贝塞尔曲线插值**：该方法对关键帧插值拥有最强的控制。贝塞尔关键帧（以法国工程师 Pierre Bézier 的名字命名）提供了手动手柄（handle），可以调整关键帧任意一侧的值图（value graph）或运动路径部分的形状。在选择了关键帧后，通过拖动出现的贝塞尔手柄，可以创建平滑的曲线调整或锋利的角度。例如，可以使一个物体平滑移动到屏幕上的一个位置，然后急剧地从另外一个点离开。

> Pr　提示：如果熟悉 Adobe Illustrator 或 Adobe Photoshop，则会认出贝塞尔手柄——它们的工作方式一样。

- （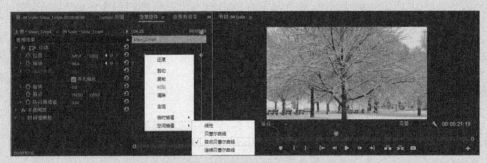）**自动贝塞尔曲线插值**：自动贝塞尔曲线选项在关键帧中创建平滑的速率变化，并在更改设置时自动进行更新。这是贝塞尔关键帧的一个快速修复版本。

- （）**连续贝塞尔曲线插值**：该选项与自动贝塞尔曲线选项类似，但提供了一些手动控件。运动或值图总是拥有平滑过渡，但是可以使用控制手柄在关键帧的两侧调整贝塞尔曲线的形状。

- （）**定格插值**：它是仅可供时间（基于时间的）属性使用的一种方法。定格类型的关键帧会在时间跨度上保留它们的值，而不应用渐变过渡。如果想创建不连贯的运动或使对象突然消失，则这种方法非常有用。使用定格插值时，将保留第一个关键帧的值，直到遇到下一个定格关键帧，然后会立刻改变值。

时间插值和空间插值

一些属性和效果为在关键帧之间应用过渡提供了时间插值和空间插值的方法（见图9.29）。用户将发现所有属性都有时间控件（与时间相关）。一些属性还提供空间插值（与空间或运动相关）。

图9.29

下面是每种方法的要点。

- **时间插值**：时间插值处理时间变更。它是一种确定对象移动速度的有效方式。例如，可以使用缓和或贝塞尔关键帧进行加速或减速。

- **空间插值**：空间方法处理对象位置的变更。它是一种在对象跨过屏幕时控制其路径形状的有效方式。该路径称为运动路径。例如，对象在从一个关键帧移动到下一个关键帧时是否会创建硬角弹跳，或者对象是否会有一个带有圆角的更平滑的运动？

9.4.2 添加缓和运动

一种快速为剪辑运动添加惯性感觉的方式是使用一个关键帧预设。例如，可以为速度创建一种加速效果，方法是右键单击一个关键帧，然后选择缓入或缓出。缓入用于接近关键帧，而缓出用于远离关键帧。

继续处理 04 Scale 序列。

1. 选择序列中的第二个视频剪辑。

2. 在效果控件面板中，找到旋转和缩放属性。

3. 单击缩放属性旁边的提示三角形，选择缩放属性标题，以显示控制手柄和速度图，如图 9.30 所示。

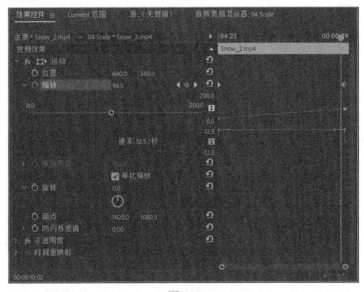

图9.30

用户可能想增加效果控件面板的高度，为额外的控件留出更多空间。

不要畏惧下面的数值和图形。一旦理解了其中一个，就会理解所有的内容，因为它们使用了共同的设计。

借助于图形，可以很容易地查看关键帧插值的效果。直线表示实际上没有任何速度或加速变化。

4. 右键单击显示在效果控件面板中迷你时间轴上的第一个缩放关键帧，并选择缓出命令，如图 9.31 所示。

5. 右键单击第二个缩放关键帧，并选择缓入命令。

图形现在显示了一条曲线，表示动画的逐步加速和减速，结果如图 9.32 所示。

图9.31

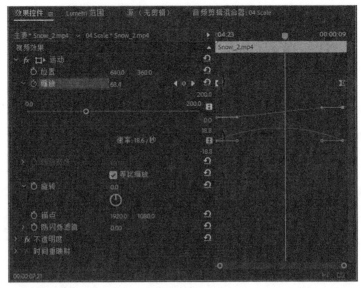

图9.32

6. 播放序列，查看动画。

7. 尝试拖动效果控件面板中的蓝色贝塞尔手柄，查看它们对速度和图形的影响。

创建的曲线越陡，动画的移动或速度增加得就越快。完成尝试后，如果不喜欢变化，可以多次选择编辑 > 撤销命令进行恢复。

9.5　使用其他运动相关的效果

Premiere Pro 提供了很多控制运动的其他效果。尽管运动效果是最直观的，但是可能会发现自己想要更多的效果。

变换和基本 3D 效果也非常有用，可以更好地控制一个对象（包括 3D 旋转）。

9.5.1　添加投影

投影通过在对象后面添加小阴影来创建透视图，通常用来在前景和背景元素之间创建分离感。

下面来尝试添加投影。

1. 打开序列 05 Enhance。

2. 确保节目监视器中的缩放级别被设置为适合。

3. 在效果面板中，浏览视频效果 > 透视，结果如图 9.33 所示。

4. 将投影效果拖放到 V3 轨道中 Journey to New York Title 剪辑上。

5. 在效果控件面板中尝试投影设置。用户可能需要向下滚动，才能看到所有设置。尝试结束之后，选择下述设置（见图9.34）。

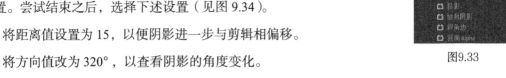

图9.33

- 将距离值设置为15，以便阴影进一步与剪辑相偏移。

- 将方向值改为320°，以查看阴影的角度变化。

- 将不透明度更改为85%，使阴影变暗。

- 将柔和度设置为25，使投影边缘变柔和。通常，距离参数越大，应用的柔和度值也应该越大。

图9.34

6. 播放序列以查看动画。

> **Pr** **注意**：要使阴影远离任何光源，请从光源方向增加或减少180°，为投下的阴影创建正确的方向。

9.5.2 添加斜边

另一种增强剪辑边缘的方法是添加斜边。这种效果对画中画效果或文本很有用。有两种斜边可供选择。当对象是一个标准的视频剪辑时，斜角边效果很有用。斜面Alpha效果更适合用于文本或徽标，因为它将在应用斜角边之前检测图像中复杂的透明区域。

> **Pr** **注意**：与Bevel Alpha效果相比，斜角边效果会生成更生硬的边缘。这两种效果都适用于矩形剪辑，但是Bevel Alpha效果更适合用于文本或徽标。

下面就来对字幕进行增强。

1. 继续处理序列05 Enhance。

2. 选择V3上的Journey to New York Title剪辑，在效果控件面板中查看其控件。

3. 在效果面板中，选择视频效果 > 透视命令，将 Bevel Alpha 效果拖放到效果控件面板中，并位于投影效果下面。

文本的边缘看起来有些倾斜。

4. 在效果控件面板中，将边缘厚度增加到 10，使边缘更加明显。用户可能需要在效果控件面板中向下滚动，才能看到所有设置。

 提示： 可以通过将效果拖放到剪辑上的方式来应用效果，方法是在选中剪辑时，将它们拖放到效果控件面板，或者是在选中一个或多个剪辑之后，在效果面板中单击效果。

5. 将光线强度增加到 0.80，以查看更亮的边缘效果，结果如图 9.35 所示。

图9.35

效果看起来相当不错，但是它当前应用到了文本和投影上。这是因为效果在效果控件面板中位于投影的下方（堆叠顺序很重要）。

6. 在效果控件面板中，将斜面 Alpha 效果标题向上拖动，直到正好位于投影效果的上方，如图 9.36 所示。用户会在将要放置效果的位置看到一条黑线。这将更改渲染的顺序。

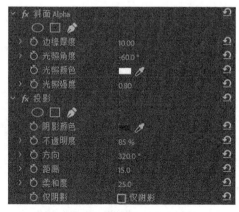

图9.36

7. 将边缘厚度减小到 8。

8. 检查斜边的细微差别，结果如图 9.37 所示。

图9.37

9. 播放序列以查看动画。

9.5.3 在运动中添加变换效果

运动效果的另外一种替代是变换效果。这两种效果提供相似的控件，但是它们之间有两个重要的差别。

- 与运动效果不同，变换效果将处理对剪辑的锚点、位置、缩放或不透明度设置所做的任何更改。这意味着投影和斜边等效果的行为将完全不同。

- 变换效果包含倾斜、倾斜轴和快门角度设置，允许为剪辑创建一种视觉角度变换。

下面通过使用一个预构建的序列来比较两种效果。

1. 打开序列 06 Motion and Transform。

2. 播放序列，以便熟悉它。

序列中有两个部分。每一个部分都有一个画中画（PIP），画中画（PIP）从左向右移动时，都会在背景剪辑上旋转两周。请在这两部分剪辑中仔细观察阴影的位置。

- 在第一个例子中，阴影跟随 PIP 的底边，并且在旋转时阴影出现在剪辑的所有四个侧面，这显然不真实，因为产生阴影的光源不会移动。

- 在第二个例子中，阴影停留在 PIP 的右下角，这显得很逼真。

3. 单击 V2 轨道上的第一个剪辑，在效果控件面板中查看应用的效果：运动效果和投影效果，如图 9.38 所示。

4. 现在单击 V2 轨道上的第二个剪辑。这次将看到变换效果产生运动效果，而投影效果又产生阴影，如图 9.39 所示。

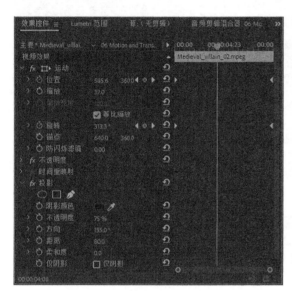

图9.38

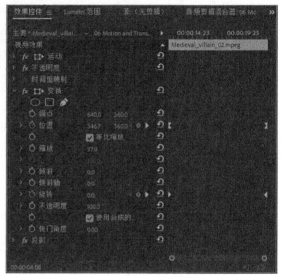

图9.39

变换效果具有许多和运动效果相同的选项，但同时增加了倾斜、倾斜轴和快门角度。正如刚才所看到的，由于应用效果的顺序，变换效果与投影效果的配合将比采用运动效果的效果更逼真；运动效果总是在其他效果之后应用。

9.5.4 使用 Basic 3D 效果在 3D 空间中操纵剪辑

另一种创建运动的选项是基本 3D 效果，它可以在 3D 空间中操控剪辑。用户可以围绕水平或垂直轴旋转图像，以及朝靠近或远离用户的方向移动它。用户还可以找到一个启用镜面高光的选项，用于创建从旋转表面反射的光照效果。

下面使用一个预构建的序列来了解其效果。

1. 打开序列 07 Basic 3D。

2. 在时间轴上,将播放头在序列上拖动,以查看内容,结果如图 9.40 所示。

图9.40

跟随运动的光线来自于观看者的上方、后方或左侧。由于光来自上方,因此看不到效果,直到图像向后倾斜,捕获到反射为止。这种类型的镜面高光可以增强 3D 效果的真实感。

下面是基本 3D 效果的 4 个主要属性(见图 9.41)。

图9.41

- **旋转**:控制围绕垂直 y 轴的旋转。如果旋转 90°,则会看到图像的背面,这是图像正面的镜像。

- **倾斜**:控制围绕水平 x 轴的旋转。如果旋转超过 90°,则将显示图像的背面。

- **与图像的距离**:沿着 z 轴移动图像以模拟深度。距离值越大,图像的距离就越远。

- **镜面高光**:添加从旋转图像的表面反射的一个闪光,就像在表面上方有一盏灯在发光一样。可以打开或关闭此选项。

3. 使用 3D 选项进行尝试。

9.6 复习题

1. 哪个固定效果可以移动剪辑？

2. 如何使剪辑满屏显示几秒钟后旋转消失？如何使运动效果的旋转功能从剪辑内启动，而不是在开始处启动？

3. 如何让对象开始慢慢旋转，再慢慢停止旋转？

4. 如果想要为一个剪辑添加投影，为什么想要使用一个不同于运动固定效果的运动相关的效果？

9.7 复习题答案

1. 运动参数允许用户为剪辑设置一个新位置。如果使用关键帧，则可以对效果进行动画处理。

2. 将播放头定位到想要旋转开始的地方，单击添加 / 删除关键帧按钮或秒表图标。然后移动到想要旋转结束的地方，并更改旋转参数，此时就会出现另一个关键帧。

3. 使用缓出和缓入选项更改关键帧插值，使它们开始缓慢旋转，而不是突然旋转。

4. 运动效果是应用到剪辑的最后一个效果。运动使在它之前应用的所有效果（包括投影）生效，将它们和剪辑作为一个整体进行旋转。要在旋转的对象上创建逼真的投影效果，请使用变换或基本 3D 效果，然后在效果控件面板中将投影放置在其中一种效果的下方。

第10课 多机位编辑

课程概述

在本课中，你将学习以下内容：

· 基于音频同步剪辑；

· 为序列添加剪辑；

· 创建多机位目标序列；

· 在多台摄像机之间切换；

· 录制多机位编辑；

· 完成一个多机位编辑项目。

　本课大约需要 60 分钟。

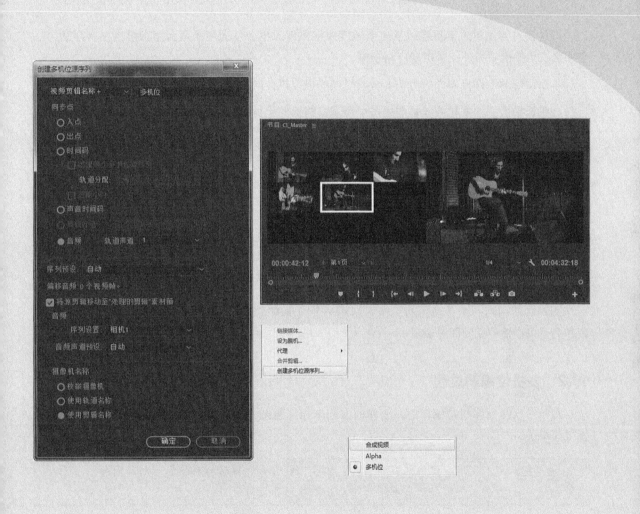

多机位编辑的过程从同步多个摄像机角度开始。用户可以使用时间码
或常见的同步点（比如合上场记板或常见的音频轨道）执行此操作。
同步剪辑之后，在 Adobe Premiere Pro CC 中，就可以在多个角度之间
进行无缝剪接。

10.1 开始

在本课中，我们将学习如何快速编辑同时拍摄的素材的多个角度。由于剪辑是同时拍摄的，因此 Adobe Premiere Pro CC 可以无缝地从一个角度剪接到另一个角度。

相较于设置和管理单台摄像机录制的媒体，多机位制作和后期制作过程要更加高级。尽管可能不会用到本章讲解的技术，但是，理解 Premiere Pro 用来处理多机位录制的原素材和自动同步的方法依然会有所帮助。

即使没有使用过许多摄像机从多个角度捕捉事件，也会发现使用两台摄像机也很有帮助：一个用来长焦拍摄；另外一个用来广角拍摄。

本章讲解的工作流同样适用于 6 台或更多的摄像机，同样也适用于两台摄像机。

在编辑拍摄到的素材或者是使用多个摄像机捕捉的素材时，Adobe Premiere Pro 多机位编辑功能可以节省大量时间。

1. 打开项目 Lesson 10.proproj。

2. 将项目保存为 Lesson 10 Working.prproj。

3. 在工作区面板中，选择编辑选项。然后单击编辑选项旁边的菜单，并选择重置为保存的样式选项。

本项目从 5 个角度拍摄了音乐演奏会（见图 10.1），并且有一个同步的音频轨道。

用户将使用给一个自动化的工作流创建一个同步的多机位序列，而且该序列可以在播放期间即时编辑。

图10.1

10.2 多机位编辑过程

在第一次执行多机位编辑时，工作流看起来相当复杂，一旦了解如何操作之后，多机位编辑就很简单了。

> **Pr** 提示：在使用多机位录制内容时，要尽可能避免暂停然后再恢复录制，因为每一次重新录制都需要在后期制作时对拍摄的内容进行同步。

多机位编辑有 6 个阶段。

- **导入素材**。理想情况下，摄像机与帧速率和帧大小高度匹配，但是可以根据需要进行混合和匹配。

- **确定同步点**。目的是使多个角度保持同步，以便可以在它们之间无缝切换。用户需要识别在所有角度上的时间点以进行同步或使用匹配时间码。或者，如果所有剪辑有相同的音频，可以自动进行同步。

- **创建一个多机位源序列。** 剪辑被添加到名为多机位源序列的特殊序列类型中。这实际上是一个包含了堆叠在不同视频轨道上的多个视频角度的序列。

- **将多机位序列添加到其他序列中进行编辑。** 将一个序列编辑到另外一个序列中的过程，称为嵌套。这个新序列是多机位主序列，将在该序列中执行编辑。原始多机位序列现在是一个有效的多层源剪辑。

- **录制多机位编辑。** 节目监视器中的一个特殊多机位视图，允许在播放期间，在摄像机角度之间切换，而且每一次切换可以添加一个编辑。

- **调整并完善编辑。** 粗略进行编辑后，可以使用标准的时间轴编辑和修剪命令完善序列。

使用多机位编辑的人员

由于高品质摄像机价格的下降，多机位编辑变得非常受欢迎。多机位拍摄和编辑有许多潜在用途，从简单的访谈对话到大型的真人秀电视节目，不一而足。

- **视觉和特效：** 由于许多特效镜头的价格很高，因此常见的做法是使用多个角度进行拍摄。这意味着拍摄时成本较低，并且在编辑时具有很大的灵活性。

- **动作场面：** 对于涉及大量动作的场景，制作方通常会使用多个摄像机进行拍摄。这样做可以减少需要执行的特技或危险动作的次数。

- **一生一次的事件：** 婚礼和体育比赛等事件严重依赖多角度的报道，以确保拍摄者捕捉事件的所有关键元素。

- **音乐和戏剧表演：** 如果你之前看过音乐电影（concert film），就会习惯用于展示表演的多个摄像头角度。多机位编辑也可以改进戏剧表演的节奏。

- **脱口秀节目形式：** 采访节目通常会在采访记者和采访对象之间剪接，并使用广角镜头来同时呈现采访记者和采访对象。这样做不仅可以保持视觉趣味，并且可以更轻松地将采访编辑为较短的时间。

- **对着摄像机演讲：** 如果对着摄像机做演讲，利用两台摄像机进行录制可以在覆盖了重复的场景（covering up a repeat take）时或者在移除内容时，从另外一个角度进行剪接。它也增加了视觉趣味。

10.3 创建一个多机位序列

用户可以同时播放多个摄像机角度；唯一的限制因素是播放剪辑所需的计算能力。如果计算机和硬盘的速度足够快，那么应该能够实时播放几个数据流。

10.3.1　确定同步点

在创建多机位序列时，需要确定如何同步素材的多个角度，有 5 个选项可以用作同步参考。所选择的方法取决于用户自己以及拍摄素材的方式。

- **入点**：如果有一个共同的起点，则可以在想要使用的所有剪辑上设置入点。在关键动作开始之前，只要开启所有摄像机，这种方法就有效。

- **出点**：该方法与使用入点同步类似，但是使用的是共同的出点。当所有摄像机捕捉关键动作的结尾（比如跨越终点线），但是其开始时间不同时，最适合使用出点同步。

- **时间码**：许多专业摄像机允许跨多个摄像机同步时间码。通过将多个摄像机连接到一个共同的同步源，可以同步多个摄像机。在许多情况下，小时数是用来识别摄像机编号的偏移。例如，摄像机 1 将从 1:00:00:00 开始，而摄像机 2 将从 2:00:00:00 开始。出于这个原因，当使用时间码同步时，可以选择忽略小时数。

这是用来进行同步的最快速的方法。尽管在录制时需要更多的准备和不同的硬件，但是在后期制作期间可以节省大量的工作量。

- **剪辑标记**：剪辑上的入点和出点可能会被意外删除。如果想要以一种更可靠的方法标记剪辑，则可以使用标记来识别共同的同步点。标记很难因为意外而从剪辑中删除。标记可以基于动作的任何部分，或者是录制进行到一半时的事件。如果没有同步时间码或音频，则标记可能是最有效的同步方式。

- **音频**：如果每台摄像机都录制了音频（即使是通过安装在摄像机上的录音设备或通过集成麦克风录制的低质量参考音频），Premiere Pro 也能够自动同步剪辑。这种方法的结果取决于音频的质量。

> **提示**：如果视频中没有好的视觉线索来同步多个剪辑，则在音频轨道中寻找鼓掌声或嘈杂的声音。通过在音频波形中寻找常见的音频峰值，通常可以更轻松地同步剪辑。在每个点处添加标记，然后使用标记进行同步。

使用标记进行同步

考虑这样一个场景，从4个不同的角度拍摄同一场自行车赛的4段剪辑，但这4台摄像机的开始拍摄时间不同。第一个任务是在4段剪辑中找到相同的时间点，使它们同步。

用户可以使用共同的事件（比如发令枪响或摄像机闪光灯）完成此任务。只需将每个剪辑载入到源监视器中，并为事件的每个实例添加一个标记（M）。然后，我们可以使用这些标记来同步剪辑。

10.3.2 为多机位源序列添加剪辑

确定想要使用的剪辑（和共同的同步点）后，就可以创建多机位源序列了，这是一种为多机位编辑设计的特殊序列类型。

选择剪辑的顺序也是剪辑添加到序列中的顺序，而且这也设置了摄像机的角度编号。

通过按下 Ctrl（Windows）或 Command（macOS）键，可以逐个选择编辑，然后将选择的顺序定义为特定的摄像机角度。比如，如果单击选择剪辑 1、剪辑 2、剪辑 3，则它们将变成摄像机角度 1、摄像机角度 2 和摄像机角度 3。

如果单击选择剪辑 1、剪辑 3，然后是剪辑，则它们将变成摄像机角度 1、摄像机角度 3 和摄像机角度 2。

下面来试一下。

1. 选择 Multicam Media 素材箱中的所有剪辑。

对本例来说，按住 Ctrl（Windows）或 Command（macOS）键，以编辑的编号顺序进行单击。在选择纯音频剪辑时，则不要紧。在选择了纯音频剪辑后，Premiere Pro 自动将该音频剪辑用作多媒体序列的音频。

2. 右键单击选中的一个剪辑，然后选择创建多机位源序列命令，如图 10.2 所示。用户也可以选择剪辑 > 创建多机位源序列命令。

这将打开一个新的对话框（见图 10.3），询问是否想要创建多机位源序列。

图10.2

3. 在同步点下面，选择音频方法，将轨道通道设置为 1。

> **提示**：如果不确定哪个音频剪辑可用于同步目的，则在轨道通道菜单中选择 Mix Down。这将使用所有的音频通道进行同步。

4. 将序列预设设置为自动。新创建的序列将匹配正在使用的媒体文件。所有可用的序列预设都在这里列了出来，因此可以选择一个喜欢的特定预设。

5. 将音频 > 序列设置菜单设置为摄像机 1。事实上，由于一个剪辑是纯音频剪辑，它将自动用作新创建的多机位序列的音频。如果没有这个纯音频剪辑，Premiere Pro 会使用选择的第一个剪辑。

另外一种方式是在另一个轨道上放置一个专用的音频文件，然后进行同步。第三种方式是从音频 > 序列设置菜单中选择偏移音频，将音频的改变同步到编辑时选择的视频角度上。

6. 剪辑的名称可以用作摄像机角度的名称。在摄像机选项下，选择使用剪辑名称，然后单击确定按钮。

Premiere Pro 分析剪辑，并创建一个新的多机位源序列，如图 10.4 所示。

7. 双击新的多机位源序列，在源监视器中查看，如图 10.5 所示。

8. 在剪辑中拖动源监视器的播放头，查看多个角度。

剪辑显示在一个网格中，并立刻显示所有的角度。一些角度在开始时是黑色的，因为摄像机是在不同时间开始录制的。

这个工作流使用的是项目面板中的一个自动选项来创建多机位序列。用户也可以手动创建一个多机位序列，这可以精确控制，但是花费的时间也会多一些。有关多机位编辑的更多信息，请参阅 Adobe Premiere Pro 的 Learn and Support 站点（选择帮助 > Adobe Premiere Pro 帮助）。

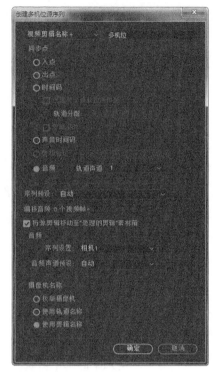

图10.3

图10.4

图10.5

注意：Adobe Premiere Pro 会自动调整多机位网格以适应使用的角度。例如，如果有 4 个剪辑，将会看到网格为 2×2。如果在第 5 个和第 9 个剪辑之间使用，将看到网格为 3×3；如果使用 16 个角度，则网格将为 4×4，以此类推。

10.3.3 创建多机位目标序列

制作多机位源序列后，则需要将它放置到另一个序列中，将它嵌套进去。嵌套序列的行为与主序列中其他剪辑的行为很像。但是，该剪辑具有多个素材角度，可在编辑时进行选择。

1. 找到刚创建的多机位源序列，它的名称应该类似于 C1_Master.mp4Multicam。

2. 右键单击该多机位源序列，并从剪辑中选择新建序列命令，或将剪辑拖动到项目面板底部的新建项目菜单上。

 注意：以这种方式从多机位源序列创建新序列时，将会生成一个多通道音频主设置，该设置并不会生成一个理想的音频平移（取决于源音频）。用户可以手动新建一个立体声序列，然后将新的多机位序列拖动到该序列中，从而生成单声道音频平移，而且这个单声道音频在左、右音频输出之间一样均衡。

现在就拥有了一个现成的多机位目标序列，如图 10.6 所示。

图10.6

3. 在时间轴上右键单击嵌套的多机位序列，查看多机位选项，如图 10.7 所示。

图10.7

要想使多机位序列剪辑工作，必须启用多机位选项。

对于该剪辑来讲，创建该剪辑的方式将自动启用多机位模式。用户可以在任何时刻关闭或打开该选项。

4. 我们已经选中了一个摄像机角度，来尝试另外一个角度，然后查看节目监视器中的更新。序列中剪辑的名字也进行了更新，如图 10.8 所示。

图10.8

提示：要查看多机位序列中的内容，可以按住 Ctrl（Windows）或 Command（macOS）键，然后双击该序列。用户也可以像编辑其他内容那样来编辑序列中的内容。所做的更改将在目标序列中更新，通过在时间轴面板中单击序列的名字可重新恢复。

10.4 多机位切换

在构建了多机位源序列并将它添加到多机位目标序列后，就可以准备编辑了。使用节目监视器中的多机位视图可以实时处理此任务。通过在节目监视器中单击或使用键盘快捷键，可以在不同的角度之间切换。

10.4.1 执行多机位编辑

在节目监视器中使用一种特殊的多机位模式，然后在时间轴上为当前的剪辑选择摄像机角度，就可以进行多机位编辑了。

如果播放停止了，则可以单击节目监视器左侧的一个角度，序列中的当前剪辑将进行更新，以与之匹配。

在播放期间，当点击节目监视器中的一个角度时，序列剪辑也将相应更新。但是这一次会将一个编辑应用到剪辑上，它会将之前选择的摄像机角度与新选择的角度分离开来。只有在播放结束之后，才能看到添加的编辑。

下面来尝试一下。

1. 单击节目监视器中的设置菜单，然后选择多机位，如图 10.9 所示。

2. 播放序列，以熟悉该序列，如图 10.10 所示。

图10.9

3. 将鼠标光标悬停在节目监视器上，然后按下重音符号（`）键，将面板最大化。如果键盘没有重音符号键，可以双击面板名称。

4. 将播放头放在序列的开始位置，然后按下空格键开始播放。

序列的前几秒钟没有声音，直到信号轨道开始之后才有声音。我们将听到一连串短促的嗡鸣声，然后是专业录制的轨道。

图10.10

5. 在播放期间单击左侧的图像，在多个摄像机角度之间切换。用户也可以使用键盘快捷键 1 ~ 5（与想要选择的摄像机角度一一对应）。

注意：默认情况下，在英文键盘上，前 9 个摄像机角度分配了键盘（不是数字键盘）顶部的数字按键 1 ~ 9。例如，按下数字键 1 将选择摄像机 1，按下 2 将选择摄像机 2，以此类推。

在序列播放完毕或停止播放后，它将有多个编辑。每一个单独的剪辑的标签都是从一个数字开始的，该数字表示这个剪辑使用的摄像机的角度，如图 10.11 所示。

图10.11

6. 按下重音符号（`）键，或双击面板名称，将节目监视器面板恢复为正常大小。

7. 播放序列，查看你的编辑。

假设这个作品的导演觉得音频的声音要比计划发布的媒体声音大。

8. 右键单击音频轨道，然后选择音频增益命令。

这将打开一个新的对话框。

9. 在调整增益值字段中，输入 -8 并单击确定按钮以降低音频声音。

注意：如果为剪辑应用了效果，这些效果将在节目监视器中正常显示。当应用了颜色调整来匹配不同的角度时，这会很有用。

10.4.2　重新录制多机位编辑

第一次录制多机位编辑时，很可能会丢失一些编辑，原因是对一个角度剪接得太迟（或太早）了。用户也可能会发现自己更喜欢另一个角度。这很容易进行改正。

1. 将播放头移动到时间轴的开始位置。

2. 在多机位视图中单击播放按钮，开始播放。

多机位视图中的角度会进行切换，以匹配时间轴中的现有编辑。

3. 当播放头到达想要更改的位置时，切换到活动的摄像机。

如果键盘带有数字键，可以按其中一个键盘快捷键（在本例中是 1 ~ 5），或者可以在节目监视器的多机位视图中单击想要的角度，结果如图 10.12 所示。

图10.12

4. 完成编辑后，按空格键停止播放。

5. 单击节目监视器的设置菜单，选择复合视频，返回到普通的查看模式，如图 10.13 所示。

图10.13

10.5　完成多机位编辑

在多机位视图中执行多机位编辑后，可以完善并完成它。生成的序列与构建的其他序列一样，因此可以使用迄今为止所学的任意编辑或修剪方法。但是，还有其他一些可用的选项。

10.5.1　切换角度

如果对一个剪辑的时序感到满意，但对所选的角度不满意，可以切换到另一个角度进行编辑。以下 3 种方式可以做到这一点。

- 右键单击一个剪辑，选择多机位命令，并指定角度。

- 使用节目监视器的多机位视图（如本课前面所述）。

- 如果启用了正确的轨道，或者选择了一个嵌套的多机位序列剪辑，则可以使用键盘顶部的数字快捷键 1 ~ 9。

10.5.2　合并多机位编辑

用户可以合并一个多机位编辑，以降低播放时需要的处理能力，并简化序列。在合并编辑时，嵌套的多机位序列剪辑将使用最初选择的摄像机角度剪辑进行替换，如图 10.14 所示。

图10.14

> **Pr**　**注意**：如果合并多机位序列，则会丢失音频调整。现在先忽略音频。

这个过程很简单。

1. 选择想要合并的所有多机位剪辑。

2. 右键单击任何剪辑，然后选择多机位 > 合并命令，结果如图 10.15 所示。

图10.15

在剪辑合并之后，这个过程无法逆转，除非使用编辑 > 撤销命令。

10.6　复习题

1. 描述为多机位剪辑设置同步点的 5 种方式。

2. 描述让多机位源序列和多机位目标序列的设置相匹配的两种方式。

3. 说出在多机位视图中切换角度的两种方式。

4. 关闭多机位视图后，如何选择一个不同的角度？

10.7　复习题答案

1. 5 种方式是入点、出点、时间码、音频和标记。

2. 可以右键单击多机位源序列并从剪辑中选择新建序列命令，或者是将多机位源序列拖放到一个空白序列中，并让它自动调整设置。

3. 要切换角度，可以在监视器中单击预览角度，或者，如果键盘有数字键，可以使用为每个角度分配的快捷键（1 ~ 9）。

4. 可以使用时间轴中的任意标准修剪工具来调整角度的编辑点。如果想要替换摄像机角度，在时间轴中右键单击它，并从上下文菜单中选择多机位命令，然后选择想要使用的摄像机角度，或者按下相应的键盘快捷键（1 ~ 9）。

第11课 编辑和混合音频

课程概述

在本课中，你将学习以下内容：

- 在音频工作区中工作；
- 理解音频特征；
- 调整剪辑音频的音量；
- 在序列中调整音频电平；
- 使用音频剪辑混合器。

本课大约需要 75 分钟。

本课中我们将使用 Adobe Premiere Pro CC 提供的强大工具来学习一些音频混合基础知识。出色的音频有时可以使图像更有吸引力。

到目前为止，我们主要关注的是处理视觉效果。毋庸置疑，图像很重要，但是专业编辑人员通常认为声音和屏幕上的图像一样重要，有时甚至更加重要！

11.1　开始

摄像机录制的音频很少可以完美地进行最终输出。在 Premiere Pro 中，我们可以对声音进行以下处理。

- 将 Premiere Pro 设置为以不同于摄像机录制的方式来解释录制的音频通道。例如，可以将录制为立体声的音频解释为单独的单声道。

- 清除背景声音。无论是系统嗡嗡声还是空调装置的声音，Premiere Pro 都有调整和优化音频的工具。

- 使用 EQ 效果在剪辑（不同的音调）中调整不同音频的音量。

- 调整素材箱中的剪辑和序列中剪辑片段的音量级别。在时间轴上进行的调整可能会随时间变化，从而创建复杂的声音混合。

- 在音乐剪辑之间添加音乐并混合音量。

- 添加音频现场效果，比如爆炸、关门声或大气环境声音。

如果在观看恐怖片时关掉声音，就可以体会到声音的效果，刚才很可怕的场景，现在看起来可能像喜剧一样。

音乐能够影响人们的判断能力，并且直接影响情绪。实际上，身体会无意识地对声音做出反应。例如，倾听音乐时，心率经常会受到音乐节奏的影响。快节奏的音乐会使人心跳加快，而慢节奏的音乐会使人心跳变慢。音乐的力量非常强大！

在本课中，首先会介绍如何使用 Premiere Pro 中的音频工具，然后使用工具对剪辑和序列进行调整。在播放序列时，还可以使用音频混合器随时更改音量。

11.2　设置界面以处理音频

我们先切换到音频工作区。

1. 打开 Lesson 11.prproj。

2. 将项目保存为 Lesson 11 Working.prproj。

3. 在工作区面板中，单击音频选项卡，然后打开音频选项附近的菜单，选择重置为保存的样式，结果如图 11.1 所示。

图11.1

11.2.1 在音频工作区中工作

在使用过的视频编辑工作区中，用户将识别出音频工作区中的大多数组件。一个明显的不同之处是音频剪辑混合器替代了源监视器。源监视器仍然位于框架中，但隐藏了，并且与音频剪辑混合器分在一组。

用户可以修改时间轴轨道标题的外观，为每一个轨道包含一个音量指示器，并包含基于轨道的电平和平移控件。

要将音量指示器添加到轨道中，请执行如下步骤。

1. 打开时间轴的设置菜单（🔧），选择自定义音频标题。

这将出现音频标题按钮编辑器，如图 11.2 所示。

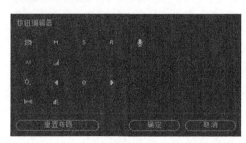

图11.2

2. 将轨道电平按钮（▮）拖放到时间轴的音频标题上，然后单击确定按钮。

在单击确定按钮时，音频轨道标题将恢复至原来的大小。用户可能需要在垂直方向和水平方向调整音频标题，才能看到新的指示器，如图 11.3 所示。

现在每一个音频轨道都有一个内置的小音量指示器。

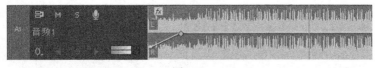

图11.3

了解音频剪辑混合器和音频轨道混合器之间的差别很重要，如图 11.4 所示。

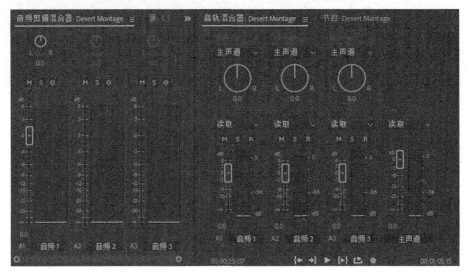

图11.4

它们看起来相似，但是应用了不同的调整。

- **音频剪辑混合器**：提供了调整音频电平和平移序列剪辑的控件。在播放序列时，可以进行调整。当时间轴的播放头在序列上移动时，Premiere Pro 将为剪辑添加关键帧。

- **音频轨道混合器**：在轨道（而非剪辑）上调整音频电平并进行平移。剪辑调整和轨道调整组合生成了最终输出。如果将剪辑的音频电平减小 −3dB，然后也将轨道音频电平减小 −3dB，你将总计减少了 −6dB。更为高级的 Audio Track Mixer 还提供了基于轨道的音频效果和子混合，允许组合多个轨道的输出。

用户可以在效果控件面板中应用基于剪辑的音频效果，并修改其设置。

首先应用基于剪辑的音频调整和效果，然后再应用基于轨道的调整和效果。

11.2.2 定义主轨道输出

在创建新序列时，通过选择音频主设置可以定义它输出的声道数量。用户可以将序列当作一个媒体文件。它有一个帧速率、帧大小、音频采样速率和声道配置。

音频主设置是在将序列当作一个文件时，它拥有的声道的数量（见图11.5）。

图11.5　默认的音频主设置是立体声

- 立体声有两个声道：左和右。

- 5.1有6个声道：中间、前左、前右、后左、后右和低频效果，即低音炮。

- 多声道的声道数量为1 ~ 32个，用户你可以从中选择。

- 单声道只有一个声道。

什么是声道

通常认为左声道和右声道在某种程度上是不同的。实际上，它们都是单声道，被指定为左或右。录制声音时，标准配置是使音频声道1作为左，使音频声道2作为右。

音频声道1之所以是左，是由下列原因造成的。

- 它是从指向左侧的麦克风录制的。

- 它在Premiere Pro中被解释为左。

- 它输出到位于左侧的扬声器。

所有这些因素都不会改变它是单声道的事实。这只不过是惯例而已。

如果对从指向右侧的麦克风执行同样的录制（使用的是音频声道2），则将具有立体声音频。事实上，它们是两个单声道。

用户可以更改大多数的序列设置，但是无法更改音频主设置。这意味着，除多声道序列外，无法更改序列将输出的声道数。

用户可以随时添加或删除音频轨道，但是音频主设置是固定的。如果需要更改音频主设置，则可以轻松地将具有一种设置的序列复制并粘贴到具有不同设置的新序列中。

11.2.3 使用音量指示器

音量指示器的主要功能是提供序列的总体混合输出音量。在播放序列时，我们将看到音量指示器会动态变化，以反映音量，如图 11.6 所示。

要查看音量指示器，请执行如下步骤：

- 如果音量指示器还没有显示出来，请选择窗口 > 音量指示器命令。

  在默认的音频工作区，虽然有音量指示器，但是比较窄。在使用音量指示器时，需要增大其面板。

- 音量指示器有独奏按钮，可以用来选择要收听的声道。如果独奏按钮显示为小的圆圈，可以向左略微拖动面板的左边缘，使指示器的面板大一些。此时，将显示较大的独奏按钮。

> **Pr** | **注意：** 在使用更高级的多声道音频主选项时，不会显示独奏按钮。

- 如果右键单击音量指示器，可以选择不同的显示比例（见图 11.7）。默认的范围是 0dB ～ −60dB，这能够清晰显示用户想要看到的主音量信息。

图11.6　　　　　　　　　　图11.7

用户也可以在静态峰值和动态峰值之间进行选择。如果在音量电平中出现一个响亮的峰值，用户不得不查看指示器，但是当查看指示器时，声音已经播放完了。对于静态峰值，会在指示器中标记并保持最高峰值，在播放到这个位置时可以看到最大的音量。

用户可以单击音量指示器来重置峰值。对于动态峰值，会不断更新峰值电平；要继续查看，以检测音量电平。

关于音频电平

音频指示器上显示的刻度是分贝，用dB表示。分贝刻度最高的音量被指定为0dB。较低的音量会显示为越来越大的负数，直到负无穷大。

如果录制的声音很小，则可能会淹没在背景噪声中。背景噪声可能是环境噪声，比如空调系统的嗡嗡声，也可能是系统噪声，比如没有播放声音时从音响中听到的安静的嘶嘶声。

当增加音频的总体音量时，背景噪声也会变大。当降低整体音量时，背景噪声也会变小。这意味着，最好以比所需声音更大的音量录制音频（同时避免多度驱动），然后稍后降低音量以删除（或至少降低）背景噪声。

信噪比的大小取决于音频硬件；信噪比表示想听到的声音（信号）与不想听到的声音（背景噪声）之间的差别。信噪比通常显示为SNR，单位为dB。

11.2.4 查看采样

在本练习中，我们将看一个音频采样。

1. 在项目面板中打开 Music 素材箱，并双击剪辑 Cooking Montage.mp3，在源监视器中打开它。

因为该剪辑没有视频，所以 Premiere Pro 会显示两个音频轨道的波形，如图 11.8 所示。

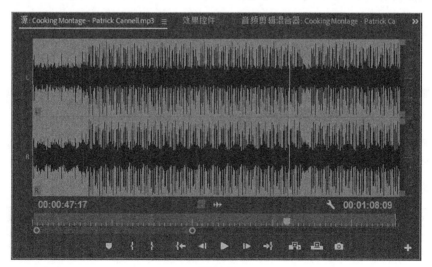

图11.8

在源监视器和节目监视器底部，有一个时间标尺显示剪辑的总持续时间。

2. 单击源监视器的设置菜单，并选择时间标尺数字，结果如图 11.9 所示。

图11.9

时间标尺现在在其上方显示时间码指示器。尝试使用导航条放大时间标尺，直至显示一个单独的帧。

3. 再次单击源监视器的设置菜单，并选择显示音频时间单位命令。

这一次，用户将在时间标尺上看到各个音频采样。尝试放大显示一个单独的音频采样；在本例中是 1 秒的 1/48000，如图 11.10 所示。

图11.10

> **注意**：音频采样速率是每秒钟内对录制的声源进行采样的次数。专业的摄像机音频每秒的采样次数通常是 48000 次。

时间轴的面板菜单（而非时间轴设置菜单）中有查看音频采样的相同选项。

4. 现在，在源监视器中使用设置菜单关闭时间标尺数字选项和显示音频时间单位选项。

11.2.5 显示音频波形

在源监视器中打开仅有音频（没有视频）的剪辑时，Premiere Pro 会自动显示音频波形，如图 11.11 所示。

在源监视器或节目监视器中使用波形显示选项时，将看到每个声道有一个额外的导航缩放控件。这些控件与面板底部的导航缩放控件的工作方式相似。用户可以重新调整垂直导航条的大小以查看更大或更小的波形。如果音频很安静，那么这种方法很有用。

> **注意**：如果正在查找一些特定的对话，而且不关心视觉效果的话，该选项相当有用。

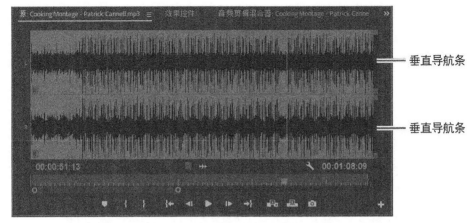

图11.11

　　用户可以在源监视器和节目监视器的设置菜单中选择音频波形，来选择显示具有音频的任何剪辑的音频波形。

　　如果剪辑同时具有视频和音频，默认情况下视频显示在源监视器中。用户可以单击只拖放音频按钮（ ↦ ）进行切换，以查看音频波形。

　　下面就来看一些波形。

1. 打开 Theft Unexpected 素材箱中的剪辑 HS John。

2. 单击源监视器的设置菜单，选择音频波形，结果如图 11.12 所示。

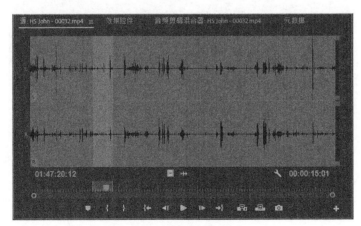

图11.12

用户可以轻松看到对话的开始和结束位置。

3. 使用源监视器中的设置菜单切换，查看合成视频。

用户也可以在时间轴上打开或关闭剪辑波形的显示。

4. 在 Master Sequence 素材箱中打开 Theft Unexpected 序列。

5. 单击时间轴的设置菜单，确保启用了显示音频波形选项。

6. 调整 Audio 1 轨道的大小，确保波形完全可见，如图 11.13 所示。注意，在此序列的一个音频轨道上显示了两个声道：剪辑有立体声音频。

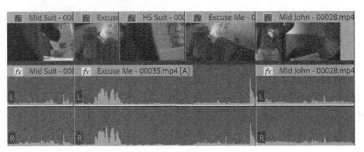

图11.13

剪辑上的音频波形看起来与源监视器中的波形有些不同。这是因为它是整流后（Rectified）的音频波形，该波形更容易查看较低音量的音频，比如该场景的对话。用户可以在整流音频波形和常规音频波形之间切换。

7. 打开时间轴的面板菜单（不是设置菜单），选择整流音频波形，将其取消选中，结果如图 11.14 所示。

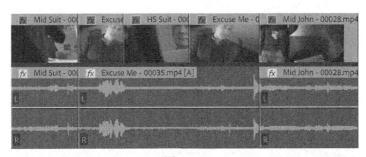

图11.14

对于较高音量的音频，常规波形的显示也相当不错，但是要注意对话中安静的部分，此时很难跟踪音量的变化。

8. 打开时间轴面板菜单，恢复整流音频波形选项。

11.2.6 处理标准的音频轨道

标准的音频轨道类型可以包含单声道音频剪辑和立体声音频剪辑（见图 11.15）。效果控件面板的控件、音频剪辑混合器和音频轨道混合器都可以处理这两种类型的媒体。

如果处理的是单声道剪辑和立体声剪辑的混合，可以发现使用标准轨道类型比使用传统的单独的单声道或立体声轨道类型更方便。

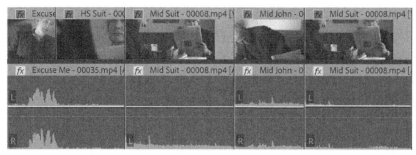

图11.15　该标准音频轨道混合了立体声和单声道剪辑

11.2.7　监控音频

在监控音频时，可以选择收听序列的哪个声道。

下面使用一个序列来尝试一下。

1. 打开序列 Desert Montage。

2. 播放剪辑并在播放时单击音量指示器底部的每一个独奏按钮，如图 11.16 所示。

每个独奏按钮仅允许用户收听所选的声道。用户也可以独奏多个声道，以收听一个特定的音频混合（当然在本例中这没有多大帮助，因为只有两个声道可供选择）。在处理多声道序列时，将经常独奏输出声道。

如果正在处理的音频的声音来自不同的麦克风并录制在不同轨道上，则这种方法特别有用。这在专业录制的现场录音中很常见。

声道的数量和相关的独奏按钮取决于当前的序列音频的主设置。

用户还可以为单独的音频轨道使用轨道标题静音按钮（ M ）或独奏按钮（ S ）。这可以精确控制混音中包含或排除在外的内容。

图11.16

11.3　检查音频特征

在源监视器中打开一个剪辑并查看波形时，可以看到显示的每个声道。波形越高，声道的音量就越大。

有 3 个因素可以更改耳朵聆听音频的方式。我们从电视扬声器的方面考虑它们。

- **频率**：是指扬声器表面的移动速度。扬声器表面每秒拍打空气的次数用频率（Hz）测量。人类的听觉范围大约是 20 ～ 20000Hz。许多因素（包括年龄）会影响可以听到的频率范围。频率越高，感知到的音调就越高。

- **振幅**：是指扬声器的移动距离。移动越大，声音越大，因为这会生成高压波，将更多能量传递到耳朵。
- **相位**：扬声器的表面向外或向内移动的精确时序。如果两个扬声器同步向外或向内移动，则可以将它们视为"同相位"。如果它们的移动不同步，则为"异相"，这在重现声音时会产生问题。一个扬声器在另一个扬声器试图增加空气压力的同时减少空气压力，导致可能听不到部分声音。

在扬声器发出声音时，扬声器表面的震动提供了一个生成声音的简单示例，当然，同样的规则适用于所有声源。

什么是音频特征

假设扬声器的表面在拍打空气时是移动的。它移动时会创建在空中移动的高压波和低压波，直到它到达你的耳朵，就像是涟漪在池塘表面移动一样。

当气压波到达耳朵时，这仅是移动的一小部分，并且该移动会转换为能量传递给大脑并解读为声音。这具有极高的精度，并且由于人有两只耳朵，大脑会不可思议地平衡这两组声音信息，形成听觉。

人们的聆听是主动而不是被动的。也就是说，大脑会不断过滤掉它认为不相关的声音，这样就可以关注重要的事情。例如，你可能有过参加聚会的体验，嘈杂的谈话听起来像一堵噪声墙，直到房间里的某个人提到你的名字。你可能没有意识到大脑一直在聆听对话，因为你正在集中精力听旁边的人讲话。

有一个研究机构正在研究此主题，这基本上属于心理声学。对于这些练习，将关注声音的结构而不是心理学，尽管心理学是一个值得研究的有趣主题。

录音设备没有这种微妙的辨别能力，这也是用耳机聆听现场录音并尽可能获得最佳录制声音的部分重要原因。尝试在没有任何背景噪音的情况下录制现场录音的做法很常见。在后期制作中会精确地以合适的音量添加背景噪音，为场景添加气氛，但又不会淹没对话。

11.4 创建一个画外音轨道

如果设置好了一个麦克风，则可以使用 Audio Track Mixer 或音频轨道标题上一个特殊的画外音录制按钮，将声音直接录制到时间轴上。要以这种方式录制音频，要将音频硬件首选项设置为允许输入。用户可以选择编辑 > 首选项 > 音频硬件（Windows）或 Premiere Pro CC > 首选项 > 音频硬件选项（macOS），检查音频硬件输入和输出设置。

按照如下步骤尝试使用画外音录制按钮：

1. 在 Master Sequences 素材箱中打开 Voice over 序列，这是一个只带有视频的简单序列，需要添加画外音。

2. 查看 A1 轨道的标题。我们应该可以看到画外音录制按钮（ ）。

3. 在录制画外音时，将扬声器静音或者带着戴上耳机，以免声音进入麦克风。

4. 将播放头定位到序列的开始位置，单击画外音录制按钮。节目监视器中出现一个简短的计时，然后可以准备开始。描述随之出现的视频，以创建一个伴随的画外音。

在录制时，节目监视器将显示录制的内容，音量指示器显示输入的音量电平，如图 11.17 所示。

5. 在准备结束录制时，按下空格键，或单击画外音录制按钮，停止录制。

新音频出现在时间轴上，而且一个相关的剪辑出现在项目面板上，结果如图 11.18 所示。在项目设置中的临时硬盘设置中指定了一个位置，Premiere Pro 会在这个位置创建一个新的音频文件。默认情况下，该位置与项目文件的位置相同。

图11.17

图11.18

借助于该技术，可以使用一个录音麦克风和隔声室来录制具有专业质量的音频。或者，当你拍摄完视频后，也可以使用笔记本中内置的麦克风来录制导轨（guide-track）画外音。这个画外音可以形成一个编辑大纲的基础，后续可以节省大量的时间。

11.5 调整音量

Premiere Pro 中有几种调整剪辑音量的方式，并且它们都是非破坏性的。用户做出的更改不会影响到原始的媒体文件，因此可以随意体验。

11.5.1　在效果控件面板中调整音频

前面使用效果控件面板调整了序列中剪辑的比例和位置。我们还可以使用效果控件面板调整音量。

1. 从 Master Sequences 素材箱打开 Excuse Me 序列。

这是一个非常简单的序列，只有两个剪辑。事实上，是同一个剪辑添加到序列中两次。一个版本被解释为立体声，而另一个版本被解释为单声道。

2. 单击第一个剪辑以选择它，然后打开效果控件面板。

3. 在效果控件面板中，展开音量、声道音量和声像器控件（见图 11.19）。

每一个控件都有适用于所选音频类型的选项。

- **音量**：调整所选剪辑中所有声道的组合音量。

- **声道音量**：允许调整所选剪辑中各个声道的音频电平。

- **声像器**：提供所选剪辑的总体立体声左 / 右均衡控制。

注意，所有控件的关键帧切换秒表图标是自动开启的。这意味着所做的每次更改都将添加一个关键帧。

但是，如果只添加一个关键帧并使用它设置音频电平，则调整会应用到整个剪辑上。

4. 将时间轴的播放头放置在想要添加关键帧的剪辑上（如果仅想进行一次调整，则不会产生太大差别）。

5. 单击时间轴面板的设置菜单，确保选中了显示音频关键帧。

6. 增加 Audio 1 轨道的高度，以便看到波形以及用于添加关键帧的特殊的白色细线，这条白色细线通常称为橡皮带。

7. 在效果控件面板中，将设置音量级别的蓝色数字向左拖动，如图 11.20 所示。

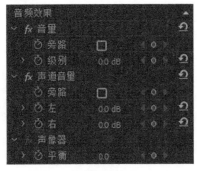

图11.19

图11.20

Premiere Pro 添加一个关键帧，而橡皮带会向下移动以显示降低的音量。区别很不明显，但是随着越来越熟悉 Premiere Pro 界面，这一区别也将越来越明显，如图 11.21 所示。

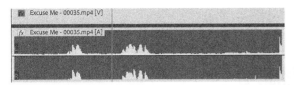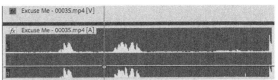

图11.21

8. 现在，在序列中选择 Excuse ME 剪辑的第二个版本。

Pr 注意：橡皮带使用了音频剪辑的整个高度来调整音量。

注意，在效果控件面板中有类似的控件可用，但是现在没有声道音量选项，如图 11.22 所示。这是因为每个声道都是其自身剪辑的一部分，所以每个声道的音量控件是单独的。

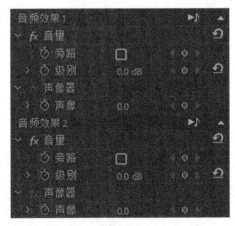

图11.22

9. 尝试调整这两个独立剪辑的音量。

11.5.2 调整音频增益

大部分音乐在制作时都具有最大信号，以最大化信号和背景噪声之间的差别。在大部分视频序列中，声音可能太大了。要解决此问题，则需要调整剪辑的音频增益。

1. 打开 Music 素材箱中的剪辑 Cooking Montage.mp3，注意波形的大小，如图 11.23 所示。

Pr 注意：用户可能需要调整源监视器的缩放级别，才能看到波形。

2. 在素材箱中右键单击剪辑，并选择音频增益选项，结果如图 11.24 所示。

音频增益对话框中的两个主要选项如下。

- **将增益设置为**：使用该选项指定剪辑的具体调整。

- **调整增益值**：使用该选项指定剪辑的增量调整。

图11.23

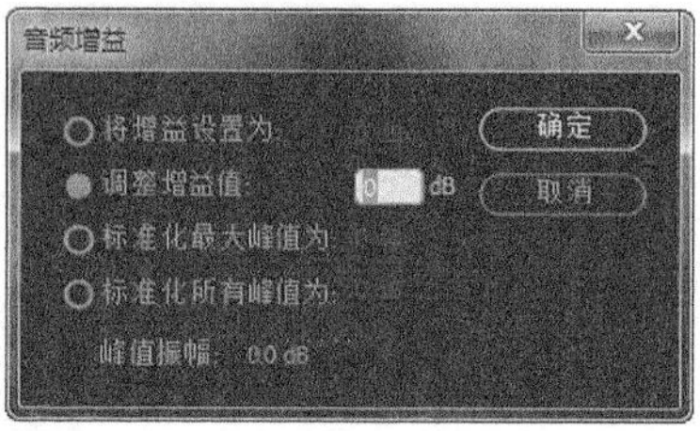

图11.24

例如，如果应用 −3dB，这会使将增益设置为数量调整为 −3dB。如果第二次访问该菜单并应用另一个 −3dB 调整，那么将增益设置为数量将更改为 −6dB，以此类推。

3. 选择将增益设置为，将增益设置为 −12dB，并单击 OK 按钮。

用户会在源监视器中立刻看到波形变化（见图 11.25）。

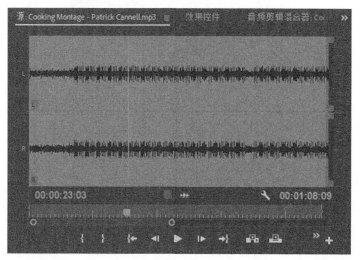

图11.25

注意：对剪辑音量的任何更改都不会更改原始媒体文件。用户可以在素材箱中或在时间轴上更改总体增益，除使用效果控件面板进行的更改外，原始媒体文件将保持不变。

类似于在素材箱中调整音频增益这样的更改，不会更新已经编辑到序列中的剪辑。但是，可以右键单击序列中的一个或多个剪辑，选择音频增益，并在那里进行同样的调整。

11.5.3 标准化音频

标准化音频与调整增益很类似。实际上，标准化的结果是调整剪辑增益。差别是标准化基于自动分析过程，而不是用户的主观判断。

在对剪辑进行标准化时，Premiere Pro 会分析音频以确定一个最高峰值，即音频最洪亮的部分。然后自动调整剪辑的增益，以便最高峰值与指定的级别相匹配。

用户可以让 Premiere Pro 调整多个剪辑的音量，以便它们与最佳感知音量相匹配。

假设我们正在处理过去几天录制的画外音的多个剪辑。也许是由于录制设置不同或使用了不同的麦克风，因此几个剪辑具有不同的音量。用户可以用一个步骤选择所有剪辑，然后 Premiere Pro 自动设置音量，使其匹配。这节省了手动浏览每个剪辑，进行逐个调整所花费的大量时间。

执行下述步骤，对一些剪辑进行标准化处理。

1. 打开 Journey to New York 序列。

2. 播放序列，观察音量指示器上的级别。

声音的音量级别变化很大，尤其是第 3 个和第 4 个剪辑。

3. 选择轨道 A1 上序列中所有的画外音剪辑。为此，使用套索工具进行选择，或逐个进行选择，如图 11.26 所示。

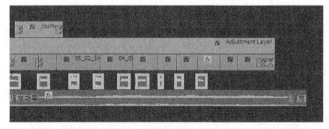

图11.26

注意：用户可能需要调整轨道的大小，才能看到音频波形。为此可以拖放轨道标题上的分隔线进行调整。

4. 右键单击所选剪辑中的任意一个，并选择音频增益或按 G 键。

5. 在标准化所有峰值为字段中输入 −8，单击确定按钮，如图 11.27 所示。再听一次。

图11.27

Premiere Pro 会调整每一个选中的剪辑，使最响亮的峰值是 −8dB。

> **Pr** | 提示：用户也可以在素材箱中应用标准化。只需选择想要自动调整的所有剪辑，跳转到剪辑菜单，并选择音频选项 > 音频增益选项，或选择剪辑然后按 G 键。

注意对剪辑的波形进行平整化的方式。如果选择标准化最大峰值为而不是标准化所有峰值为选项，则 Premiere Pro 将基于所有剪辑相结合的最响亮时刻进行调整，就像它们是一个剪辑一样（见图 11.28 ）。

图11.28

将音频发送到Adobe Audition CC

尽管Premiere Pro有高级工具可帮助实现大部分音频编辑任务，但是它无法与Adobe Audition相比，后者是专用的音频后期制作应用程序。

Audition是Adobe Creative Cloud的一个组件。与Premiere Pro一起编辑时，它可以巧妙地集成到工作流中。

可以自动将当前序列发送到Adobe Audition，使用所有剪辑和一个基于序列的视频文件来制作匹配图片的音频混合。

要将序列发送到Adobe Audition，请执行以下步骤。

1. 打开想要发送到Adobe Audition的序列。
2. 选择编辑>在Adobe Audition中编辑>序列命令。

3. 创建在Adobe Audition中使用的新文件，以保持原始媒体不变，请选择名称并浏览位置，然后根据喜好选择其他选项，最后单击OK。

4. 在视频菜单中，可以选择通过动态链接发送选项，以便在Audition中实时查看Premiere Pro序列。

Adobe Audition具有处理声音的出色工具。它具有一个特殊的光谱显示，可帮助用户识别和删除噪音，还有一个高性能多轨道编辑器，以及高级音频效果和控件。

用户可以很容易地将一个独立的剪辑发送到Audition，并从其卓越的音频清理、编辑和调整功能中受益。要将一个剪辑发送到Audition，可右键单击Premiere Pro序列中剪辑，然后选择在Adobe Audition中编辑剪辑命令。

Premiere Pro会复制音频剪辑，并使用复制的版本来替换当前的序列剪辑，并在Audition中打开副本，准备进行处理。

从现在起，每当在Audition中保存对剪辑所做的更改时，它们将自动在Premiere Pro中更新。

11.6 创建拆分编辑

拆分编辑是一种简单经典的编辑技术，可以抵消（offset）视频和音频的剪接点（cut point）。在播放时，一个剪辑的音频会具有另一个剪辑的视觉效果，将一个场景的感觉带到另一个场景中。

11.6.1 添加J剪辑

J剪辑（J-cut）的名字来自其编辑形状。可以在一个编辑上想象出字母J，会看到下半部分（音频剪接）位于上半部分（视频剪接）左侧。

1. 打开 Theft Unexpected 序列。

2. 播放序列中的最后一个剪接。最后两个剪辑之间的音频连接处非常突兀，可能需要调大扬声器的音量，才能听到连接点处的声音。通过调整音频剪接的时序进行改善（见图 11.29）。

3. 选择滚动编辑工具（ ▓ ），可通过单击并按住波纹编辑工具图标（ ▓ ）来访问。

4. 按住 Alt（Windows）或 Option（macOS）键，单击音频片段编辑（而不是音频）并向左拖动一点，如图 11.30 所示。恭喜你创建了J剪辑！

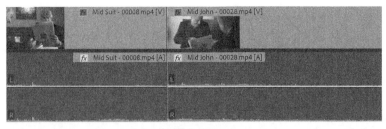

图11.29

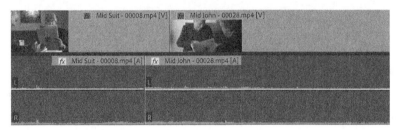

图11.30

> **Pr** 提示：在默认的 Premiere Pro 首选项下，如果按住 Ctrl（Windows）或 Command（macOS）键，则可以使用选择工具应用滚动编辑。

5. 播放编辑。

使用时序，可以使剪辑看起来更自然，但从实用目的来看，使用 J 剪辑就可以了。用户可以在后续使用音频交叉淡化进行平滑处理，更进一步改善它。

记住切换回选择工具（V）。

11.6.2　添加 L 剪辑

L 剪辑（L-cut）与 J 剪辑的工作方式类似，但过程相反。重复上一个练习中的步骤，但是在将音频片段编辑向右拖动时，按住 Alt（Windows）或 Option（macOS）键。播放编辑并查看结果。

> **Pr** 注意：按住 Alt（Windows）或 Option（macOS）键，会将链接的剪辑临时断开，因此可以只调整链接剪辑的视频，或只调整音频。

11.7　调整剪辑的音频电平

与调整剪辑增益一样，可以使用橡皮带来更改序列中剪辑的音量。还可以更改轨道的音量，并且两次音量调整将组合生成一个总体的输出电平。

使用橡皮带调整音量比调整增益更简单，因为可以随时进行增量调整，并且会实时显示视觉反馈。

在剪辑上调整橡皮带和使用效果控件面板调整音量的结果一样。事实上，一个控件会自动更新另外一个控件。

11.7.1 调整总体剪辑电平

要调整总体剪辑电平，请执行以下操作。

1. 打开 Master Sequences 素材箱中的 Desert Montage 序列，结果如图 11.31 所示。

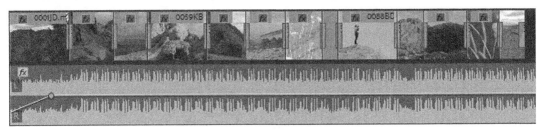

图11.31

我们已经在音乐的开头和结尾应用了渐强和渐弱。接下来将调整它们之间的音量。

> **提示**：通过选择编辑 > 键盘快捷键（Windows）或 Premiere Pro CC > 键盘快捷键（macOS），可以发现许多可用的键盘快捷键。已有的快捷键将显示在一个图形化的键盘布局中。

2. 使用选择工具在音频 1 轨道标题的底部向下拖动，或者将鼠标光标悬停到轨道标题上，然后进行滚动，使轨道变得更高。这可以更容易地对音量进行细微的调整（见图 11.32）。

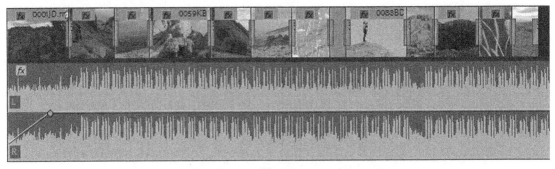

图11.32

3. 音乐的声音有些大。单击序列中音乐剪辑上橡皮带的中间部分，并向下拖动一点。

拖动时会出现一个工具提示，显示正在进行的调整量。

由于拖动的是橡皮带部分，而不是关键帧，因此用户是在调整两个现有关键帧之间的剪辑片段的总体电平。如果剪辑没有关键帧，那么会调整整个剪辑的总体电平。

使用键盘快捷键更改剪辑的音量

如果时间轴的播放头在剪辑上，可以使用键盘快捷键来增大或降低剪辑的音量。尽管用户不会看到用来显示调整量的工具提示，但是结果相同。这些快捷键在对音频的音量进行快速且精确的调整时，会相当方便。

- 使用[键将剪辑音量减小1dB。
- 使用]键将剪辑音量增大1dB。
- 使用Shift + [组合键将剪辑音量减小6dB。
- 使用Shift +]组合键将剪辑音量增大6dB。

如果键盘没有方括号键，而又想使用快捷键，则选择编辑>键盘快捷键（Windows）或Premiere Pro>键盘快捷键（macOS），设置相应的替换快捷键。

11.7.2 对音量更改应用关键帧

如果使用选择工具拖动一个现有关键帧，则会调整它。这与使用关键帧调整视觉效果一样。

钢笔工具（ ）为橡皮带添加关键帧。用户可以使用它调整现有关键帧，或者使用套索工具选择大量关键帧，以便一起调整它们。

也可以不使用钢笔工具。如果想要添加关键帧，可以在单击橡皮带的同时按住 Ctrl（Windows）或 Command（macOS）键。

在音频剪辑片段上添加关键帧并向上或向下调整关键帧位置的结果是，重塑了橡皮带。橡皮带越高，声音越大。

现在为音乐添加一些关键帧进行音量的动态调整，并聆听结果，如图 11.33 所示。

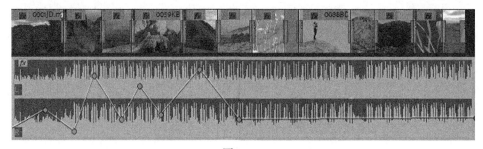

图11.33

> **Pr** 提示：如果想调整剪辑的音频增益，Premiere Pro 会将效果与关键帧调整动态地组合在一起，方便用户随时进行更改。

11.7.3 平滑关键帧之间的音量

在前面的练习中做出的调整相当引人注目。用户可能想要随着时间对调整进行平滑处理，这很容易做到。

为此，右键单击任意关键帧。我们将看到一系列标准选项，包括缓入、缓出和删除。如果使用钢笔工具，则可以使用套索工具选择多个关键帧，然后右键单击任意一个，以便为它们应用更改。

了解各种关键帧的最佳方式是选择每种关键帧进行调整，查看并聆听结果。

> **Pr** | **注意**：对剪辑进行的调整会在对轨道进行调整之前应用。

11.7.4 使用剪辑关键帧和轨道关键帧

到目前为止，我们已经对序列剪辑片段应用了所有关键帧调整。Premiere Pro 为放置这些剪辑的音频轨道提供了类似的控件。基于轨道的关键帧与基于剪辑的关键帧工作方式相同，区别是它们不会随剪辑一起移动。

这意味着我们可以使用轨道控件设置音频电平的关键帧，并尝试不同的音乐剪辑。每次将新音乐放入序列中时，我们将通过对轨道应用的调整来聆听音乐。

随着 Premiere Pro 编辑技能的提升，并且能够创建出更复杂的音频混合之后，用户可以探究将剪辑和轨道关键帧调整结合所提供的灵活性。

11.7.5 处理音频剪辑混合器

音频剪辑混合器提供了直观的控件来调整剪辑的音量和平移关键帧。

每个序列音频轨道都由一组控件来表示。用户可以对轨道执行静音或独奏操作，在播放期间，用户也可以通过拖动音量控制器（fader）来启用将关键帧写入到剪辑中的选项。

什么是音量控制器？音量控制器是行业标准的控件，以真实世界中的音频调音台为基础。用户可以向上移动音频控制器，增大音量；也可以向下移动，降低音量（见图 11.34）。在播放序列时，也可以使用音量控制器为剪辑音频橡皮带添加关键帧。

尝试下列操作。

1. 继续处理 Desert Montage 序列。确保将音频 1 轨道设置为显示剪辑关键帧，这可以通过时间轴的设置菜单实现。

音量控制器

图 11.34 音量控制器

2. 打开音频剪辑混合器，播放序列。

因为已经为该剪辑添加了关键帧，所以在播放期间音频剪辑混合器的音量控制器将上下移动。

3. 将时间轴的播放头定位到序列的开始位置。

4. 在音频剪辑混合器中，启用音频1的写入关键帧按钮（ ◎ ）。

5. 在播放序列时，对音频1音量控制器做出一些调整。停止播放时，将看到添加的新关键帧。

> **Pr** | 注意：在停止播放前看不到新的关键帧。

6. 如果重复该过程，会看到音量控制器将跟随现有关键帧，直到用户进行手动调整。

与调整使用选择工具或钢笔工具创建的关键帧一样，用户也可以调整以这种方式创建的关键帧。

> **Pr** | 提示：与使用音频剪辑混合器调整音量一样，我们可以用相同的方式调整平移。只需播放序列，并使用音频混合器的平移控件进行调整即可。

平移和平衡之间的区别

在生成立体声或5.1音频序列时，单声道和立体声音频剪辑具有不同的Panner声像器控件，为每一个输出设置音量。

- 单声道音频剪辑有一个平移控件，可用来在可用的输出声道之间分布单个声道。如果是一个立体声序列，这意味着选择多少声道在混音的左侧，多少声道在右侧。
- 立体声音频剪辑有一个平衡控件，可用来在可用的输出声道之间在分布剪辑中设置多个声道的组合后输出。

根据序列音频主设置和所选剪辑中可用的音频的不同，显示的控件将有所不同。

现在已经介绍了在Premiere Pro中添加和调整关键帧的几种方式。处理关键帧的方法无所谓对错，只是个人喜好问题和特性项目的需求问题。

11.8 复习题

1. 如何隔离一个单独的序列音频声道，以便以只聆听该声道？

2. 单声道音频和立体声音频之间的区别是什么？

3. 在源监视器中，如何查看具有音频的任意剪辑的波形？

4. 标准化和增益之间的区别是什么？

5. J 剪辑和 L 剪辑之间的区别是什么？

6. 在播放序列剪辑期间，在使用音量控制器控件向序列剪辑添加关键帧之前，必须在音频轨道混合器中启用哪个选项？

11.9 复习题答案

1. 使用音量指示器底部的独奏按钮可以选择性地聆听一个声道。

2. 立体声音频有两个声道，而单声道音频只有一个声道。在录制立体声时，通用标准是将左侧麦克风的音频录制为 Channel 1，而将右侧麦克风的音频录制为 Channel 2。

3. 使用源监视器上的设置菜单来选择音频波形。可以在项目监视器上执行同样的操作，但是可能不需要这样做；在时间轴上可以显示剪辑的波形。用户也可以单击源监视器底部的只拖放音频按钮。

4. 标准化根据原始的音量峰值振幅自动调整剪辑的增益设置。用户可以使用增益设置进行手动调整。

5. 使用 J 剪辑时，下一个剪辑的声音在视觉效果之前开始（有时描述为"音频引导视频"）。使用 L 剪辑时，在视觉效果开始之前，会保留上一个剪辑的声音（有时描述为"视频引导音频"）。

6. 为想要添加关键帧的每一个轨道启用写入关键帧选项。

第 **12** 课　美化声音

课程概述

在本课中，你将学习以下内容：

- 使用基本声音面板；
- 提升讲话的声音；
- 清除噪声。

 本课大约需要 75 分钟。

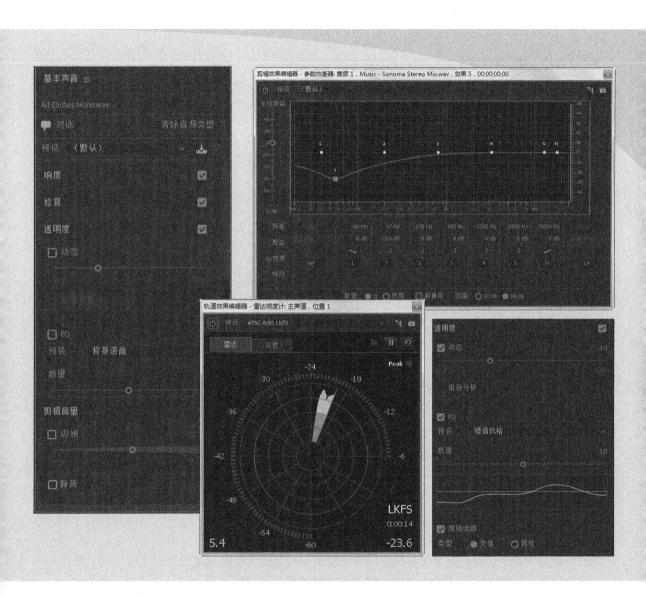

Adobe Premiere Pro CC 中的音频效果能显著地改善项目的效果。要使音频产生更好的效果，可使用 Adobe Audition CC 的功能。

12.1 开始

Adobe Premiere Pro CC 中提供了许多音频效果。这些效果可以用来改变音调、制造回声、添加混响和删除磁带的嘶嘶声。用户也可以设置为效果设置关键帧，并随着时间调整它们的设置。

1. 打开项目 Lesson 12.prproj。

2. 将项目保存为 Lesson 12 Working.prproj。

3. 在工作区面板中，单击音频选项卡。然后单击音频选项附近的菜单，选择重置为保存的样式，结果如图 12.1 所示。

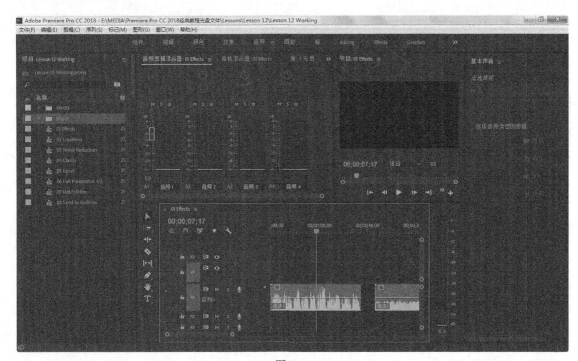

图12.1

12.2 使用基本音频面板美化声音

理想情况下，音频会完美地出现。遗憾的是，视频制作很难实现理想的效果。有时需要求助于音频效果来解决问题。Premiere Pro 提供的音频效果如图 12.2 所示。

> **注意**：用户一定要尝试 Premiere Pro 中的各种音频效果，以扩展自己这方面的知识。由于这些效果是非破坏性的，因此这意味着它们不会更改原始音频文件。用户可以为一个剪辑添加任意数量的效果，更改设置，然后删除这些效果并重新开始。

并非所有的音频硬件都能均匀地播放所有音频。例如，在笔记本上聆听低音与在大型扬声器上聆听的效果完全不同。

要使用高品质的耳机或播音室监听扬声器来聆听音乐，以免在调整声音时对播放硬件的缺陷进行不恰当的补偿。专业的音频监控硬件都经过了仔细校准，以确保所有序列能均匀播放，从而让你有信心为听众产生一致的声音。

Premiere Pro 提供了多种有用的效果（见图 12.3），包括但不限于下面这些。这些效果都可以在效果面板中找到。

- 参量均衡器：该效果允许用户在不同的频率下对音频电平做出微妙、精确的调整。

- 演播室混响：该效果使用混响来增加录制的"临场效果"。使用它模拟大房间中的声音。

- 延迟：该效果可以为音频轨道添加轻微（或明显）的回声。

- 低音：该效果可以放大一个剪辑的低频。它适用于叙事剪辑，尤其是男人的声音。

图12.2　Essential Sound（基本音频）面板提供了调整、清理和提升音频轨道的几种方式

- 高音：该效果调整音频剪辑中较高范围的频率。

用户可以通过将效果从效果面板拖动到剪辑上的方式来应用效果。在效果控件面板中可以发现效果的控件，里面还有几个预设来帮助用户感受效果的使用方式。

用户也可以将效果控件面板中的效果移除，方法是选择效果，然后按退格键（Windows）或 Delete 键（macOS）。

使用 01 Effects 序列来体验这些效果。该序列中的剪辑类型可以很容易地听到效果，如图 12.4 所示。

图12.3

图12.4

本课的重心是介绍基本音频面板，它提供了大量易于使用的专业级调整和效果。这些调整和效果是以标准媒体类型（比如对话和音乐）的常见工作流为基础。

基本音频面板是用来清理和改善音频的值得信赖的选项组合。

12.3 调整对话

基本音频面板中包含了大量的特征，可以用来处理对话音频，如图 12.5 所示。

要使用基本音频面板，首先在序列中选择一个或多个剪辑，然后选择媒体类型。

每个选项显示了适用于某种媒体类型的工具。用于对话音频的选项要比其他媒体类型的多，有充分的理由来证明这一点。对话声音可能是最重要的，音乐、预先准备好的特效（SFX）以及环境声音文件可能都已经混合完毕并准备使用了。

在下面的练习中，我们将尝试使用基本音频面板中几个可用的调整（见图 12.6）。设置的所有选项都可以存储为预设，也可以在基本音频面板的顶部访问。

图12.5

图12.6

用户可以在无需指派媒体类型的情况下应用预设。要创建一个预设，可选择媒体类型，应用某些设置，然后单击基本音频面板顶部的保存预设按钮（▦）。

预设不是固定的效果，用户可以轻松应用一个预设，然后修改其设置，甚至可以基于所做的调整创建新预设。

如果需要经常针对项目中的大量剪辑使用一些特定设置，则可以考虑创建预设。当设置需要重复 5 次以上时，可以尝试将其做成预设。

12.3.1 设置响度

基本控制面板可以很容易地将多个剪辑的音频电平设置为适合于广播电视的音量。

下面就来尝试一下。

1. 打开序列 02 Loudness。

这个序列就是前面在学习正常化时使用的序列，如图 12.7 所示。

2. 增大音频 1 轨道的高度，将其稍微放大一点，以便清晰地看到画外音剪辑，如图 12.8 所示。

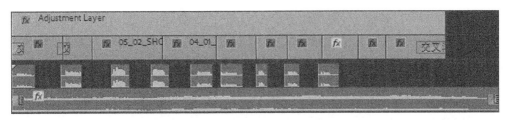

图12.7

图12.8

3. 播放序列，收听画外音剪辑的不同音量。

4. 选中所有的画外音剪辑。最简单的选中方式是用套索选中它们，注意不要选择序列中的其他剪辑。

5. 在基本音频面板中，单击对话按钮，如图 12.9 所示，将对话音频类型指派给这些剪辑。

6. 单击响度分类的标题，显示响度选项（见图 12.10）。以这种方式单击一个分类有点像在效果控件面板中单击提示三角形——单击时，选项要么显示，要么隐藏。

图12.9

图12.10

7. 单击自动匹配选项。

Premiere Pro 将自动分析和调整每一个剪辑，以便匹配广播电视对话的标准音量。

与标准化一样（调整剪辑增益），该调整将更新剪辑的波形，如图 12.11 所示。

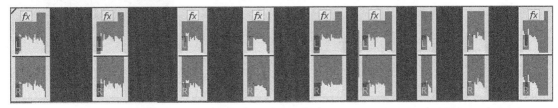

图12.11

8. 播放序列，收听调整。

响度标度

目前为止，我们一直使用分贝（dB）来描述音频电平。在整个制作和后期制作过程中，分贝标度是一个有用的参考。

峰值电平（一个剪辑的音频电平的最响亮时刻）通常用来设置广播电视音轨的限制。每一家广播电视台的音频电平都有其默认限制。

尽管峰值电平是一个有用的参考，但它反映的并不是音轨中的总体能量，它通常会产生一种混音，使音轨的每一部分都比自然声音更大。例如，只要峰值电平在规定的限制之内，耳语可以像呼喊一样响亮。

这就是为什么这么多商业广告听起来声音很大的原因——其他内容在与峰值电平混音之后，声音要比峰值电平更响亮，即使是音轨中非常安静的部分通常也很响亮。

新出现的响度标度旨在解决这个问题。它测量总能量随时间的变化。当使用了响度限制时，内容有亮的部分是可以接受的，但是音轨中的总体能量不能超过设置的电平。这将迫使内容制作者生成更为自然的音量。

如果你正在为广播电视制作内容，肯定会使用响度标度来交付内容。

12.3.2　修复音频

无论你如何努力地在现场捕获干净的音频，镜头中总会有一些不想要的背景噪声。

基本音频面板有大量的方式可以清理对话剪辑，如图 12.12 所示。

- 减少杂色：降低背景中不想要的噪声电平，比如空调的声音、沙沙的衣服声以及点击的声音。

- 降低隆隆声：降低 80Hz 以下的低频声音，比如引擎噪声和风噪声。

- 消除嗡嗡声：降低电子干扰的嗡嗡声。在北美和南美，部分噪声 60Hz 范围内；而在欧洲、亚洲和非洲，部分噪声 50Hz 范围内。如果麦克风电缆放置在电力电缆旁边，则会受到这个声音的干扰（这个声音很容易去除）。

图12.12

- 消除齿音：降低刺耳的高频声音，比如在录音时很常见的咝咝声。

不同的剪辑可能会从这些清理功能中受益，而且通常是组合使用这些功能。

下面来清理电源嗡嗡声。

1. 打开序列 03 Noise Reduction。

2. 播放序列，收听画外音，如图 12.13 所示。

这是一个简单的序列，在一些视觉效果中伴随着一些画外音。在音频中有一个大声的音频，那是因为电子干扰而产生的电源嗡嗡声。

3. 选择画外音剪辑。

该剪辑已经被指定为对话，因此对话音频选项将显示在基本音频面板中。

4. 如果这些选项还没有打开，可在基本音频面板中单击修复标题，将这些选项显示出来。选中消除嗡嗡声复选框，将其启用，如图 12.14 所示。

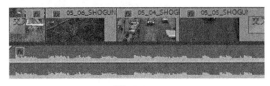

图12.13

图12.14

5. 播放序列，收听其区别。

影响很显著。电子干扰嗡嗡声只是在特定的频率下声音很大，因此可以相对容易地将其删除。

在基本音频面板的右侧，调整量以分贝的形式显示。

该剪辑是 60Hz 的嗡嗡声，因此 60Hz 的默认选项就可以了。如果默认选项不奏效，切换到 50Hz 进行尝试。

对于更具挑战性的音频清理，Premiere Pro 中的修复选项将无法产生一个足够干净的结果，此时可使用 Adobe Audition，它有很多高级的降噪功能。

有关使用 Audition 的更多信息，请参见下文中的 "使用 Adobe Audition 删除背景噪声"。

12.3.3 提升清晰度

基本图形面板中对话区域中的清晰度工具提供了 3 种便捷快速的方式来提升语音音频的质量，如图 12.15 所示。

* 动态：增加或减少音频的动态范围，即录制的音频中最安静和最响亮部分的音量范围。

* EQ：在不同的频率应用不同的振幅（音量）调整。可以使用一系列预设轻松选择有用的设置。

* 增强语音：在不同频率下提升清晰度，这取决于所选择的是男性还是女性的声音。

这三个控件都值得进行尝试，可以发现对话录音将会从这些设置的不同组合中获益。

下面来学习一下这些设置。

1. 打开序列 04 Clarity，结果如图 12.16 所示。

该序列与上一个序列具有相同的内容，但是有画外音
的两个版本。第一个版本要比第二个版本更干净、更大声。
第二个版本与刚才处理的画外音一样，而且应用了消除嗡
嗡声效果。

2. 收听第一个画外音剪辑。

3. 在基本音频面板中选择第一个画外音剪辑，展开
清晰度选项。

4. 启用动态选项，然后体验不同的调整级别。在
基本音频面板中进行调整时，可以播放序列，实时应用
效果。

5. 启用 EQ 选项，体验预设选项，效果如图 12.17 所示。

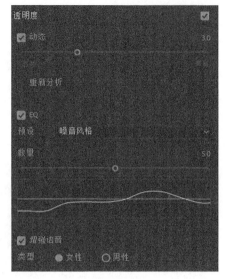

图12.15

图12.16

图12.17

在应用一个 EQ 预设时，将出现一个表明调整的示意图。这个示意图以参量 EQ 为基础（有
关该效果的更多信息，请见"使用参量 EQ 效果"）。也可以调整数量滑块，增加或减少效果。

6. 播放第二个画外音剪辑。

7. 在基本音频面板中选择第二个画外音剪辑，在清晰度面板中启用增强语音选项，将其设置
为女性。

8. 播放第二个画外音剪辑。在播放期间尝试启用和禁用增强语音选项。

差别很细微。事实上，可能需要耳机或质量不错的工作室监控器，才能清晰地检测到声音的
提升。这个选项会提升语音的清晰度，使其更容易理解，在有些情况下，这意味着需要降低低频
的功率。

12.3.4 进行创造性调整

基本音频面板的清晰度区域下面是创意区域，如图 12.18 所示。

它只有混响这一个调整。该效果类似于在具有大量反射表面的大房间里进行录音，但是它更微妙。

在 04 Clarity 序列的第一个画外音剪辑上体验该效果。

只需要一个很小的混响量，就可以"加厚"一个声音，使其更具存在感。

图12.18

12.3.5　调整音量

除了在项目面板中调整剪辑的增益、为序列中的剪辑设置音量级别、应用一个自动化的响度调整之外，在基本音频面板的底部还有一个选项用来设置剪辑的音量大小，如图 12.19 所示。

这个音量控件有一些特殊之处：使用该控件，无论将剪辑的播放音量改变了多少，剪辑的声音都不会超出控制（override）。也就是说，它们不会变得很大声，以至于发生失真。

下面就来学习一下。

1. 打开序列 05 Level。

这个序列包含刚才收到的画外音剪辑，但是其声音大小比较合理，如图 12.20 所示。

图12.19

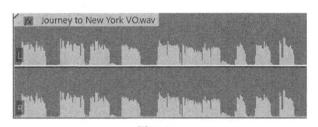

图12.20

2. 播放序列，使用剪辑音量级别调整增加或减小播放的声音。

3. 尝试将音量增大到最大值 +15dB。

无论调整了多少音量，它都不会超出控制。即使将一个剪辑的增益增加（a clip gain increase）和一个剪辑音量增加（volume increase）（使用橡皮带）组合起来，然后应用这一调整，剪辑音量也不会超出控制。

这使得剪辑音量级别选项在基本音频面板成为调整音量大小的最简单的方式，而且不会造成声音的失真。

4. 双击滑动条，重置剪辑音量级别调整。

> **Pr**　**注意**：通过双击的方式，基本音频面板中的任何控件都可以重置为默认值。了解这些之后，就无需记住控件的默认值了。

12.3.6 使用额外的音频效果

本课在刚开始时提到，效果面板中有许多可用的额外音频效果，其中有一些效果相当重要，有必要花些时间来了解一些。

事实上，目前使用基本音频面板所做的大多数调整，实际上是在工作时自动添加到剪辑中的常规音频效果的结果。

在大多数情况下，基本音频面板是通过应用并配置常规音频效果的方式来进行调整的，这些常规音频效果都可在效果面板中找到。

以这种方式设置效果要更快速，因为所有的基本音频面板调整像预设那样工作——一旦在基本音频面板中以想要的方式设置了效果之后，这些效果将将适时设置在效果控件面板中。

现在来看一下效果控件面板和刚才处理的最后一个剪辑。

当在基本音频面板中做出了剪辑音量级别调整时，一个硬限幅器效果将应用到剪辑上，而且其设置与你做的更改相匹配。

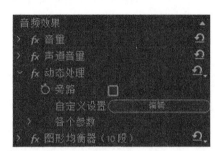

图12.21

如果单击效果控件面板中的编辑按钮硬限幅器 > 自定义设置，如图 12.21 所示，将发现这一高级效果的所有设置都是可用的，以备后期修改使用。

在大多数情况下，通过基本音频面板应用的设置是正确的，但是用来进行进一步微调的选项总是可用的。

下面来看其他几个有用的音频效果。

12.3.7 使用参量均衡器效果

基本音频面板提供了许多有用的音频调整和效果，但是在效果面板中也有大量的效果。

用户可以通过将效果拖放到序列中的一个剪辑或多个选中剪辑的方式，将效果面板中的效果应用到剪辑上。

参量均衡器效果是一个常见效果。它提供了细腻直观的界面，能够对音量进行精确调整。

它包含了一个图形界面，可以用来拖放链接到一起的音量调整。

下面来尝试使用这个效果。

1. 打开序列 06 Full Parametric EQ，如图 12.22 所示。该序列只有一个音乐剪辑。

2. 在效果面板中找到参量均衡器效果（尝试使用窗口顶部的查找搜索框），将它拖放到剪辑上。

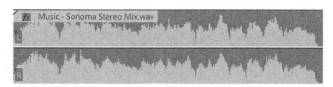

图12.22

3. 在效果控件面板中，单击编辑按钮，访问参量均衡器效果的自定义设置控件，如图 12.23 所示。

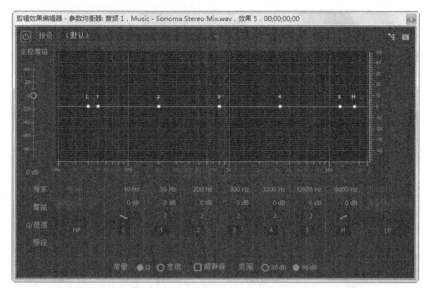

图12.23

图形控件区域的底部边缘显示的是频率，而右侧的垂直边缘显示的是振幅。穿越图形中间的蓝线表示所做的任何调整，可以直接调整该线的形状。无论显示中的蓝线是高还是低，都将会在相应的频率下对音频级别进行调整。

用户可以直接拖放 5 个控制点中的任何一个，还可以拖放位于蓝线末尾的低通和高通控制点。

左侧是总体的主增益级别调整，如果所做的更改导致音频的总体声音太大或太小，都可以使用它进行快速修复。

4. 播放剪辑，熟悉其声音。

5. 在图形中将控制点 1 向下拖动一个较大的距离，在低频下降低音频的音量，如图 12.24 所示。再次收听音乐。

这个图形界面中比较特殊的地方是，对蓝线中一个区域所做的更改将影响到周围的频率，从而产生一种比较自然的声音。

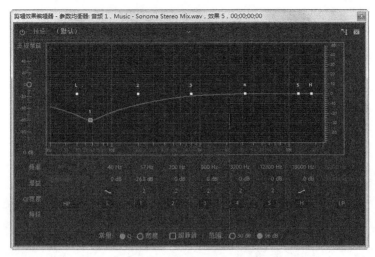

图12.24

拖放的控制点有一个影响范围，这个影响范围是使用控制点的 Q 值来定义的。

在前面的例子中，控制点 1 被设置为 57Hz（非常低的频率），其增益调整为 −26.8dB（比较大的增益衰减），其 Q 值为 2（相当宽泛），如图 12.25 所示。

图12.25

6. 将控制点 1 的 Q 因子从 2 更改为 7，如图 12.26 所示。可以直接单击 2，然后输入一个新的设置。

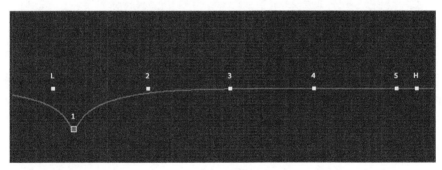

图12.26

蓝线具有一个相当尖锐的曲线，因此你所做的调整现在将应用到较少的频率上。

7. 播放序列，收听变化。

下面就来修饰一下声音。

8. 将控制点 3 向下拖到大约 −20dB 处，将 Q 因子设置为 1，以便进行宽泛的调整，如图 12.27 所示。

9. 播放序列，收听变化——声音更安静了。

10. 将控制点 4 拖动到大约 1500Hz 处，其增益为 +6.0dB。将 Q 因子调整为 3，以便在 EQ 调整上做出更精确的调整，如图 12.28 所示。

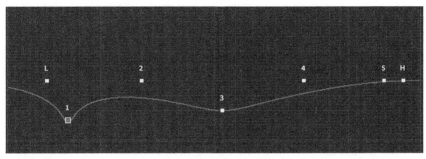

图12.27

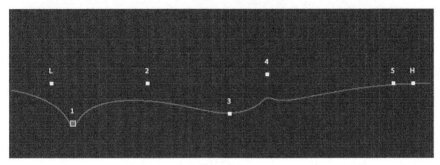

图12.28

11. 播放序列，收听变化。

12. 拖动高频滤波器（H 控制点），将其增益设置为 -8.0dB，使最高频率变得安静一些，如图 12.29 所示。

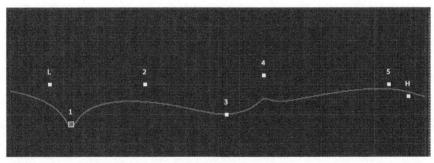

图12.29

> **Pr** 提示：使用参量均衡器效果的另外一种方法是，针对一个特定的频率，要么提升（boost）它，要么剪切（cut）它。用户可以使用该效果剪切一个特定的频率，比如高频噪声或低频嗡嗡声。

> **Pr** 注意：不要将音量设置得太高（Peak 仪表线会变红，而且峰值监视器也将点亮），这将导致声音失真。

13. 使用主增益控件调整总体的音量级别。用户可能需要观察音量指示器，才能知道所做的音量混合是否合适。

Pr | 提示：如果音频指示器没有显示在屏幕上，可以选择窗口 > 音频指示器来访问。

---

14. 关闭参量均衡器设置。
15. 播放序列，收听变化。

Pr | 注意：在 Premiere Pro 中收听所有音频效果的所有属性超出了本书范围，有关音频效果的更多知识，请参考 Premiere Pro 中的帮助文档。

这些显著的改变只是为了对技术进行阐述。在一般的应用中，通常只需要做出微小的调整。

播放期间可以修改音频调整和效果。用户可能想在节目监视器中启用循环播放，而不是采用重复单击的方式来播放一个序列或剪辑。

在节目监视器中启用循环播放的方式是，单击设置菜单，然后选择循环选项。

在节目监视器的按钮编辑器中，还有一些有用的按钮，如下所示。

- 循环：打开或关闭循环播放。
- 播放入点和出点之间的视频：如果设置了入点和出点标记，则只播放位于这两个点之间的序列。

结合使用循环播放和播放入点和出点之间的视频选项，可以轻松地重复播放单个剪辑，或者是序列中的一组剪辑。

音频插件管理器

用户可以很容易地安装第三方插件。选择编辑 > 首选项 > 音频（Windows）或Premiere Pro CC >首选项> 音频选项（macOS），然后单击音频插件管理器按钮。

1. 单击添加按钮，以添加包含AU或VST插件的任意目录。AU插件仅供Mac使用。

2. 如果需要，单击扫描插件按钮以查找所有可用的插件。

3. 使用全部启用按钮或各个启用复选框来激活插件。

4. 单击确定按钮，提交更改。

12.3.8 使用带通效果

带通效果可用于删除指定值附近的频率。该效果定位一个频率范围，然后消除该频率范围内的声音。该效果适用于移除电线嗡嗡声和其他电子干扰。在这个剪辑中，可以听到头顶上荧光灯泡的嗡嗡声。

1. 打开序列 07 Notch Effects。

2. 播放序列，聆听电线的嗡嗡声。

3. 在效果面板中，找到带通滤波器效果（不是 Simple Notch Filter）并将它应用到剪辑上。

4. 在效果控件面板中，单击带通滤波器的编辑按钮，如图 12.30 所示。

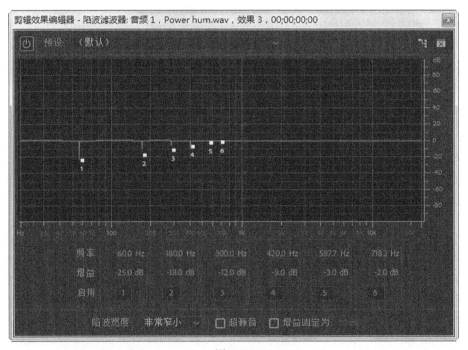

图12.30

带通滤波器效果看起来有点像 Parametric Equalizer 效果，而且功能也相似。但是在带通滤波器中没有用来设置曲线锐度的 Q 控件。默认情况下，每一个调整都异常严重，带通宽度菜单可以用来调整曲线。

5. 播放序列时，可尝试使用预设，然后收听效果。

预设通常会应用多个调整，原因是在多谐波中经常会出现信号干扰。

6. 从预设菜单中选择 60Hz And Octaves，结果如图 12.31 所示。

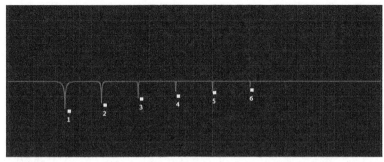

图12.31

7. 再次收听序列。

尽管干扰发生在精确的频率上，但是很难听到声音。将干扰移除后，一切都听起来清晰多了。

在使用基本音频面板应用消除嗡嗡声选项时，也将为剪辑应用一个类似的效果——DeHummer。

带通滤波器效果有一些略微高级的控件，如果使用基本音频面板无法得到想要的结果，可以试试这些控件。

使用Adobe Audition删除背景噪声

Adobe Audition提供了高级混合和效果来改进总体声音。如果安装了Adobe Audition，则可以尝试下列操作。

1. 在Premiere Pro中，从项目面板打开序列08 Send to Audition。

2. 在时间轴中右键单击Noisy Audio.aif剪辑，然后选择在Adobe Audition中编辑剪辑，如图11.32所示。这会创建音频剪辑的一个副本，并添加到项目中。

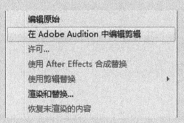

图11.32

这将打开Audition和新的剪辑。

3. 切换到Audition。

4. 这个立体声剪辑应该出现在编辑面板中。Audition显示了剪辑的一个大波形。要使用Audition高级的降噪工具，需要识别剪辑中正好是噪声的那一部分，以便Audition知道要删除什么。

5. 如果没有在波形下面看到频谱显示，则选择视图>显示光谱显示，播放剪辑。剪辑的开始位置包含几秒钟的噪声，很容易选择。

6. 使用时间选择工具（工具栏中的I形工具），拖动以突出显示刚才识别出的噪声部分，如图12.33所示。

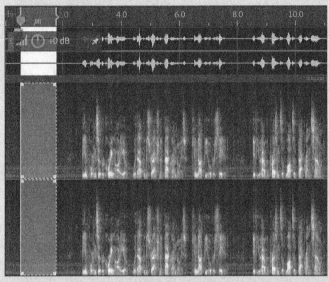

图12.33

7. 在选择为活跃状态时，选择效果 > 降噪 / 恢复 > 捕捉噪声片段选项。还可以按Shift+P组合键。如果出现一个对话框，则提示将捕捉噪声片段，单击确定按钮以确认。

8. 选择编辑 > 选择 > 选择所有以选择整个剪辑。

9. 选择效果 > 降噪/恢复 > 降噪（过程）选项，结果如图12.34所示。还可以按Shift + Ctrl + P（Windows）或Shift + Command + P（macOS）组合键，将打开一个面板，以便处理噪声。

10. 选择仅输出噪声复选框。该选项允许仅收听要删除的噪声，这有助于做出精确的选择，而不会因为意外删除想要保留的大部分音频。

11. 单击此窗口底部的播放按钮，调整降噪和减少滑块，从剪辑删除噪声，如图12.35所示。不要降低太多声音。

12. 取消选中仅输出噪声复选框，收听清理后的音频。

13. 有时候，降噪会导致声音失真。在高级区域，有大量的控件可以进一步完善降噪。用户可以尝试下述操作。

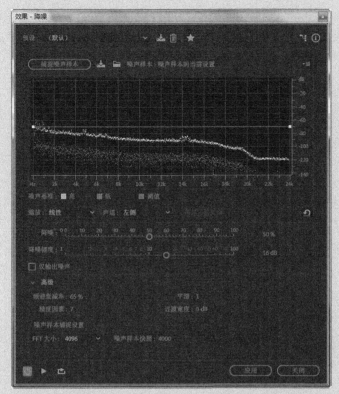

图12.34

图12.35

- 降低频谱衰减率选项（这将会缩短降低的噪声和允许听到的噪声之间的延迟）。
- 增大精度因素（这将增加处理时间，但是结果会得以提升）。
- 增大平滑（这将基于特定频率的自动选择，使从无降噪到完全降噪的调整变得更柔和）。
- 增大转换宽度，在不应用完全降噪时，允许音量电平中有一些变化。

14. 对结果感到满意后，单击应用按钮以应用清除。

15. 选择文件>关闭命令，并保存更改。

16. 在Audition中执行的保存操作将自动更新Premiere Pro中的剪辑。切换回Adobe Premiere Pro，在这里可以收听整理后的音频剪辑。

12.3.9　使用响度雷达效果

如果要制作用于广播的内容，则很有可能要根据严格的交付要求来提供媒体文件。

其中一个要求与音频的最大音量有关，有多个方法可以实现该要求。

前面讲到，一种常见的衡量广播音频电平的方法称为响度测量（loudness scale）。有一种方法使用了这种响度测量来衡量你的序列音频。

用户可以衡量剪辑、轨道或整个序列的响度。与音频相关的精确设置应该作为交付规范的一部分提供给你。

要衡量整个序列的响度，请执行下述步骤。我们可以使用 08 Send to Audition 序列进行尝试。

1. 切换到音轨混合器面板（而不是音频剪辑混合器）。用户可能需要调整面板的大小，才能在音轨混合器中看到所有的控件。

音轨混合器允许将效果添加到轨道中而不是剪辑中，主输出轨道也是如此。与音频剪辑混合器不同，音轨混合器包含主轨道，这是界面的一部分。

2. 音轨混合器中的控件按列排放，每个轨道一列，外加右侧的主轨道。在主轨道控件的顶部，单击小三角形，打开效果选择菜单，然后选择特殊效果 > 响度雷达计，如图 12.36 所示。

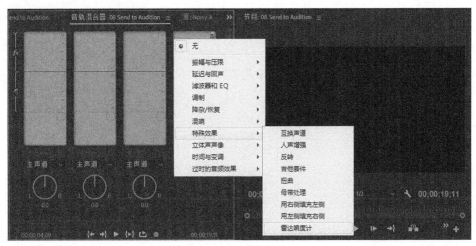

图12.36

3. 该效果出现在堆栈的顶部，其控件在底部，如图 12.37 所示。

4. 在音轨混合器中右键单击响度雷达效果，然后选择后置衰减器，如图 12.38 所示。

音轨混合器上的衰减器控件用来调整轨道的音频电平。重要的是，响度衰减器会在进行衰减器调整之后再分析音频电平，否则将忽略使用衰减器所做的调整。

图12.37

图12.38

5. 双击界面顶部的效果名字，以访问所有的控件，结果如图 12.39 所示。

6. 按下空格键进行播放，或者单击节目监视器中的播放按钮。在播放期间，响度雷达计将监视响度，并将其显示为用蓝、绿和黄色表示的一系列值（这里也有一个峰值指示器）。

我们的目标是使响度雷达计上绿色频带内的响度保持均衡，尽管这个响度电平取决于处理的标准，而这个标准是由广播规范定义的。

响度雷达计不会更改音频电平，它可以精确衡量亮度，这样在修改音量时，可将其用作一个参考。

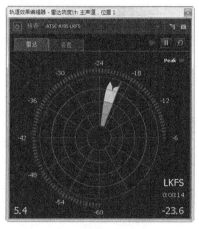

图12.39

通过设置选项，可以更改响度雷达计中由不同频带来指示的电平。用户可以选择预设菜单，基于广泛使用的标准使用一个预设。

有关响度雷达计的更多信息，请参考 Premiere Pro 帮助文档。

12.4　复习题

1. 如何使用基本音频面板为对话剪辑设置一个行业标准的音频电平？

2. 从剪辑中移除电子干扰最简单最快速的方法是什么？

3. 在哪里可以找到使用基本音频面板设置的选项的更多详细控件？

4. 如何将一个剪辑从 Premiere Pro 的时间轴中直接发送到 Adobe Audition？

12.5　复习题答案

1. 选择想要调整的剪辑。在基本音频面板中，将音频类型选择为对话，然后在响度区域单击自动匹配选项。

2. 使用基本音频面板中的消除嗡嗡声选项，移除电子干扰的嗡嗡声。根据原素材的来源，尝试 60Hz 或 50Hz 选项。

3. 使用基本音频面板所做的大多数调整将作为效果应用到剪辑中。通过选择剪辑，然后在效果控件面板中查找，可以找到详细的控件。

4. 可以很容易地将一个剪辑发送到 Audition 中。右键单击剪辑，然后选择在 Adobe Audition 中编辑剪辑即可。

第13课 添加视频效果

课程概述

在本课中，你将学习以下内容：

- 使用固定效果；
- 使用效果面板浏览效果；
- 应用和删除效果；
- 使用效果预设；
- 遮罩和跟踪视觉效果；
- 使用关键帧效果；
- 了解常用的效果；
- 使用特殊的 VR 视频效果；
- 渲染效果。

本课大约需要 120 分钟。

在本课中，我们将学习一些高级的视觉效果，以及在使用 Premiere Pro 中各种类型的效果时会用到的一些主要技能。

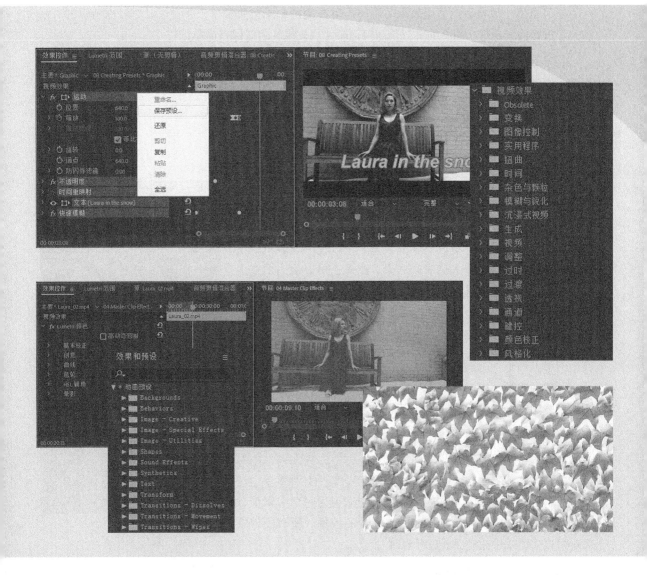

Adobe Premiere Pro CC 提供 100 多种视频效果。大多数效果都带有一组参数，这些参数都可以使用精确的关键帧控件进行动画处理（使它们随时间变化）。

13.1 开始

使用视频效果的原因有很多。它们可以解决图像质量问题（比如曝光或色彩平衡）。用户可以通过组合使用色度抠像等技术来创建复杂的视觉效果，也可以使用视频效果来解决各种制作问题，比如摄像机抖动和果冻效应。

还可以出于风格目的使用效果。用户可以改变色彩或扭曲素材，并且可以对帧内剪辑的大小和位置进行动画处理。面临的挑战是知道何时使用效果和何时保持简单。

标准效果可以限制在椭圆形或多边形的蒙版（mask，又译作"遮罩"，后文会尽量使用"遮罩"来表示其动词词性）内，这些蒙版可以自动跟踪素材。例如，对一个人的面部进行模糊处理，隐藏他的身份，并且当人的面部在镜头中移动时，这个模糊处理也一直跟随着。

13.2 使用效果

Adobe Premiere Pro 让使用效果变得很简单。用户可以将视觉效果拖放到剪辑上（如同对待音频效果那样），或者选择一个剪辑并在效果面板中双击效果（见图 13.1）。事实上，我们已经知道了如何应用效果并更改效果的设置。可以在一段剪辑中组合多种效果，创建出令人惊叹的结果。此外，可以使用调整图层为一组剪辑添加相同的效果。

当选择使用哪种视频效果时，Premiere Pro 中的选项可能会使用户不知所措。有许多额外的效果还可以从第三方制造商购买或免费下载。

尽管效果的范围以及效果的控件相当复杂，但是用来应用、调整和删除效果的技术总是很简单。

13.2.1 修改固定效果

为序列添加剪辑时，Premiere Pro 将自动应用几种效果。这些效果称为固定效果或内在效果可以将它们视为每个剪辑都有的标准几何、不透明度、速度和音频属性的控件。所有固定效果都可以使用效果控件面板进行修改。

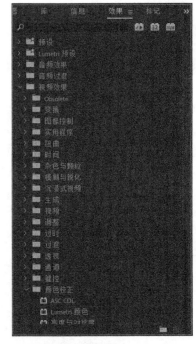

图13.1

1. 打开 Lesson 13.prproj。

2. 将项目保存为 Lesson 13 Working.prproj。

3. 打开序列 01 Fixed Effects，单击以选择时间轴中的第一个剪辑。

4. 单击工作区面板中的效果选项，或者选择窗口 > 工作区 > 效果，切换到效果工作区。

5. 打开工作区面板中靠近效果选项的菜单，然后选择重置为保存的样式选项，或者选择窗口 > 工作区 > 重置为保存的样式选项。

6. 在效果控件面板中，查看应用到该剪辑的固定效果，如图 13.2 所示。

固定效果会自动应用到序列中的每一个剪辑上，但是在修改其设置之前，它们不会改变任何事情。

7. 单击靠近标题或每个控件的提示三角形（ 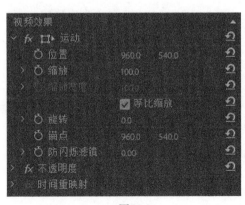 ）以显示其属性。

- **运动**：运动效果可以对剪辑进行动态、旋转和缩放处理。还可以使用防闪烁滤镜控件来减少一个动态对象闪闪发光的边缘。当缩放一个高分辨率的素材，并且 Premiere Pro 必须重新采样图像时，这非常方便。

- **不透明度**：不透明度效果支持控制剪辑的不透明或透明程度。此外，可以访问特殊的混合模式，从视频的多个图层来创建视觉效果。第 15 课将详细介绍该效果。

- **时间重映射**：该效果允许减速、加速或倒放剪辑，或者将帧冻结。第 8 课介绍了其用法。

- **音量效果**：如果一个剪辑有音频，Premiere Pro 会显示其音量、声道音量和声像器控件。第 11 课已经讲解了这些内容。

8. 在时间轴中单击以选择第二个剪辑。仔细查看效果控件面板，如图 13.3 所示。

图13.2

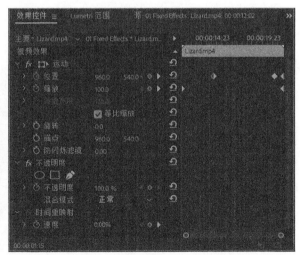

图13.3

这些效果拥有关键帧，这意味着它们的设置会随时间改变。在本例中，为剪辑应用了细微的缩放和平移，以创建之前不存在的数码变焦并重新构图拍摄。

本课稍后将介绍关键帧。

9. 按播放按钮以观看当前序列并比较两个剪辑。

13.2.2 使用 Effects 面板

除了固定的视频效果，Premiere Pro 还有标准效果，它们可以更改剪辑的外观（见图 13.4）。由于可供选择的效果太多，因此它们会组织为 17 个类别。如果安装了第三方效果，则用户的选择会更多。

还有一个废弃效果的额外类别。这些效果已经使用了更新更好的版本进行了替换，但是它们还保留在 Premiere Pro 中，确保与较老的项目文件相兼容。

效果按照其功能进行分组，其中包括扭曲、键控和时间，这可以更容易地进行导航。

每一个类别在效果面板中都有自己的素材箱。

1. 打开效果面板。

图13.4

Pr 提示：显示效果面板的键盘快捷键是 Shift + 7。

2. 在效果面板中展开视频效果菜单。

3. 单击面板底部的新建自定义素材箱按钮（■）。

Pr 注意：因为有视频效果有太多的子文件夹，所以有时可能不容易找到需要的效果。如果知道一个效果名称的一部分或者完整的名称，可以在效果面板顶部的搜索框中输入该名称。Premiere Pro 会显示包含其字母组合的所有效果和切换，而且随着你的输入，其搜索范围也将变小。

新的自定义素材箱将出现在效果面板中效果列表的底部（可能需要向下滚动才能看到）。重新命名素材箱。

4. 单击一次以选择素材箱。

5. 直接在素材箱的名称（Custom Bin 01）上单击，以突出显示并更改它，如图 13.5 所示。

6. 将其名称更改为类似 Favorite Effects 的内容，如图 13.6 所示。

7. 打开视频效果文件夹，拖动几种效果，将它们复制到自定义的素材箱中。用户可能需要调整面板的大小，以便更容易拖放效果。用户可以选择感兴趣的任何效果，随时在自定义素材箱添加或删除效果。

在浏览视频效果时，将注意到许多效果名称旁边有几个图标（见图13.7）。理解这些图标的意义可能会影响选择使用的效果。

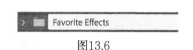

32位颜色

加速效果   YUV效果

图13.5   图13.6   图13.7

1. 加速效果

加速效果图标（ ）表示可以使用图形处理单元（GPU）来加速效果。GPU（通常称为视频卡或显卡）可以极大提升Premiere Pro的性能。水银回放引擎支持的显卡范围非常广泛，在安装了正确的显卡后，这些效果通常提供加速或甚至实时性能，并仅需要在最终导出时进行渲染。在Premiere Pro产品页面可以找到一个推荐的显卡列表。

2. 32位颜色（高位深）效果

带有32位颜色支持图标（ ）的效果可以在每通道32位模式中处理，这也称为高位深或浮点处理。

在下述情况中，应该使用高位深效果。

· 处理的视频镜头带有每通道10位或12位的编解码器时（比如RED、ARRIRAW、AVC-Intra 100、10位的DNxHD、ProRes或GoPro CineForm）。

· 在对任意素材应用多种效果后，想要保持更大的图像保真度。

此外，16位的照片或者在每通道16位或32位色彩空间中渲染的Adobe After Effects文件可以使用高位深效果。

如果在编辑时没有GPU加速，可以在软件模式下利用高位深效果，要确保序列设置已经选中了最大位深视频渲染选项。

3. YUV 效果

带有 YUV 图标（）的效果在 YUV 中处理颜色。如果正在调整剪辑颜色，则这很重要。不带 YUV 图标的效果会在计算机的原生 RGB 空间中进行处理，使得在调整曝光和颜色时不是很准确。

YUV 效果将视频分为 Y 通道（或亮度通道）和两个颜色信息通道。这是大多数视频素材的原生构建方式。这些滤镜使调整对比度和曝光变得更简单，并且不会改变颜色。

13.2.3 应用效果

几乎所有的视频效果设置都可以在效果控件面板中找到。用户几乎可以对每一个设置都添加关键帧，使设置随时间发生变化（只需查看具有秒表图标的设置）。此外，可以使用贝塞尔曲线来调整这些更改的速度和加速度。

1. 打开序列 02 Browse，如图 13.8 所示。

图13.8

2. 在效果面板的搜索框中输入白，缩小搜索范围，找到黑白视频效果，如图 13.9 所示。

图13.9

3. 将黑白视频效果拖动到时间轴中的剪辑 Run Past 上，结果如图 13.10 所示。

图13.10

该效果会立刻将全彩色的素材转换为黑白，或者更准确地说是灰度图像。

4. 确保在时间轴中选中了 Run Past 剪辑，打开效果控件面板。

5. 在效果控件面板中，单击黑白效果名称旁边的 fx 按钮（ ），可以切换黑白效果的开关状态。确保播放头位于此素材剪辑上以查看效果，如图 13.8 所示。

切换效果的开关状态是查看它与其他效果如何协同工作的一种好方式。

6. 确保选中剪辑，其设置才会显示在效果控件面板中，单击黑白效果标题以选择它，然后按 Delete 键删除效果。

7. 在效果面板的搜索框中输入方向，找到方向模糊视频效果。

8. 在效果面板中，双击方向模糊效果，将它应用到选中的剪辑上。

9. 在效果控件面板中，展开方向模糊效果的控件。

10. 将方向设置为 75°，并将模糊长度设置为 45，结果如图 13.11 所示。

图13.11

11. 单击提示三角形，展开模糊长度控件，移动滑块，降低效果的强度，如图 13.12 所示。

图13.12

在更改该设置时，结果会在节目监视器中。

> **Pr** 提示：滑块的限制程度比手动输入的数字要小。

12. 单击效果控件的面板菜单，并选择删除效果。

> **Pr** 注意：我们并不需要使用视觉效果来创建引人注目的结果。有时候只是想使效果看起来像是摄像机拍摄的结果。

13. 在询问想要删除哪种效果的对话框中，单击确定按钮，会将所有的效果删除。这是一种从头开始的简单方式。

> **Pr** 提示：Premiere Pro 中的固定效果是按照特定的顺序来处理的，这可能会导致不想要的缩放和大小调整。用户无法重新调整固定效果的顺序，但是可以绕过它们，并使用其他类似的效果。例如，可以使用变形效果来替代运动固定效果，或者可以使用 alpha 调整替换为不透明度固定效果。这些效果都不相同，但是它们具有相似的行为，而且可以以任何顺序进行添加。

13.2.4 使用调整图层

有时我们想将要一种效果应用于多个剪辑。一种执行此操作的简单方式是使用调整图层。它的概念非常简单：创建一个包含效果且位于时间轴中其他剪辑上方的调整图层。调整图层剪辑下方的所有内容都可以通过调整图层来查看，并接收它具有的任何效果。

如同调整任何图形剪辑一样，用户可以轻松地调整一个调整图层剪辑的持续时间和不透明度，以便更容易地控制哪些剪辑会透过这个调整图层显示。借助于调整图层,也可以更快速地处理效果，因为可以修改它上面的设置，从而影响多个其他剪辑的外观。

下面为已经编辑好的序列添加一个调整图层。

1. 打开序列 03 Multiple Effects。

2. 在项目面板底部，单击新建项按钮并选择调整图层，如图 13.13 所示。

调整图层对话框允许用户为新创建的项目指定设置。对话框中的这些设置会反映当前序列中的设置，如图 13.14 所示。

图13.13

图13.14

3. 单击确定按钮。

图13.15

Premiere Pro 将一个新的调整图层添加到项目面板中，如图 13.15 所示。

4. 在当前的时间轴中，将调整图层拖放到 Video 2 轨道的开始位置，如图 13.16 所示。

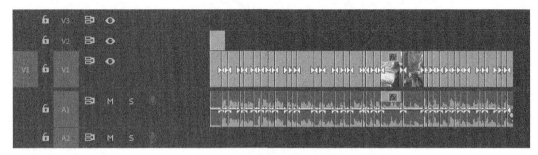

图13.16

5. 通过拖动的方式修剪调整图层的右边缘，使其延伸到序列的末尾，如图 13.17 所示。

图13.17　调整图层看起来应该类似于这样

下面介绍一种创建更为细致的外观的方法：先使用效果，然后修改调整图层的不透明度。

6. 在效果面板中，找到高斯模糊效果。

7. 将该效果拖放到调整图层上。

8. 将播放头移动到 27:00 位置，以便在设计效果时能有一个比较好的特写镜头。

9. 在效果控件面板中，将模糊强度设置为一个较大的值，比如 25.0 像素。选择重复边缘像素选项，均匀地应用效果，结果如图 13.18 所示。

使用一种混合模式将调整图层与它下面的剪辑进行混合，创建一种电影感觉。混合模式允许其亮度和颜色值将两个图层混合在一起。第 15 课将详细介绍混合模式。

10. 在依然选中序列中调整图层的情况下，单击效果控件面板中靠近不透明度控件的提示三角形。

11. 将混合模式更改为柔光，为素材创建柔和的混合效果，结果如图 13.19 所示。

图13.18

图13.19

12. 将不透明度设置为 75% 以降低透明度效果，如图 13.20 所示。

图13.20

在时间轴面板中，可以启用和禁用 Video 2 轨道的可见性图标（  ），以查看应用效果前后的状态。

将剪辑发送到Adobe After Effects

如果在安装了Adobe After Effects的计算机上工作，则可以轻松地在Premiere Pro和After Effects之间发送剪辑。由于Premiere Pro和After Effects之间具有紧密的关系，因此与其他编辑平台相比，可以更容易地无缝集成这两种工具。这是一种可显著扩展编辑工作流效果能力的有用方式。

要想最大限度地使用Premiere Pro，并不意味着一定要学习After Effects，但是许多编辑人员发现这两个应用程序都以出色的方式扩展了创意工具集。

用来共享剪辑的过程称为动态链接。使用动态链接，可以无缝地交换剪辑，无须不必要的渲染。

下面就来试一下。

1. 打开序列AE动态链接，如图13.21所示。

图13.21

2. 右键单击序列中的剪辑，然后选择使用After Effects合成替换命令。

3. 如果After Effects还未运行，则启动它。如果After Effects出现另存为对话框，则为After Effects项目输入名称和位置。将项目命名为Lesson 13-01.aep，并将它保存到Lessons文件夹中的一个新文件夹。

After Effects会创建一个新合成，并且该合成继承了Premiere Pro中的序列设置。这个新合成根据Premiere Pro的项目名称来命名，后面再加上Linked Comp。

After Effects中的合成与Premiere Pro中的序列类似。

剪辑在After Effects合成中变成图层，以便更容易地在时间轴上使用高级控件来处理。

使用After Effects应用效果的方式有很多。为简单起见，这里将使用动画预设。有关效果工作流的更多信息，请参见《Adobe After Effects CC 2018经典教程》。

4. 如果该合成还未打开，请在After Effects项目面板中查找它，并双击以加载。它的名字应该是Lesson 13-01 Linked Comp 01（如果之前尝试过该工作流，则这个数值可能会更大）。单击时间轴面板中的Laura_02.mp4，将其选中。

5. 找到效果与预设面板（如果它还没有在屏幕上，可以在窗口菜单中找到）。单击提示三角形，展开动画预设分类，如图13.22所示。

图13.22

After Effects中的动画预设使用标准的内置效果来实现满意的效果。它们是一种可以产生专业作品的优秀快捷方式。

6. 展开Image-Creative文件夹。可能需要略微增大面板，才能看到完整的预设名称。

7. 双击对比度-饱和度预设，将它应用到选中的图层中，如图13.23所示。

对比度 - 饱和度

图13.23

8. 在时间轴中单击选择剪辑，并按E键来查看应用的效果。单击每个效果的提示三角形，以便在时间轴面板内的右侧看到控件，如图13.24所示。

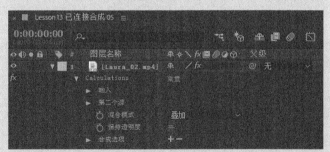

图13.24

对比度-饱和度预设实际上使用了一个具有其他名称（Calculations）的预设，对剪辑的外观进行更改。

9. 查看效果控件面板，这里显示了相同的效果，如图13.25所示。

图13.25

10. 按空格键播放剪辑。

After Effects将尽可能快地显示已应用效果的剪辑（其速度取决于编辑系统的性能）。时间轴面板顶部的绿色线条表示已经创建了一个临时的预览，如图13.26所示。在播放时间轴中高亮的剪辑部分时，播放会很平滑。

图13.26

尽管效果很细微，但是它给镜头添加了丰富的色彩饱和度和更强的对比度，使得镜头不再平淡无奇。

11. 选择文件>保存命令，捕捉更改。

12. 切换回Premiere Pro，并播放序列，查看结果。

13. 退出After Effects。

在Premiere Pro的时间轴中，原始剪辑已经被替换为动态链接的After Effects合成，如图13.27所示。

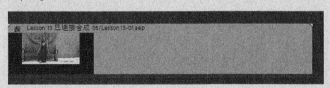

图13.27

帧将在后台处理，并从After Effects移交给Premiere Pro。要提升Premiere Pro的预览播放性能，还可以在时间轴中选择剪辑，并选择Sequence>Render Effects In To Out。

13.3　使用主剪辑效果

尽管到目前为止执行的所有效果都应用到了时间轴的剪辑中，但是 Premiere Pro 允许将效果应用到项目面板中的主剪辑（master clip）上。可以使用相同的视觉效果，并采用相同的方式来使用它们。在主剪辑中，添加到序列中的一个剪辑的任何实例都会继承之前应用的效果。

例如，可以在项目面板中为一个剪辑添加颜色调整，以便它与场景中其他的摄像机角度相匹配。每次在序列中使用该剪辑或者该剪辑的一部分时，都将应用颜色调整。

现在来使用一个主剪辑效果。

1. 打开序列 04 Master Clip Effects，如图 13.28 所示。

图13.28

这个序列中只有一个剪辑 Laura_02.mp4，但是该剪辑总计添加了 5 次。该剪辑的副本是由一系列其他类似的镜头进行区分的。

2. 在项目面板中找到剪辑 Laura_02.mp4。

3. 在项目面板中双击 Laura_02.mp4 剪辑，在源监视器中查看，如图 13.29 所示。不要双击序列中的剪辑，因为这将打开主剪辑效果的错误实例。

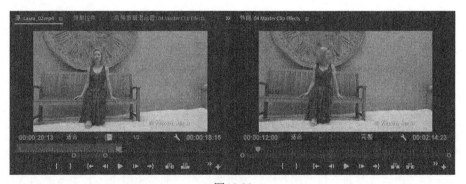

图13.29

注意：如果正在时间轴上查看一个剪辑，而且想打开这个剪辑实例的项目面板，可将播放头放到剪辑上面，选择该剪辑，然后按 F 键。这是匹配帧的键盘快捷方式，将在源监视器中打开原始的主剪辑，而且它的帧与在节目显示器中显示的帧相同。

现在，在源监视器和节目监视器中打开并显示了同一个剪辑，所以在为剪辑应用更改时，可以在这两个监视器中看到。

4. 在效果面板的搜索框中输入 100，快速找到 Cinespace 100 Lumetri Look 效果预设。

5. 将 Cinespace 100 效果拖放到源监视器中，将该效果应用到主剪辑上。

6. 单击源监视器面板，确保它是活动的，然后进入效果控件面板，查看效果选项，如图 13.30 所示。

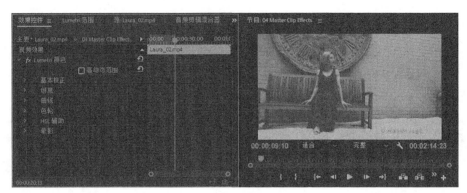

图13.30

注意：在 Premiere Pro 中，选择很关键。要想看到正确的选项，在进入效果控件面板之前单击并激活源监视器，是很有必要的。

提示：可以将效果应用到主剪辑上，方法是直接将效果拖动到项目面板中的主剪辑上，或者选择序列中的一个剪辑，然后单击效果控件面板顶部左侧的主剪辑名称，将效果拖放到该面板中。

因为将效果应用到了源监视器的剪辑上，然后选择了源监视器，使其成为活跃的，所以效果控件面板将显示应用到主剪辑上（而不是时间轴上的剪辑实例）的效果。

这是一个 Lumetri Color 效果（见图 13.31），第 14 课将详细讲解。

由于效果已经应用到主剪辑中，因此序列中的每一个剪辑实例也将显示结果。

7. 播放剪辑，查看应用到每一个 Laura_02 剪辑副本的效果。

效果显示在了源监视器和节目监视器中，原因是序列上的剪辑继承了其主剪辑的效果。

从现在开始，每次在序列中使用该剪辑（或剪辑的一部分）时，Premiere Pro 将包含相同的效果。

但是，时间轴中剪辑实例（序列剪辑）并没有应用效果。

8. 在时间轴上单击 Laura_02 剪辑的一个序列实例，将其选中，然后查看效果控件面板，可以发现并没有 Lumetri Color 效果，而只有常见的固定效果（仅适用于序列剪辑，而不适用于项目面板中的剪辑），如图 13.32 所示。

图13.31

图13.32

Pr 提示：通过查看是否显示了固定效果控件，用户可以了解当前查看的是源效果设置，还是序列剪辑效果设置。

效果控件面板的顶部有两个选项卡，如图 13.33 所示。左侧的选项卡显示了主剪辑的名称，右侧的选项卡显示了序列的名称和剪辑的名称。

图13.33

因为在序列中选择了剪辑，因此右侧的选项卡呈蓝色显示，表示在处理这个剪辑实例。

这里没有显示 Lumetri Color 效果，原因是没有将该效果应用到时间轴上的剪辑实例中。

9. 在效果控件面板中，单击顶部的显示剪辑名称的选项卡，将再次看到效果。

10. 体验 Lumetri Color 效果的控件，然后播放序列，可以看到所做的更改已经应用到序列中的每一个剪辑上，如图 13.34 所示。

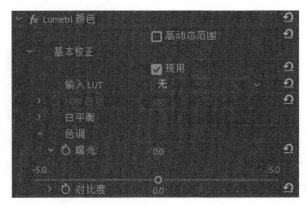

图13.34

在 Premiere Pro 中使用主剪辑是一种用来管理效果的强大方法。用户可能需要多加体验，才能充分利用它们。这里使用的视觉效果与时间轴上使用的相同，因此在本书中学到的技术也具有相同的工作方式，只不过规划有些许不同。

如果 *fx* 标志有一条红色的下划线（），就可以知道为剪辑应用了一个主剪辑效果。

13.4　遮罩和跟踪视觉效果

所有标准的视觉效果都可以限制为椭圆形、多边形或自定义的蒙版，并使用关键帧对这些蒙版进行动画处理。Premiere Pro 也可以动态跟踪（motion-track）镜头，对创建的蒙版的位置进行动画处理，使其做出被限制的特殊效果的动作。

遮罩和跟踪效果是将细节（比如人脸或 logo）隐藏在一种模糊后面的绝佳方式。用户也可以使用该技术来应用微妙的创意效果，或者修改镜头中的光照。

下面继续处理序列 04 Master Clip Effects。

1. 将播放头移动到序列中的第二个剪辑 Evening Smile 上。

这个剪辑显示的是女演员 Andrea Sweeney，如图 13.35 所示。看起来还不错，Andrea 身上的强光将前景与背景进行了区分。

2. 在效果面板中搜索亮度与对比度效果。

3. 将该效果应用到剪辑上。

图13.35

4. 在效果控件面板中向下运动，找到亮度与对比度控件，然后选择如下设置（见图 13.36），结果如图 13.37 所示。

- 亮度：35。
- 对比度：25。

图13.36

图13.37

设置上述值的方式有下面几种：单击蓝色数字然后输入新的设置；拖动蓝色数字；展开控件并使用滑块来设置。

> **Pr** **注意**：本例使用了一个明显的调整来阐释该技术。通常用户在实际操作中进行的更细微的调整。

该效果改变了整个画面。接下来需要将效果进行限制，使其只应用到画面的一个区域。

在效果控件面板亮度与对比度效果名称的下面，可以看到 3 个按钮，它们用来为效果添加蒙版，如图 13.38 所示。

图13.38

5. 单击第一个按钮，添加一个椭圆形的蒙版。

效果将立即被限制到创建的蒙版中（见图 13.39）。可以将多个蒙版添加到一个效果上。如果在效果控件面板中选择了一个蒙版，可以在节目监视器中单击和修改蒙版的形状。

6. 将播放头定位到剪辑的开始位置，然后使用蒙版手柄调整蒙版的位置，使其覆盖 Andrea 的面部和头发，如图 13.40 所示。可以调整节目监视器的缩放级别，以查看图像边缘之外的内容。

图13.39

图13.40

7. 使用羽化的方式柔化蒙版的边缘。将蒙版羽化设置为 240，如图 13.41 所示。

图13.41

如果取消选中效果控件面板中的蒙版，将看到已经对 Andrea 面部周围的区域进行了提升处理，而且图片的其余部分恢复为正常的光照。现在只需跟踪图片。

8. 确保播放头仍然位于剪辑的第一帧上。单击效果控件面板中的向前跟踪选择的蒙版按钮（ ▶ ），该按钮位于蒙版名称蒙版（1）的下面。

运动非常轻微，因此 Premiere Pro 能够很容易地跟踪动作。如果蒙版停止跟踪剪辑，可单击停止按钮，然后重新调整蒙版的位置，并重新开始跟踪。

9. 单击效果控件面板的背景，或者单击时间轴面板中的空白轨道，取消选中蒙版，然后播放序列，查看结果。

Premiere Pro 也可以向后跟踪，因此可以在一个剪辑的中间位置选择一个项目，然后以两个方向进行跟踪，从而为蒙版创建自然的跟踪路径。

13.5 使用关键帧效果

当向效果添加关键帧时，是在这个时间位置设置了特定的值。一个关键帧会保存一个设置的信息。例如，如果需要针对位置、缩放和旋转添加关键帧，则需要 3 个独立的关键帧。

在需要一个特殊设置的精确时刻设置关键帧，Premiere Pro 会计算出在关键帧之间对控件进行动画处理的方式。

> **注意**：应用效果时，一定要将播放头移动到正在处理的剪辑上，以便在工作时查看更改。仅选择剪辑，那么在节目监视器中将看不到它。

13.5.1 添加关键帧

使用关键帧，几乎可以修改所有视频剪辑的所有参数，使其随着时间变化。例如，可以使剪辑逐渐虚焦、改变颜色，或者拉长其阴影。

1. 打开序列 05 Keyframes。

2. 观看序列，以熟悉其素材，然后将时间轴播放头放到剪辑的第一帧上。

3. 在效果面板中，找到镜头光晕效果，并将它应用到序列中的剪辑上。

4. 在效果控件面板中，选择镜头光晕效果标题。在选中该效果时，节目监视器将显示一个小的控制手柄。使用该手柄调整镜头光晕的位置，使其与图 13.42 匹配，效果的中心将位于瀑布的顶部。

5. 确保效果控件面板的时间轴是可见的。否则，单击面板右上角的显示 / 隐藏时间轴视图按钮（ ▶ ），将其显示出来。

6. 单击秒表图标，以切换光晕中心和光晕亮度属性的动画，如图 13.43 所示。

7. 将播放头移动到剪辑末尾。

用户可以直接在效果控件面板中拖动播放头。需要确保你看到了视频的最后一帧，而且不是黑色的。

图13.42

图13.43　单击秒表图标后将启用关键帧，并使用当前设置在当前位置添加一个关键帧

8. 调整光晕中心和光晕亮度设置，以便在摄像机平移时光晕在屏幕上飘过并变得更亮。如图13.44 所示。

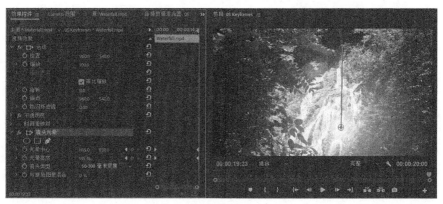

图13.44

9. 播放序列以观看效果动画。

> **提示**：一定要使用下一个关键帧和上一个关键帧按钮在关键帧之间高效地移动，避免添加不必要的关键帧。

13.5.2　添加关键帧插值和速度

当效果使用不同的设置在关键帧之间移动时，关键帧插值将更改效果设置的行为。目前看到的默认行为都是线性的，也就是说，关键帧之间的变化是匀速的。通常较好的工作方式是使它符合人们的生活体验，或者更夸张一些，比如逐渐加速或减速。

Premiere Pro 提供了两种控制变化的方法：关键帧插值和速度图。关键帧插值最简单（只需单击两次），而调整速度图则更有挑战性。掌握这种功能需要花费一些时间并需要不断练习。

1. 打开序列 06 Interpolation。

2. 将播放头放置到剪辑的开始位置，选择该剪辑。

该剪辑已经应用了一个镜头光晕效果，当前是动态的。但是它的运动是在摄像机之前开始的，而这看起来不自然。

3. 单击效果控件面板中的 fx 按钮（ $\boxed{fx}$ ）（在效果名字附近），关闭镜头光晕效果，然后再打开，查看结果。

4. 在效果控件面板的时间轴视图中，右键单击光晕中心属性的第一个关键帧。

5. 选择时间插值 > 缓出方法，创建从关键帧移动的柔和过渡，如图 13.45 所示。

图13.45

6. 右键单击光晕中心属性的第二个关键帧，选择时间插值 > 缓入命令。这将创建从上一个关键帧的静止位置开始的柔和过渡。

下面将修改光晕亮度属性。

7. 单击光晕亮度的第一个关键帧，然后按住 Shift 键并单击第二个关键帧，使两个关键帧处于活动状态，如图 13.46 所示。

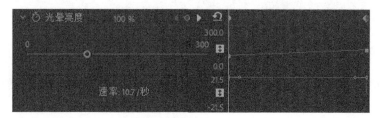

图13.46

8. 右键单击任意一个光晕亮度关键帧，并选择自动贝塞尔，在两个属性之间创建柔和的动画效果。

> **注意**：当使用与位置相关的参数时，关键帧的上下文菜单将提供两种插值选项：空间插值（与位置相关）和时间插值（与时间相关）。如果选择了效果，可以在节目监视器和效果控件面板中进行空间调整，在时间轴和效果控件面板中进行时间调整。第 9 课介绍了这些与运动相关的主题。

9. 播放动画以查看所做的更改。

下面使用速度图进一步改善关键帧。

10. 将鼠标光标悬停在效果控件面板上，然后按重音符号（`）键将面板最大化为全屏显示；或者双击面板名字。这将允许用户更好地查看关键帧控件。

11. 如果需要，单击光晕中心和光晕亮度属性旁边的提示三角形，显示可调整的属性，如图 13.47 所示。

图13.47

速度图显示关键帧之间的速度。突然的下降或上升表示加速度的突然改变。点或线距离中心的位置越远，速度越大。

12. 选择一个关键帧，然后调整其扩展手柄以更改速度曲线的陡峭程度，如图 13.48 所示。

13. 按重音符号（`）键或双击面板名字，恢复效果控件面板的大小。

图13.48

14. 播放序列以查看所做更改的影响。继续尝试，掌握关键帧和插值的用法。

理解插值方法

下面总结了 Premiere Pro 中可用的关键帧插值方法。

- **线性**：该方法是默认行为，将创建关键帧之间的匀速变化。
- **贝塞尔曲线**：该方法允许用户手动调整关键帧任一侧的图形形状。贝塞尔曲线允许在进、出关键帧时突然加速或平滑加速。

- **连续贝塞尔曲线**：该方法创建通过关键帧的平滑速率变化。与正规的贝塞尔曲线关键帧不同，如果调整连续贝塞尔曲线关键帧一侧的手柄，关键帧另一侧的手柄也将进行相应的运动，确保通过关键帧时平滑过渡。
- **自动贝塞尔曲线**：即使改变关键帧的数值，这种方法也能在通过关键帧时创建平滑的速率变化。如果选择手动调整关键帧的手柄，它变为连续贝塞尔曲线点，保持通过关键帧的平滑过渡。自动贝塞尔曲线选项偶尔可能生成不想要的运动，因此可以首先尝试其他选项。
- **定格**：该方法改变属性值，而且没有渐变过渡（效果突变）。应用了定格插值后，关键帧后面的图显示为水平直线。
- **缓入**：该方法减缓进入关键帧的数值变化，并将其转换为一个贝塞尔关键帧。
- **缓出**：该方法逐渐增加离开关键帧时的数值变化，并将其转转为一个贝塞尔关键帧。

13.6 使用效果预设

为了在执行重复任务时节省时间，Premiere Pro 对效果预设提供了支持。用户会发现 Premiere Pro 已经包含了几种针对特定任务的预设，但是，其真正的关键在于创建自己的预设来解决重复任务。一个预设可以存储多种效果，甚至可以保存动画的关键帧。

13.6.1 使用内置预设

Premiere Pro 中提供的效果预设可以用于斜边、画中画效果和风格化过渡等任务。

1. 打开序列 07 Presets。

该序列有一个缓慢的开始——其重点是背景的纹理。使用一个预设对剪辑的开幕添加视觉兴趣。

2. 在效果面板中，浏览到预设 > 曝光分类中，找到曝光入点预设。

3. 将曝光入点预设拖放到序列中的剪辑中。

4. 播放序列，观看曝光效果对开幕所做的变换，如图 13.49 所示。

5. 单击剪辑，在效果控件面板中查看其控件。

6. 在效果控件面板中尝试调整第二个关键帧的位置，自定义其效果，如图 13.50 所示。如果扩展效果的时间，它将为剪辑创建一个更满意的开始。

图13.49

图13.50

13.6.2 保存效果预设

尽管有几种内置的效果预设可供选择，但创建自己的预设也很容易。用户也可以导入和导出预设，在编辑系统之间进行共享。

1. 打开序列 08 Creating Presets。

时间轴有两个剪辑，每一个剪辑都有一个调整图层，还有一个开幕字幕的两个实例。

2. 播放序列以观看初始动画。

3. 选择 V3 上 Laura in the snow 字幕剪辑的第一个实例。

4. 单击效果控件面板，使其进入活跃状态，然后选择编辑 > 选择全部命令，选择应用到剪辑中的所有效果。

如果只想包含预设中的部分效果，也可以选择单独的效果。

5. 在效果控件面板中，右键单击任何选中的效果，然后选择保存预设命令，如图 13.51 所示。

图13.51

6. 在保存预设对话框中，将效果命名为 Title Animation，如图 13.52 所示。

图13.52

预设中有 3 个选项可用来处理关键帧，适用于具有不同持续时间的新剪辑。

- **缩放**：按比例将源关键帧缩放为目标剪辑的长度。该操作会删除原始剪辑上的任何现有关键帧。

- **定位到入点**：保持第一个关键帧的位置及其与剪辑中其他关键帧的关系。会根据第一个关键帧的入点位置为剪辑添加其他关键帧。本练习使用该选项。

- **定位到出点**：保持最后一个关键帧的位置及其与剪辑中其他关键帧的关系。用户会根据最后一个关键帧的出点位置为剪辑添加其他关键帧。

7. 对该预设来说，选择 Anchor to In Point，以便时序匹配预设所应用到的每一个剪辑的开始位置。

8. 单击确定按钮，将效果和关键帧存储为一个新的预设。

9. 在效果面板中，找到预设分类以及新创建的 Title Animation 预设，如图 13.53 所示。

图13.53

Pr | **提示**：可以导入和导出效果预设，因此也可以将效果预设共享。

---

10. 在时间轴中，将 Logo Animation 新预设拖动到 V3 轨道上 Laura in the snow 字幕剪辑的第二个实例上。

11. 播放序列，查看新应用的字幕动画。

使用多个GPU

如果想加速效果渲染或导出剪辑，可以考虑再添加一个GPU卡。如果正在使用放电脑的立体柜或工作站，则可能有一个额外的插槽来支持第二个显卡。在预览实时效果或显示视频的多个图层时，一个额外的GPU并不会提升播放性能，Premiere Pro可以充分利用具有多个GPU卡的计算机，来显著加速渲染或导缩短导出时间。用户可以在Adobe网站上找到与支持的显卡相关的更多信息。

13.7 使用常用的效果

本课已经介绍了几种效果。尽管介绍所有效果超出了本书的范围，但是我们还将介绍在许多编辑情形下非常有用的几种效果。

13.7.1 图像稳定和减少果冻效应

变形稳定器效果可以删除摄像机移动造成的抖动（对于今天轻量级的摄像机来说，这种现象越来越普遍）。该效果非常有用，因为它可以删除不稳定的视差型移动（图像在屏幕上看起来移位了）。

下面就来看一下效果。

1. 打开序列 09 Warp Stabilizer。

2. 播放序列中的第一个剪辑，查看摇晃的镜头。

3. 在效果面板中，找到变形稳定器效果，将它应用到镜头上。这将对剪辑进行分析，如图13.54 所示。

图13.54

横跨素材的横幅在使用效果之前要先行等待。在效果控件面板中有一个详细的进度指示器。

分析在后台进行，因此在等待分析结束的同时，可以继续处理序列。

4. 一旦分析结束，就可以在效果控件面板中调整设置，并选择更适合镜头的选项来改善结果。

- **结果**：可以选择平滑运动保持常规摄像机的移动（即使很稳定），或者选择不运动来尝试消除拍摄中的所有摄像机运动。对于本练习，选择平滑运动。

- **方法**：有 4 个方法可供使用。功能最强大的两个方法是透视和子空间变形，因为它们会严重地扭曲和处理图像。如果这两个方法中的任何一个造成了太多扭曲，则可以尝试切换到位置、缩放、旋转或仅是位置。

- **平滑度**：该选项指定应为平滑运动保持的摄像机原始运动的程度。值越高，镜头越平滑。对镜头尝试此选项，直到对其稳定性感到满意为止。

5. 播放剪辑。

效果相当不错。

 提示：如果注意到镜头中的一些细节是摇晃的，则可能想要改善总体效果。在高级部分，选择详细分析选项。分析阶段会做更多的工作来查找跟踪的元素。还可以使用高级分类下果冻效应波纹的增强减小选项。这些选项在计算时很慢，但是可以生成出色的结果。

6. 针对序列中的第二个剪辑重复上述过程。这次将变形稳定器的结果菜单设置为不运动。

这是一个打算对镜头进行稳定处理的常见案例，由于是手持拍摄的，所以会有一点摇晃。变形稳定器能够有效地将这类镜头锁定在适当的位置。

13.7.2 时间码和剪辑名称效果

如果需要将序列的审查副本发送给客户或同事，则时间码和剪辑名称效果将非常有用。用户可以为调整图层应用时间码效果，并使它为整个序列生成可见的时间码。在导出媒体时，可以启用相似的时间码叠加（overlay），但是该效果会有更多的选项。

该效果允许其他人根据特定时间点做出具体的反馈。用户可以控制显示的位置、大小、不透明度、时间码本身，以及其格式和来源。

1. 打开序列 10 Timecode Burn-In。

2. 在项目面板底部单击新建项目菜单，选择调整图层选项。单击确定按钮。

一个新的调整图层将被添加到项目面板中，而且其设置与当前的序列相匹配。

3. 在当前序列中，将调整图层拖动到轨道 V2 的开始位置。

4. 向右拖动新调整图层的右边缘，以便它扩展到序列的结尾。调整图层应该覆盖所有的 3 个剪辑，如图 13.55 所示。

5. 在效果面板中，找到时间码效果，并将它拖动到调整图层以应用它。

6. 在效果控件面板中，将时间显示设置为 24，以匹配序列的帧速率。

7. 选择一个时间码源。在本例中，使用生成选项并将开始时间码选项设置为 01:00:00:00 以匹配序列，然后取消选中字段符号选项（该素材是渐进式的，所以没有字段），如图 13.56 所示。

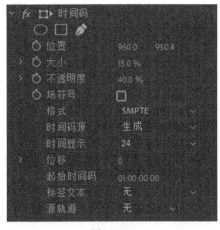

图13.55　　　　　　　　　　　　　　　图13.56

8. 调整效果的位置和大小选项。

移动时间码窗口以便它不会遮挡场景中的关键动作或任意图形。如果打算将视频发布到网站上进行审阅，一定要调整时间码刻录的大小，以便它易于读取。

现在，应用一种效果，以在导出的影片中显示每个剪辑的名称，使从客户或协作者那里获得具体反馈变得更简单。

9. 在效果面板中，搜索剪辑名称效果。

10. 将剪辑名称效果应用到调整图层剪辑。

默认情况下，剪辑名称在屏幕上的显示位置与时间码相同。它还将显示应用了该效果的剪辑的名称，这里显示的是调整图层（见图 13.57）。

11. 在效果控件面板中，将剪辑名称效果的源轨道菜单设置为 Video 1。现在将显示来自 V1

轨道的剪辑名称。

12. 使用剪辑名称效果的位置控件移动名称的显示位置,使其与现有的时间码效果的位置不同,如图 13.58 所示。

图13.57

图13.58

13. 单击面板中的 × 按钮,清除效果面板的搜索框。

 提示:可以单击效果控件面板中的时间码或剪辑名称效果标题,然后直接拖放节目显示器中显示的信息,进行重定位。

13.7.3 沉浸式视频效果

Premiere Pro 包含了广泛的工具和效果,可用于等矩形 360° 视频(通常称之为 VR 视频或沉浸式视频)。

360° 视频的效果工作流和其他任何类型的视频的工作流相似。但是,还有一些专用的效果考虑到了 360° 视频的环绕性。

360° 视频将观察者无缝地包围起来,而且可以在前后左右进行连接(取决于配置),而且不会影响到大多数视觉效果。但是,对周围像素造成影响的效果(例如模糊和发光)则会受到影响。这些效果会改变多个像素,只有专门用于处理无缝 360° 图像视频的效果在生成图像时,在原始的图像边缘没有可见的连接(visible join)。

下面就来试一下。

1. 打开序列 11 Immersive Video,如图 13.59 所示。

图13.59

这是一个等矩形 360° 视频，在节目监视器中切换到 VR 视频查看模式。

图13.60

2. 使用节目监视器的设置菜单，启用 VR 视频。

3. 默认情况下视角有点窄。进入节目监视器的设置菜单，选择 VR 视频 > 设置选项，如图 13.60 所示。

4. 将水平监视器视图设置为 150，然后单击确定按钮，结果如图 13.61 所示。

图13.61

5. 在效果面板中，在视频效果 > 沉浸式视频分类中找到 VR 发光效果。将该效果添加到序列中的剪辑视频中。

这是一个处理密集型的效果，可能会发现预览的更新速度要比使用其他效果时慢。

6. 在节目监视器中尝试拖动图像，查看不同的视图，如图 13.62 所示。

图13.62　原始的视频剪辑有一些很小的"拼接"错误，在拼接处可以看到图像之间的重叠部分。然而，发光效果是无缝的

7. 与其他效果一样，在效果控件面板中可以找到 VR 发光效果的设置。尝试 VR 发光的设置。

8. 结束之后，使用节目监视器的设置菜单，禁用 VR 视频模式。

13.7.4　去除镜头扭曲

运动相机和视点镜头（point-of-view，POV）相机（比如 GoPro 和 DJI Phantom）越来越流行，而且它们都带有价格合理的航空摄像机支架。尽管效果惊人，但是广角镜头可会引入许多畸变。

镜头畸变效果可以将镜头畸变的外观作为一种创意性的外观引入进来。它可以用来校正镜头畸变。Premiere Pro 有许多内置的预设用来校正流行摄像机产生的畸变。用户可以在效果面板中找到这些预设，它们位于去除镜头扭曲文件夹下，如图 13.63 所示。

要记住，我们可以将任何效果生成为预设，如果处理的摄像机没有预设，则总是可以自行创建。

图13.63

13.7.5　渲染所有序列

如果想渲染带有效果的多个预设，可以成批进行渲染，无须打开每一个序列，然后单独渲染。

在项目面板中选择想要渲染的序列，然后选择序列 > 渲染入点到出点的效果。

所选序列中需要渲染的所有效果都将被渲染。

13.8　渲染和替换

如果使用的系统具有较低的性能，而且媒体又是一个高分辨率文件，可能会出现在预览媒体时存在丢帧的情况。在处理动态链接的 After Effects 合成，或者不支持 GPU 加速的复杂的第三方视觉效果时，也会看到丢帧的情况。

如果所有的媒体都有很高的分辨率，可以使用代理工作流。但是，如果只有一两个剪辑难以播放，Premiere Pro 有可用的选项将这些剪辑渲染为新的媒体文件，然后在序列中快速替换原有的内容。

要使用一个更容易播放的版本来替换序列剪辑段，可右键单击剪辑，然后选择渲染和替换命令，如图 13.64 所示。

渲染和替换对话框（见图 13.60）具有与代理工作流类似的选项，下面是主要的设置。

图13.64

- **源**：创建一个新的媒体文件，使其匹配序列或原始媒体的帧速率和帧大小，或者使用预设。

- **格式**：指定首选的文件类型。不同的格式使用不同的编码器。

- **预设**：尽管可以使用由 Adobe Media Encoder 创建的自定义预设，但是默认包含了几个，可以从中选择。

一旦选择了一种预设，并为新文件指定了位置，单击确定按钮，将替换序列剪辑。

被渲染和被替换的剪辑不再直接链接到原始的媒体，它是一个新的媒体文件。这意味着对动态链接的 After Effects 合成所做的更改不会在 Premiere Pro 中进行更新。要将链接恢复为原始的媒体，可右键单击剪辑，然后选择恢复未渲染的内容。

13.9　复习题

1. 为剪辑应用效果的两种方式是什么？

2. 列出三种添加关键帧的方式。

3. 将效果拖动到剪辑上会在效果控件面板中打开其参数，但是无法在节目监视器中看到此效果。为什么？

4. 描述如何将一种效果应用于一组剪辑。

5. 描述如何将多种效果保存到一个自定义预设中。

13.10　复习题答案

1. 将效果拖动到剪辑上，或者选择剪辑并在效果面板中双击效果。

2. 在效果控件面板中将播放头移动到想要添加关键帧的位置，并通过单击切换动画按钮来激活关键帧；移动播放头，并单击添加 / 删除关键帧按钮；激活了关键帧后，将播放头移动到一个位置，并更改参数。

3. 需要将时间轴的播放头移动到所选剪辑以在节目监视器中查看它。选择一个剪辑并不会将播放头移动到该剪辑上。

4. 可以在想要影响的剪辑上方添加一个调整图层，然后应用一个将修改调整图层下方所有剪辑的效果。也可以选择想要应用效果的剪辑，然后将效果拖动到剪辑组中，或者双击效果面板中的效果。

5. 可以单击效果控件面板并选择编辑 > 选择全部命令。还可以按住 Ctrl（Windows）或 Command（macOS）键并在效果控件面板中单击多个效果。选择效果后，从效果控件面板菜单中选择保存预设命令。

第14课 使用颜色校正和分级改善剪辑

课程概述

在本课中，你将学习以下内容：

- 在颜色工作区中工作；
- 使用 Lumetri 颜色面板；
- 使用矢量示波器和波形；
- 使用颜色校正效果；
- 修复曝光和颜色平衡问题；
- 使用特效；
- 创建一个外观。

本课大约需要 120 分钟。

在本课中，我们将学习一些改进剪辑外观的关键技术。业内人士每天都会使用这些方法制作电视节目和电影给人眼前一亮的感觉，并让它们变得与众不同。本课不会深入介绍颜色的理论，而是使用 Adobe Premiere Pro CC 中一些强大的颜色工具。

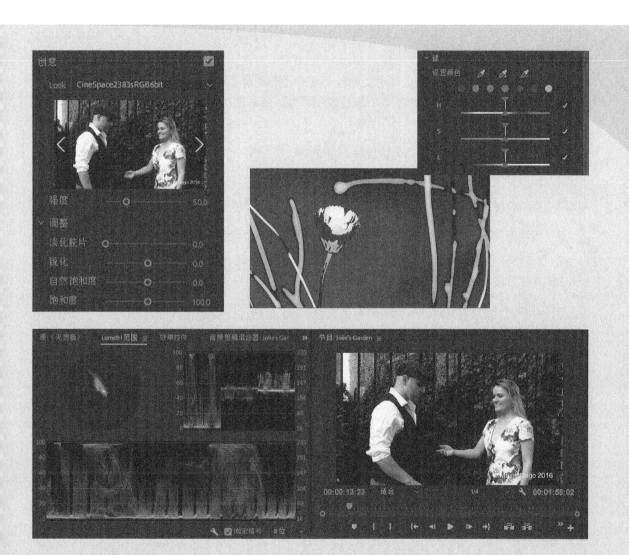

将所有剪辑编辑在一起只是创意过程的第一步。接下来我们将处理颜色。

14.1 开始

到目前为止，我们一直在组织剪辑，构建序列并应用特效。使用颜色校正时会用到所有这些技能。

思考眼睛记录颜色和光线的方式，摄像机录制颜色和光线的方式，以及计算机屏幕、电视屏幕、视频投影仪或电影院屏幕显示颜色和光线的方式。在设计作品的最终效果时，有很多因素会造成影响。

Premiere Pro 有多个颜色校正工具，这使创建自己的预设非常简单。本课将首先介绍一些基本的颜色校正技能，然后介绍一些常见的颜色校正特效，最后使用它们来处理一些常见的颜色校正工作。

1. 打开 Lesson 14 文件夹中的 Lesson 14.prproj。

2. 将项目保存为 Lesson 14 Working.prproj。

3. 在工作区面板中选择颜色选项，或者选择窗口 > 工作区 > 颜色选项，切换到颜色工作区。

4. 选择窗口 > 工作区 > 重置为保存的布局，将工作区重置为默认布局。

这将工作区重置为之前创建的预设，从而更容易使用颜色校正效果以及 Lumetri 颜色面板和 Lumetri 范围面板。

有关颜色科学的主题需要持续不断的学习和研究，但是通过本课可以对颜色科学中的重要概念有一个基本的了解。

8位视频

8位视频的工作范围为0~255。这意味着每一个像素在这个范围的某处有红色、绿色和蓝色（RGB）值，这3个值产生一种特定的颜色。可以将0当作0%，将255当作100%。一个像素的红色值为127，等同于其红色值为50%。

然而，我们讨论的是RGB图像，广播视频使用了一种类似但是范围不同的颜色系统，其名字为YUV。

如果将YUV标度（scale）与RGB标度相比较，当将波形范围设置为8位显示时，就会发现YUV像素值的范围为16~235，而RGB像素值的范围为0~255。

电视通常使用YUV颜色，而不是RGB。然而，计算机屏幕几乎肯定是RGB。如果要制作广播视频，这将带来问题，因为用来查看视频素材的屏幕类型不同于其最终被观看时所用的屏幕类型。只有一种确定的方法可以克服这种不确定性：将电视或播放监视器连接到编辑系统，然后在屏幕上观看素材。

这两者的区别有点像比较照片的打印版本和电子版本（在屏幕上查看照片）。打印机和计算机屏幕使用了不同的颜色系统，在从计算机转换到打印机时，其转换并不完美。

有时在查看素材时，可以在RGB屏幕（比如计算机显示器）上显示的细节，在电视屏幕上却显示不出来。需要调整颜色，将这些细节显示在电视屏幕范围中。

有些电视的选项使用一系列名字（比如Game Mode[游戏模式]或Photo Color Space[照片颜色空间]）可以将颜色显示为RGB，如果屏幕以这种方式设置，你可能会看到完整的0~255的RGB范围。

14.2 遵循面向颜色的工作流

现在已经切换到了新工作区，是时候换种思考方式了。将剪辑放置到合适的位置后，少关注它们的动作，多关注它们是否连贯，是否具有更好的显示效果。

处理颜色有两个主要阶段。

- 确保每一个场景中的剪辑具有相匹配的颜色、亮度和对比度，以便看起来是使用相同的摄像机在相同的地点、相同的时间拍摄的。

- 为所有内容赋予一种特定音调或色调，如图14.1所示。

图14.1

可以使用同样的工具实现这两个目的，但是通常以上述顺序单独实现目的。如果同一场景的两个剪辑没有匹配的颜色，则会出现不和谐的连续性问题。

颜色校正和颜色分级

颜色校正和颜色分级之间的区别通常令人困惑。事实上，它们使用了相同的工具，只不过方法不同。

颜色校正通常是对镜头进行标准化处理，确保它们具有连续性，并提升总体的外观，从而产生更为明亮的高光和更强的阴影，或者校正摄像机捕获的色彩偏移。这更多的是一种手艺（craft），而非艺术（art）。

颜色分级旨在实现一种外观，使其更完整地传达故事的氛围。这是一种艺术，而非手艺。

当然，这是一种"谁先谁后"的争论。

14.2.1 颜色工作区

颜色工作区（见图14.2）显示 Lumetri 颜色面板（提供了许多颜色调整控件），并且将 Lumetri 范围面板放置在源监视器后面。Lumetri 范围是一组图像分析工具。

图14.2

剩余的屏幕区域用于节目监视器、时间轴和项目面板。时间轴会进行收缩，以适应 Lumetri 颜色面板。

记住，可以随时打开或关闭任何面板，但是这个工作区关注的是整理工作，而不是组织或编辑项目。

在显示 Lumetri 颜色面板的时候，当时间轴上的播放头在剪辑上移动时，将自动选中这些剪辑。轨道上只有启用了轨道选择按钮的剪辑才会被选中。

这个特性非常重要，因为使用 Lumetri 颜色面板所做的调整将应用到选中的剪辑上。可以应用一个调整，然后在时间轴上移动播放头，选择下一个剪辑，然后再进行处理。

通过选择序列 > 播放头后选择，可以启用或禁用自动剪辑选择。

14.2.2　Lumetri 颜色面板概述

效果面板中有一个可用的效果，名为 Lumetri 颜色，它提供了 Lumetri 颜色面板中所有可用的控件和选项。与其他效果一样，它的控件显示在效果控件面板中。

在使用 Lumetri 颜色面板做出调整时，则会为剪辑应用一个 Lumetri 颜色效果（如果之前没有为剪辑添加过 Lumetri 颜色效果的话），并且更新设置。

这意味着 Lumetri 颜色面板实际上是效果控件面板中 Lumetri 颜色效果设置的一个控制面板。与任何其他效果一样，可以创建预设、将一个剪辑中的 Lumetri 颜色效果复制并粘贴到其他剪辑中，以及更改效果控件面板中的设置。

Lumetri 颜色面板被分为 6 个区域（见图 14.3）。用户可以有选择性地浏览颜色调整控件，或者按照自上而下的方式使用它们。

图14.3

> **Pr** **注意**：通过单击区域标题的方式，可以展开或折叠 Lumetri 颜色面板中的一个区域。

每一个区域提供了一组控件，并使用不同的方法进行颜色调整。下面来看一下每一个区域。

1. 基本校正

基本校正区域（见图 14.4）提供了为剪辑快速应用修复的简单控件。

用户可以采用输入 LUT 文件的形式，为媒体应用一个预设调整（见图 14.5），可以对看起来很单调的媒体应用标准调整。

如果熟悉 Adobe Lightroom，则可以在基本区域识别出一系列简单的控件。用户可以按照从上往下的方式来进行调整，提升素材的外观，或者可以单击自动按钮，使 Premiere Pro 自动处理某些设置。

2. 创意

顾名思义，创意区域（见图 14.6）允许用户对媒体的外观进行进一步的处理。

该区域包含了许多创意性外观，可以针对当前的剪辑进行预览。

用户可以对颜色强度进行细微调整，而且还配置了色轮（color wheel）来调整图像中阴影（更暗的）像素或者高亮（更亮的）像素的颜色，结果如图 14.7 所示。

3. 曲线

曲线区域（见图 14.8）允许对外观进行快速但精确的调整，而且只需点击几次，就可以很容易地实现更为自然的结果。

图14.4

图14.5

> **Pr** | **提示**：双击控件的空白区域，可以重置 Lumetri 颜色面板中的大多数控件。

该区域有许多更高级的控件，可以用于对亮度、红色 / 绿色 / 蓝色像素进行细微调整。

除了传统的 RGB 曲线控件之外，曲线区域还包含了一个特殊的色相饱和度曲线控件。

色相饱和度曲线控件基于色相范围可以精确控制颜色的饱和度，而且不会引入色偏（见图 14.9）。

图14.6

图14.7

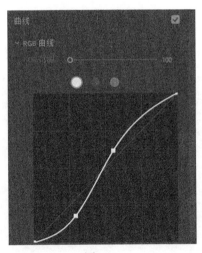

图14.8

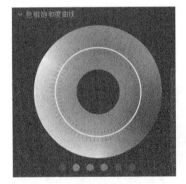

图14.9

4. 色轮

色轮区域（见图 14.10）可以对图像中的阴影、中间色调和高光像素进行精确控制。只需将控制球（control puck）从色轮的中间位置拖向边缘，即可应用一个调整。

每一个色轮都有一个亮度控制滑块，允许用户简单地调整亮度，并通过适当的调整来改变素材的对比度。

5．HSL Secondary

HSL Secondary（二级调色）是对一个图像中的特定区域所做的颜色调整，这个特定区域是使用 Hue（色相）、Saturation（饱和度）和 Luminance（亮度）范围选择的（见图 14.11）。

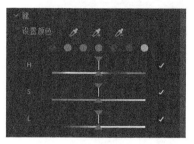

图14.10   图14.11

用户可以使用 Lumetri 颜色面板的这个区域使蓝天更灿烂，或者使草地更绿，而且无须影响到图像中的其他区域。

6．晕影

一个简单的晕影效果（vignette effect）（见图 14.12）对图像所做出的改变令人惊异（见图 14.13）。

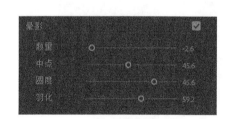

图14.12   图14.13

晕影最初是由相机镜头边框的较暗边缘引起的，但是现在的镜头很少再有这种问题。

相反，晕影通常用来在图像的中心位置创建焦点，即使所做的调整很细微，晕影也会卓有成效。

7．使用 Lumetri 颜色面板

当使用 Lumetri 颜色面板进行调整时，它们将作为一个普通的 Premiere Pro 效果应用到选择的剪辑上。用户可以在效果控件面板中启用或禁用该效果，或者也可以创建一个效果预设。这些控

件也会重复出现在效果控件面板中。

下面就来看一些预设置的外观。

1. 打开序列素材箱中的序列 Jolie's Garden，如图 14.14 所示。

图14.14

这个简单的序列带有几个剪辑，而且这几个剪辑具有很好的颜色和对比度范围。

2. 将时间轴播放头移动到序列中的第一个剪辑上。剪辑应该自动呈高亮显示。

3. 单击 Lumetri 颜色面板中的创意区域标题，显示其控件。

4. 单击预览显示右侧的箭头，在多个预设置的外观中进行浏览。当看到喜欢的外观时，单击预览图像，应用该外观。

5. 尝试调整强度滑块，改变调整的量，如图 14.15 所示。

图14.15

用户可以尝试 Lumetri 颜色面板中的其他控件。有些控件可以立即掌握，而其他一些控件则需要花费一定的时间来掌握。可以将该序列中的剪辑用作一个试验场，以便通过体验的方式学习 Lumetri 颜色面板；只需要将所有控件从一端拖动到另外一端，就可以查看结果。本课后面将详细讲解这些控件。

14.2.3　Lumetri 范围基础

你可能好奇为什么 Premiere Pro 的界面这么灰，这里有一个很好的理由：视觉是非常主观的。事实上，它也是高度相关的。

如果查看彼此相邻的两个颜色，那么查看其中一个颜色的方式会因为另一个颜色的存在而受到影响。为了防止 Premiere Pro 的界面干扰到查看序列中颜色的方式，Adobe 制作了这个近乎全灰的界面。如果之前看到过专业的颜色分级套件（艺术家在这个套件中对电影和电视节目进行最终的修饰），你可能会注意到大多数房间都是灰色的。调色师有时候会有一个非常大的灰色卡片，或是一段墙体，在他们检查影片之前，会先查看灰色卡片或墙体，来"重置"他们的视觉。

主观视觉与计算机显示器或者电视机在显示颜色和亮度时发生的差异，这两者的结合创建了一种进行客观衡量的需求。

视频示波器为此而生。它们应用在整个媒体产业中；只需要学习一次，后续就可以在其他地方使用它。

1. 打开序列 Lady Walking，如图 14.16 所示。

图14.16

2. 将时间轴播放头的位置放在序列中的剪辑上面。

3. Lumetri 范围面板应该在与节目监视器共享同一个框架。单击选择该面板，使其处于活跃状态，或者在窗口中选择该面板。

4. 单击 Lumetri 范围面板中的设置菜单（ ），选择预设 > Premiere 4 Scope YUV（float，no clamp），如图 14.17 所示。

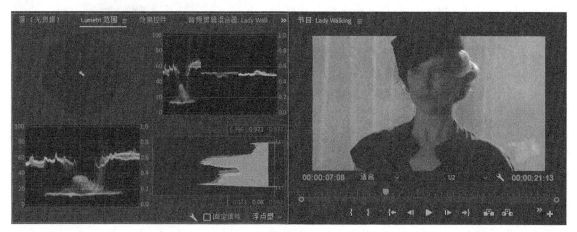

图14.17

节目监视器中应该显示一位女士正在街道上步行，而且 Lumetric 范围面板中也在同步播放相同的剪辑。

14.2.4　Lumetri 范围面板

Lumetri 范围面板显示多个工业标准的仪表，从而得到一个有关媒体的客观视图。

起初，全部显示的组件以及较小的图形会让人倍感压力。可以打开设置菜单，然后选择列表中的选项，将个别选项关闭或打开。

用户也可以指定是在 ITU Rec. 2020（UHD）、ITU Rec. 709（HD）还是在 ITU Rec. 601（SD）颜色空间中进行处理。如果是制作用于广播电视的内容，肯定会用到这些标准中的一个。如果不是，或者不确定，则 Rec.709 可能会适用。与摄取部门（ingest department）进行确认。

用户可以在设置菜单中选择颜色空间（见图 14.18）。

用户也可以选择显示 8 Bit、默认的浮点（32 位的浮点数颜色），甚至是 HDR（High Dynamic Range，高动态范围），它在图像的最暗和最亮部分之间具有一个更大的范围。HDR 超出了本课的范围，但它是一种重要的新技术，而且随着新的摄像机和显示器为其提供支持，它将会越来越重要。

图14.18

下面来简化视图。

使用 Lumetri 范围面板的设置菜单，单击选中项目的任何一个，然后将它们从显示中移除。

> **Pr** 提示：也可以右键单击面板的任何位置，访问 Lumetri 范围的设置菜单。

在面板上右键单击，在图 14.19 所示的命令中选择预设 > 波形 RGB。

下面来看一下 Lumetri 范围面板中的两个主要组件。

1. 波形

如果不熟悉波形，则波形可能看起来有些奇怪，但是它们其实很简单。它们显示了图像的亮度和颜色饱和度（见图 14.20）。

当前帧中的每一个像素都显示在波形中。像素越亮，其出现的位置越高。像素有正确的水平位置（也就是说，屏幕中间的像素将显示在波形中间），但是其垂直位置不是基于图像的。

相反，垂直位置表示亮度或颜色强度;亮度和颜色强度波形使用不同的颜色同时显示在波形中。

- 0，位于标度（scale）底部，表示没有亮度和 / 或没有颜色强度。

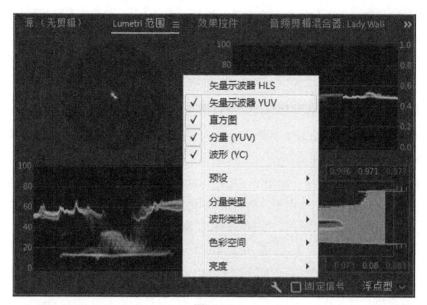

图14.19

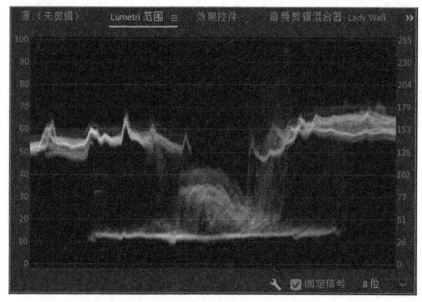

图14.20

- 100，位于标度顶部，表示像素是全亮的。在 RGB（红色、绿色和蓝色）标度上，这个值将是 255（可以在波形显示的右侧看到这个标度）。

这一切可能听起来非常专业，但是实际上它非常简单。有一个可视的基准线表示"没有亮度"，并且有一个顶部线表示"全部亮度"。图形边缘的数字可能会因为设置而发生改变，但是使用方法实际上是相同的。

用户可以用多种方式查看波形。要访问每种类型，单击 Lumetri 范围的设置菜单，然后选择波形类型，其后跟着下面的选项。

- **RGB**：以各自的颜色显示 Red（红）、Green（绿）和 Blue（蓝）像素。
- **Luma**：显示像素的 IRE 值，其范围是 0 ~ 10，对应于 -20 ~ 120 标度。这可以精确分析亮点和对比度。
- **YC**：以绿色显示图形的亮度，以蓝色显示图形的色度（颜色强度）。
- **YC no Chroma**：显示没有色度的亮度。

YC是什么

字母C表示色度（chrominance），这简洁明了，但是字母Y表示亮度（luminance）则需要进行一番解释。它来自于使用x、y和z轴来衡量颜色信息的一种方式，其中y表示亮度。最初的想法是建立一个记录颜色的简单系统，并使用y表示亮度或明度。

下面来测试一下这种显示方式。

1. 继续使用 Lady Walking 序列。将时间轴的播放头放置到 00:00:07:00 位置，以便看到烟雾背景中的女士，如图 14.21 所示。

图14.21

2. 将波形显示为 YC no Chroma，结果如图 14.22 所示。这是一个没有颜色信息的纯亮度波形，显示了一个完整的范围，对广播电视没有限制，适用于在线视频。

图像中的烟雾部分几乎没有对比度，在波形显示中显示为一条相对平坦的线。女士的头部和肩膀比烟雾背景暗，而且位于图像的中间位置，因此能够在波形显示的中间区域清晰可见。

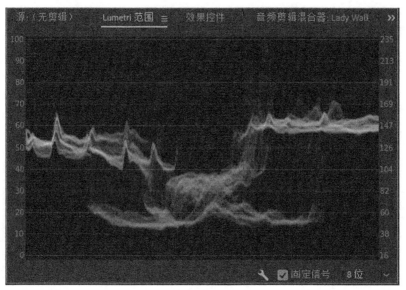

图14.22

3. 展开 Lumetri 颜色面板的基本校正区域。

4. 体验曝光、对比度、高光、阴影、白和黑控件。在调整控件时，观察波形显示，查看结果。

Pr | 提示：双击 Lumetri 颜色面板中一个滑块控件的任何部分，将其重置。

如果对图像进行了一个调整，然后等待几秒钟，眼睛将适应新的图像外观，而且图像看起来很正常。进行另外一次调整并等待几秒钟，新的图像外观也看起来很正常。哪一个是正确的呢？

这个问题的答案基于感知。如果喜欢所看到的内容，它就是正确的。然而，波形显示将给出一个客观信息，来表明图像中的像素有多亮 / 多暗，以及图像中有多少颜色。在试图达到标准时，这个信息很有用。

在图 14.22 的左边和右边，也能够看到显示烟雾背景的图像部分（波形中包含一些脊状突起，这是背景中的图像）。用户也能在中间位置看到较暗的区域（女士所在的位置）。如果拖动序列或者播放序列，可以看到实时更新的波形显示。

Pr | 提示：有时看起来像波形显示在显示图像一样。记住，图像中像素的垂直位置没有体现在波形显示中。

波形显示可以显示图像具有多少对比度，以及检查在处理的视频是否有合法的色阶（level）（即广播公司所允许的最大和最小亮度或颜色饱和度）。广播公司采用它们自己的合法色阶标准，因此，需要了解要广播作品的广播公司的每种标准。

用户可以立即发现这个图像中的对比度不好。波形显示的上边有强烈的阴影，但是高光很少。

2．YUV 矢量示波器

Luma 波形根据显示像素的垂直位置来显示亮度，而且较亮的像素显示在顶部，较暗的像素显示在底部，而矢量示波器只显示颜色。

1．打开序列 Skyline，如图 14.23 所示。

图14.23

2．单击 Lumetri 范围的设置菜单，然后选择矢量示波器 YUV；再次进入设置菜单，选择波形（YC no Chroma），将其取消选中，结果如图 14.24 所示。

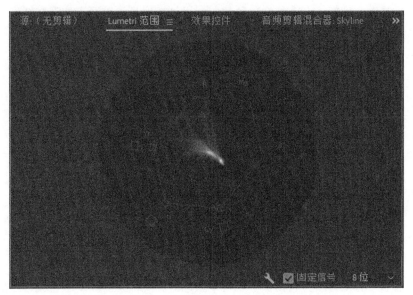

图14.24

> Pr 注意：相较于 YUV 矢量示波器，电影分级艺术家有时更优先使用 HLS 矢量示波器。HLS 矢量示波器没有指导覆盖（guiding overlay），如果之前不熟悉它的话，则可能有点难以理解。

图像中的像素显示在矢量示波器中。如果像素出现在圆圈的中央位置，则它没有颜色饱和度。像素距离圆圈的边缘越近，则它的颜色越饱和。

如果仔细观察矢量示波器，将看到一系列表示原色（primary color）的目标（target），如图 14.25 所示。

图14.25

- R= 红色
- G= 绿色
- B= 蓝色

每个目标有两个方框，较小的内边框是 YUV 颜色限制，具有 75% 的饱和度；较大的外边框是 RGB 颜色限制，具有 100% 的饱和度。相较于 YUV，RGB 颜色将饱和度扩展到一个更高的级别。内边框之间的细线显示了 YUV 的色域（YUV 颜色的范围）。

用户还将看到一系列表示合成色（secondary color）的标记，如图 14.26 所示。

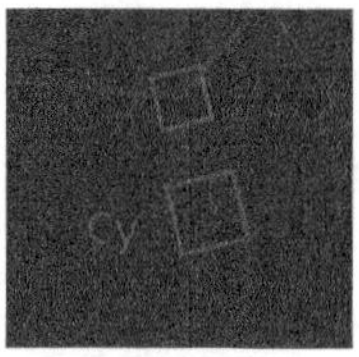

图14.26

- YL= 黄色
- CY= 青色
- MG= 品红色

像素越接近其中一种颜色，就越像这种颜色。尽管波形显示表明了像素在图像中的位置，但由于是水平位置，矢量示波器中没有任何位置信息。

关于原色和混合色

红色、绿色和蓝色是原色。对于显示系统（包括电视屏幕和计算机显示器）来说，以不同的相对数量来组合这3种颜色以生成看到的所有颜色很常见。

标准色轮的工作方式是对称的，并且矢量示波器显示的就是色轮。

任意两种原色组合会生成一种混合色。混合色是剩余原色的互补色。

例如，红色和绿色混合会生成黄色，而黄色是蓝色的互补色。

可以清楚地看到在这张西雅图的照片中出现了什么情况，有大量深蓝色和一些红色和黄色点，少量的红色由矢量示波器中接近 R 标记的峰值来表示。

矢量示波器非常有用，因为它提供了序列中颜色的客观信息。如果有色偏，可能是因为没有正确地校准摄像机，通常在矢量示波器显示中色偏更明显。用户可以使用一个 Lumetri 颜色面板控件来减少不需要颜色的数量或添加更多互补色。

用于颜色校正调整的某些控件,有与矢量示波器一样的色轮设计,因此可以轻松看到要做什么。

下面来做出一个调整,并在矢量示波器显示中观看结果。

1. 继续处理 Skyline 序列,将时间轴播放头移动到 00:00:01:00 位置,这个位置的颜色更生动。

2. 在 Lumetri 颜色面板中,展开基本校正区域。

3. 在矢量示波器显示中观看结果时,将温度滑块从一个极端拖动到另外一个极端,如图 14.27 所示。

矢量示波器中的像素在显示的橙色和蓝色区域之间移动。

4. 双击温度滑块控件,将其重置。

5. 在 Lumetri 颜色面板中,将色彩滑块从一个极端拖动到另外一个极端,如图 14.28 所示。

图14.27   图14.28

矢量示波器中显示的像素在显示的绿色和品红色区域之间移动。

6. 双击色彩滑块控件,将其重置。

在查看矢量示波器时进行调整,用户可以对所做的变化得到一个客观的指标。

加色和减色

计算机屏幕和电视机使用加色(additive color),这意味着颜色是通过生成不同颜色的光并精确混合它们而生成的。相同数量的红色、绿色和蓝色混合会生成白色。

在纸(通常是白纸)上绘制颜色时,反映的是完整的光谱颜色。通过添加颜料来减去纸的白色。颜料防止部分光反射在纸上,这称为减色(subtractive color)。

加色使用原色,而减色使用混合色。从某种意义上说,它们是同一颜色理论的正反面(flip sides)。

3. RGB 分量

单击 Lumetri 范围的设置菜单,选择预设 > RGB 分量。

RGB 分量提供了另外一种形式的波形显示(见图 14.29)。差别在于红色、绿色和蓝色的色阶是分别显示的。为了容纳 3 种颜色，每张图像会被水平挤压为显示宽度的 1/3。

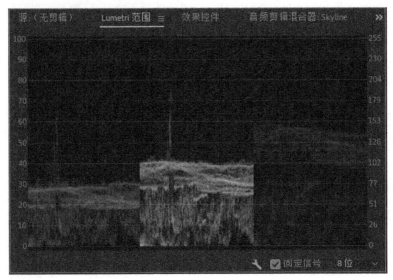

图14.29

通过单击 Lumetri 范围的设置菜单，或者在 Lumetri 范围面板中右键单击，然后选择分量类型，可以选择要查看哪种类型的分量，如图 14.30 所示。

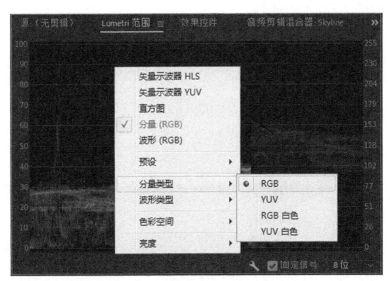

图14.30

分量的 3 个部分有类似的图案，尤其是有白色或灰色像素的位置，因为这些部分具有相同数量的红色、绿色和蓝色。RGB 分量是一种常用的颜色校正工具，因为它清楚地显示了原色通道之间的关系。

要查看颜色调整对 RGB 分量的影响，可以进入 Lumetri 颜色面板的基本校正区域，并调整白平衡色温和色彩控件。在结束之后，要确保通过双击每个控件的方式进行重置。

14.3 面向颜色的效果概述

除了使用 Lumetri 颜色面板调整颜色之外，还有大量的针对颜色的效果值得你去熟悉。与在 Premiere Pro 中管理其他效果一样，可以用同样的方式添加、修改和删除颜色校正效果。与其他效果一样，可以使用关键帧根据时间来修改颜色校正效果。

 提示：使用效果面板顶部的搜索框可以查找效果。通常情况下，了解如何使用效果的最佳方式是将它应用到具有大量颜色、高光和阴影的剪辑上，然后调整所有设置并观察结果。

在熟悉了 Premiere Pro 之后，用户可能想知道哪种效果最适用于某种特定的目的。在 Premiere Pro 中有多种方法可以实现同样的结果，可以根据个人喜好进行选择。

下面是你可能想要尝试的一些效果。

14.3.1 彩色效果

Premiere Pro 有几种调整现有颜色的效果。下列两种效果用于创建黑白图像并应用色调，以及将彩色剪辑转换为黑白剪辑。

1. 色调

使用吸管或拾色器将任意图像减少为只有两种颜色。映射到黑白的颜色会替换图像中的其他颜色，效果如图 14.31 所示。

图14.31

2. 黑白

将任意图像转换为黑白图像，效果如图 14.32 所示。当与可以添加颜色的其他效果组合使用时，它很有用。

图14.32

黑白图像通常能够承受更为强烈的对比度。可以考虑将效果合并，以得到最佳的结果。

3．分色

用户可以使用 Lumetri 颜色面板中高级 HSL Secondary（二级调色）区域来实现类似的效果，但是这个分色滤镜通常更快，效果如图 14.33 所示。

图14.33

使用吸管或拾色器来选择想要保留的颜色。调整脱色量设置以降低所有其他颜色的饱和度。

使用容差和边缘柔和度控件来生成更柔和的效果。

14.3.2 视频限幅器

除了创建效果之外，Premiere Pro 的颜色校正功能还包含用于专业级视频制作的效果。

当视频用于广播时，其所允许的最大亮度、最小亮度和颜色饱和度都有具体的限幅。尽管可以使用手动控件将视频色阶限制到所允许的限幅，但是可以容易地对序列中需要调整的部分进行混合。

视频限幅器效果（见图 14.34）能够自动限制剪辑的色阶，以确保满足设置的标准。

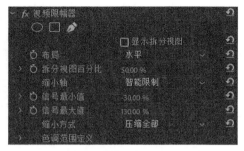

图14.34

在使用该效果设置信号最小值和信号最大值控件之前，需要检查广播公司应用的限幅。在选择缩小轴选项时，这通常是个问题。用户是想仅限制亮度、色度还是两者都想限制呢？或者是想要设置一个总体的"智能"限幅么？

缩小方式菜单允许用户选择想要调整的视频信号的一部分。通常选择压缩所有全部。

 提示：尽管为单独的剪辑应用视频限幅器效果很常见，但是也可以将该效果应用到整个序列中，方法是将其应用到调整图层上，或者作为一个导出设置启用该效果（见第 18 课）。

14.3.3 使用效果面板中的 Lumetri 外观预设

除了 Lumetri 颜色面板中的手动控件之外，在效果面板中还有大量的外观预设，如图 14.35 所示。这些奇妙的方式都可以用作高级颜色调整的起点，而且由于它们是预设，因此可以修改其设置，准确实现用户的预期结果。

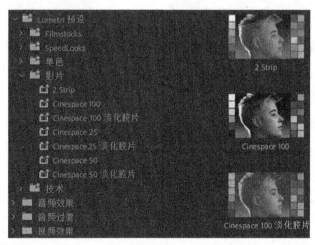

图14.35　如果调整效果面板的大小，可以看到每一个内置的Lumetri外观预设效果的预览

与应用效果面板中的其他效果一样，可以采用同样的方式应用一个 Lumetri 外观效果预设。

Lumetri 外观预设实际上已经应用了许多设置的 Lumetri 颜色效果，在某些情况下包含一个创意外观，如图 14.36 所示。

图14.36

用户可以在效果控件面板或者 Lumetri 颜色面板中修改设置（见图 14.37 和图 14.38）。由于控件是相互关联的，因此对一个控件的修改将会更新另外一个控件。

图14.37

图14.38

14.4 修复曝光问题

下面来看一些具有曝光问题的剪辑，并使用一些 Lumetri 颜色面板控件来解决这些问题。

1. 确保当前在颜色工作区中，如果有必要，将工作区重置为一个保存过的版本。

2. 打开序列 Color Work。

3. 在 Lumetri 范围面板中，单击右键，或者打开设置菜单，选择预设 > 波形 RGB。

4. 继续在 Lumetri 范围面板中单击右键，或者单击设置菜单，选择波形类型 > YC no Chroma。这会将显示修改为一个使用标准广播电视范围的波形，对大多数视频项目来说，这是一个有用的参考。

5. 将时间轴的播放头移动到序列中第一个剪辑的上面。这是一位女士在行走的镜头，如图 14.39 所示。接下来将添加一些对比度。

图14.39

环境是雾蒙蒙的。100 IRE（显示在波形左侧）表示完全曝光，而 0 IRE 表示没有任何曝光。图像中没有地方与这些色阶相接近。人们的眼睛很快适应了图像，因此觉得看起来还不错。现在看一下是否可以使它更生动一些。

6. 在 Lumetri 颜色面板中，单击基本校正标题，显示该区域。

7. 使用曝光和对比度控件对镜头进行调整，同时检查波形显示，确保图像没有变得太暗或者太亮。

如果屏幕上有一个剪辑后半部分的帧，那么将获得最佳视觉效果，大约在 00:00:07:09 处有一段清晰的聚焦。

将曝光设置修改为 0.6，将对比度设置修改为 60，如图 14.40 所示。

8. 人们的眼睛有可能很快就可以适应新图像。使用复选框关闭和打开基本校正调整（见图 14.41），以比较之前和之后的图像。

图14.40

图14.41

用户所做的细微调整会增加图像的景深，生成更亮的高光和更暗的阴影。切换效果的开关时，将在 Lumetri 范围面板中看到波形会改变。图中仍然没有明亮的高光，但是这很好，因为其自然颜色主要是中间调。

14.4.1 修复曝光不足的图像

现在来处理一个曝光不足的图像。

1. 切换到效果工作区。

2. 将时间轴播放头放到 Color Work 序列中第二个剪辑的上面。在第一次查看该剪辑时，看起来还不错。高光看起来不强，但是在图像中有很多细节。尤其是面部清晰且细节很好。

3. 打开 Lumetri 范围面板，在波形中查看该剪辑。波形底部有相当多的暗像素，有些已经接触到 0 线。

> 提示：记住，可以通过在窗口菜单中进行选择，打开任何面板。Lumetri 范围面板并不局限在颜色工作区中。

在这个例子中，看起来像是丢失的细节位于衣服的右肩膀上。这种暗像素的问题是，增加亮度时只会将强烈的阴影变成灰色，不会显示任何细节。

4. 在效果面板中，找到亮度和对比度效果，并将其应用到剪辑上。

5. 调整面板的位置，以便看到 Lumetri 范围面板、效果控件面板和节目监视器。需要将 Lumetri 范围面板拖放到效果控件面板和节目监视器之间的新框架中，如图 14.42 所示。

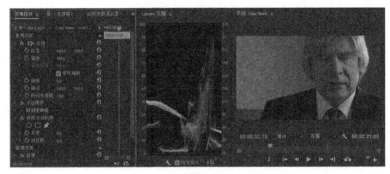

图14.42

6. 使用效果控件面板中的亮度控件增加亮度。不要单击数值和输入一个新的数值，而是将其向右拖动，以便查看逐渐发生的变化。

在拖动时，我们注意到整个波形向上移动。对于使图 14.43 中的亮度变亮来说这很好，但是阴影依然很单调。用户只是将黑色阴影变成了灰色的。如果将亮度控件拖动到 100，我们将看到图像依然非常单调。

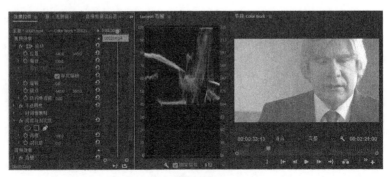

图14.43

提示：亮度与对比度效果提供了一种简单快速的修复方式，但是它很容易不小心剪切掉黑色（暗）或白色（亮）像素，从而丢失细节。Lumetri 颜色面板的曲线控件将调整保持在 0 ~ 255 的范围内。

7. 移除亮度与对比度效果。

8. 切换回颜色工作区。尝试在 Lumetri 颜色面板中使用 RGB 曲线控件进行调整（见图 14.44）。下面是一个使用 RGB 曲线调整改善图像的示例。

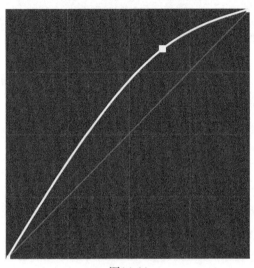

图14.44

对序列中的第 3 个剪辑尝试该效果。该剪辑演示了后期修复时的限制。

提示：通过双击的方式，可以重置 Lumetri 颜色控件，也可以删除效果控件面板中的 Lumetri 颜色效果，然后重新开始。

14.4.2　修复过度曝光的图像

下面介绍处理一个过度曝光的剪辑。

1. 将时间轴播放头移动到序列中的第 4 个剪辑上。注意，许多像素都过度曝光了。与序列中第二个剪辑中的阴影一样，在过度曝光的高光中没有任何细节。这意味着降低亮度仅会使角色的皮肤和头发变灰，不会显示任何细节。

2. 这个镜头中的阴影不会到达波形监视器的底部。缺少适当的阴影使图像变得很单调（见图 14.45）。

3. 尝试使用 Lumetri 颜色面板中的 RGB 曲线控件来改善对比度范围。这种方法可能会奏效，尽管剪辑肯定已经处理过。

图14.45

什么时候适合进行颜色校正

调整图像是一件非常主观的事情。尽管图像格式和广播技术有精确的限制，但无论图像应该是亮的、暗的、蓝色调还是绿色调，最终都是一个主观的选择。Premiere Pro提供的参考工具（比如Lumetri 范围面板）是有用的指南，但只有用户可以确定图像在何时看起来是合适的。

如果是为电视播放制作视频，那么有一个与Premiere Pro编辑系统相连接的电视屏幕来查看内容很重要。电视屏幕与计算机显示器显示颜色的方式不同，而且计算机屏幕有时会有特殊的颜色模式来改变视频的外观。对于专业级别的广播电视来说，编辑人员应该总是仔细校准监视器，来显示YUV颜色。

如果是在为数字影院投影、超高清晰度电视、高动态范围电视制作内容，上述规则也适用。要知道图片精确外观的唯一方式是使用目标媒介进行查看。这意味着如果你的最终目标媒介是计算机屏幕（要查看的内容也许作为Web视频，也许作为软件界面的一部分），那么我们已经在完美的测试监视器上进行了查看。

14.5 修复颜色平衡

人的眼睛会自动调整以补偿周围光线颜色的改变。这是一种非凡的能力，可以使人们将白色视为白色，即使在钨丝灯的照耀下它看起来像是橘色的。

摄像机可以自动调整白平衡，以与眼睛相同的方式来补偿不同的光线。正确校准后，白色对象看起来就是白色的，无论是在室内（在偏橘黄色的钨丝灯下）还是室外（在偏蓝的日光下）进行录制。

有时自动设置有点力不从心，因此专业摄影师通常喜欢手动调整白平衡。如果错误地设置了白平衡，可能会获得一些有趣的结果。剪辑中出现颜色平衡问题的常见原因是没有正确校准摄像机。

14.5.1 使用 Lumetri 色轮来进行平衡处理

下面使用 Lumetri 颜色面板中的色轮来调整序列中的最后一个镜头。

1. 切换到颜色工作区，如果有必要的话，进行重置。

2. 将时间轴播放头移动到 Color Work 序列中的最后一个剪辑上。

3. 在 Lumetri 颜色面板中，展开基本校正区域，单击自动按钮，自动调整色阶，如图 14.46 所示。

色调控件的修改将反映新的色阶。

Premiere Pro 已经识别出了最暗的和最亮的像素，并自动进行了平衡处理。

调整很微小。显然，问题与镜头中对比度的范围没有关系。

4. 将 Lumetri 范围面板设置为显示矢量示波器 YUV，结果如图 14.47 所示。

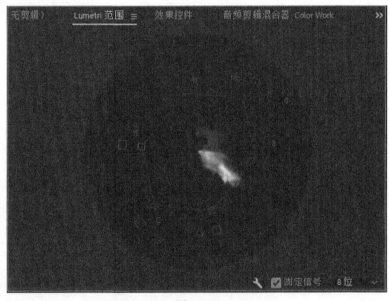

图14.46   图14.47

很显然，镜头中的颜色范围也很合理，但是蓝色有强烈的色偏。事实上，这个场景将透窗而过的蓝色日光和室内温暖的钨灯光混合以及场景布光混合到了一起。

5. 在 Lumetri 颜色面板的基本区域，使用温度滑块将颜色向橘色推动。可能需要调整到 100，才能看到一个合理的结果，因为剪辑中的颜色偏移太强烈了。

结果看起来还不错，但是还可以更好一些。

镜头中较暗的像素通常是由室内温暖的灯光产生的，而较亮像素是由蓝色的日光产生的。这意味着不同的色轮以自然的方式在图像的不同区域进行了相互作用。

6. 展开 Lumetri 颜色面板中的色轮区域(见图 14.48)，尝试使用阴影色轮将颜色朝着红色推动，同时使用高光色轮将颜色朝着蓝色推动。

7. 我们已经使用色轮将阴影进行了提升，将高光进行了降低。尝试使用中间调获得尽可能更自然的结果，可将图 14.49 用作参考。

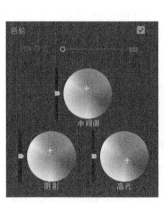

图14.48

图14.49

尝试使用 Lumetri 颜色面板中的其他控件，查看是否可以进一步改善结果。

14.5.2　调整混合色

Lumetri 颜色面板允许对局限于特定范围的色相、颜色饱和度和亮度进行调整。

如果想取出拍摄对象眼睛中的蓝色，或者给花朵一种生机勃勃的颜色，这相当有用。

下面就来试一下。

1. 打开序列 Yellow Flower，将时间轴播放头放到第一个剪辑上面。

该序列有两个镜头，而且具有清晰可见的颜色区域，如图 14.50 所示。

图14.50

2. 展开 Lumetri 颜色面板的 HSL 二级调色区域。

3. 单击滴管（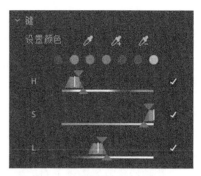）将其选中（见图 14.51），然后单击花朵的黄色花瓣，拾取该颜色。

颜色选择控件基于单击的花瓣位置进行更新。

单击时按住 Ctrl（Windows）或 Command（macOS）键，可以得到更有用的结果，因为这将捕获 5×5 的像素平均值。

在进行这种选择时，在刚开始时对颜色应用极端调整会很有帮助。这可以更容易地告诉用户，是否在图像中选择了合适的颜色范围。

图14.51

4. 在 Lumetri 颜色面板中向下滚动，将温度和色彩控件拖到最左侧，应用极端调整，如图 14.52 所示。

图14.52

5. 拖放颜色范围选择控件，展开其选定颜色。最初的选择可能只选择了少量像素，但是黄色花瓣的颜色具有相当多的变化。

每一个控件基于以下 3 个因素之一设置所选的像素范围（见图 14.53）。

H：色相。

S：饱和度。

L：亮度。

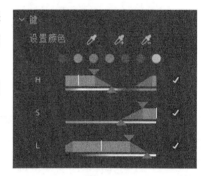

图14.53

控件中上面的三角形表示所选颜色的硬停止（hard-stop）范围，下面的三角形使用软化的方法（可减少硬边缘）来扩展所选颜色，结果如图 14.54 所示。

图14.54

6. 一旦选择了花瓣中的所有像素并且对此感到满意，可以重置温度和色彩滑块，然后进行细微调整。

所做的调整会受到所选像素的限制。

7. 在掌握了该效果之后，可以尝试着对这个序列第二个剪辑中的天空进行处理。

14.6 使用特殊颜色效果

几种特殊效果提供了对剪辑中颜色的创意控制。

下面是值得注意的几个效果。

14.6.1 高斯模糊

尽管从技术上来说这不是一种颜色调整效果，但是添加少量的模糊可以对调整的结果进行柔化处理，使图像看起来更自然。Premiere Pro 有许多模糊效果。最受欢迎的是高斯模糊，它在图像上具有自然且平滑的效果。

14.6.2 风格化效果

效果中的风格化（Stylize）分类包含一些引人注目的选项，其中有些选项，比如 Mosaic（马赛克）效果，需要与效果蒙版结合使用，以实现更多功能的应用（比如隐藏一个人的面部）。

曝光效果具有生动的颜色调整，可以为图形或介绍性序列创建风格化的背板，如图 14.55 所示。

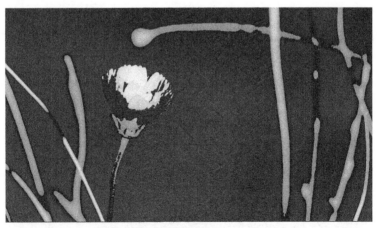

图14.55

14.6.3 Lumetri 外观

Lumetri 颜色面板包含一系列内置的外观，这在前面都体验过。在效果面板中有大量可用的

Lumetri 外观预设。

这些效果都使用了 Lumetri 颜色效果。

除了使用内置的外观之外，Lumetri 效果允许浏览一个现有的 .look 或 .lut 文件，以便为素材应用微妙的颜色调整。

在刚开始进行颜色调整时，很有可能会拿到一个 LOOK 或 LUT 文件。摄像机和位置监视器使用这种颜色参考文件的情况也越来越普遍。在后期制作中处理素材时，这有助于用户使用相同的参考。

图14.56

要应用已有的 LOOK 或 LUT 文件，在 Lumetri 颜色面板的顶部打开 Input LUT 菜单，然后选择浏览，如图 14.56 所示。

14.7 创建一个外观

在 Premiere Pro 中学习了颜色校正效果后，应该熟悉可以进行的更改类型，以及这些更改对素材整体外观和感觉的影响。

用户可以使用效果预设来为剪辑创建一个外观，还可以为调整图层应用一个效果来赋予序列（或序列的一部分）一个整体外观。在将外观应用到一个调整图层时，使用 Lumetri 颜色面板做出的调整也将应用到图层中。

用户也可以使用 Lumetri 颜色面板进行调整。

在常见的颜色校正场景中，将执行下列操作。

• 调整每个镜头，这样它才会与同一场景的其他镜头相匹配，颜色才是连续的。

• 接下来，为作品应用一个整体外观。

使用一个调整图层将颜色调整应用到场景中。

1. 打开 Theft Unexpected 序列。

2. 在项目面板中，单击新建项目菜单并选择调整图层。该设置应自动匹配序列，所以单击确定按钮。

3. 将新调整图层拖放到序列中 V2 轨道上。

调整图层的默认持续时间与静态图像的持续时间相同。对于该序列来说，持续时间太短了。

4. 修剪调整图层，直到它从序列开头延伸到结尾，如图 14.57 所示。

5. 在效果面板中，浏览到 Lumetri 预设 > SpeedLooks > Universal。将其中一个 SpeedLooks 拖放到调整图层上。该外观将应用到序列中的每一个剪辑上，结果如图 14.58 所示。

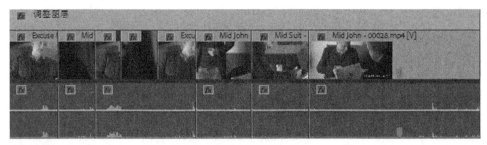

图14.57

图14.58

用户可以以这种方式应用任何标准视觉效果，并使用多个调整图层将不同的外观应用到不同的场景中。

Lumetri 颜色面板控件总是可以调整应用到剪辑中的最后一个 Lumetri 颜色效果。例如，如果为一个剪辑应用了 Lumetri 颜色效果的 3 个实例，在单击 Lumetri 颜色面板时，将调整第 3 个效果。

用户可以在效果控件面板中调整任何效果，或者拖动效果，改变其应用顺序。

这只是颜色调整的一个简单介绍，还有大量的内容需要去探索研究。用户需要花费一些时间来熟悉 Lumetri Color 面板中的高级控件。有大量的视觉效果可以为素材添加或微妙或明显的外观。通过尝试和实践，用户就可以理解后期制作中的这些重要方面。

14.8 复习题

1. 如何在 Lumetri 范围面板中更改显示?

2. 如果查看的不是颜色工作区,如何访问 Lumetri 范围面板?

3. 为什么应该使用矢量示波器,而不是依靠眼睛呢?

4. 如何为序列应用一种外观?

5. 为什么你可能需要限制亮度或颜色色阶?

14.9 复习题答案

1. 在面板中右键单击,或者打开设置菜单,然后选择用户想要的显示类型。

2. 与所有面板一样,可以通过 Window 菜单访问 Lumetri 范围面板。

3. 人们感知颜色的方式是非常主观和相对的。根据刚看到的颜色,将看到不同的新颜色。矢量示波器显示提供了一个客观的参考。

4. 可以使用效果预设来为多个剪辑应用同样的颜色校正调整,或者可以添加一个调整图层并为它应用效果。由调整图层覆盖的底部轨道上的所有剪辑都会受到影响。

5. 如果序列打算在广播电视上播放,需要确保序列满足最大和最小色阶的严格要求。合作的广播公司将指定它们所需的色阶。

第15课 了解合成技术

课程概述

在本课中，你将学习以下内容：

· 使用 alpha 通道；

· 使用合成技术；

· 处理不透明度；

· 处理绿屏；

· 使用蒙版。

本课大约需要 60 分钟。

Premiere Pro 拥有强大的工具，支持组合序列中的视频图层。

在本课中，我们将学习使合成工作的主要技术，以及准备合成、调整剪辑的不透明度、使用色度抠像和蒙版对绿屏剪辑进行色彩抠像的方法。

合成包括以任意数量组合的混合、组合、分层、抠像、蒙版和裁剪。
组合两个图像的任意技术都是合成。

15.1 开始

到目前为止，我们主要处理的是单个的整帧图像。在两个图像之间过渡的位置创建了编辑，或者是编辑顶部视频轨道上的剪辑使它们显示在底部视频轨道上的剪辑的前面。

在本课中，我们将学习组合视频图层的方式。仍然使用顶部和底部轨道的剪辑，但是现在，它们将变为一个混合合成中的前景和背景元素（见图 15.1）。

图15.1

混合可能来自前景图像的修剪部分或来自抠像（选择某种颜色并让它变为透明的），但是无论使用哪种方法，将剪辑编辑到序列中的方法是一样的。

首先将了解一个重要概念——alpha，它解释了显示像素的方式，然后将尝试几种技术。

1. 打开 Lesson 15 文件夹中的 Lesson 15.prproj。

2. 将项目保存为 Lesson 15 Working.prproj。

3. 通过单击工作区面板中的效果选项，或者选择窗口 > 工作区 > 效果选项，切换到效果工作区。

4. 单击工作区面板中的效果菜单，然后选择重置为保存的布局命令，或者直接选择窗口 > 工作区 > 重置为保存的布局命令，重置工作区。

15.2 什么是 alpha 通道

摄像机选择性地将光谱的红色、绿色和蓝色部分录制为单独的颜色通道。由于每个通道都是单色的（3 种颜色中的一种），因此通常将它们称为灰度。

Adobe Premiere Pro CC 使用这 3 种单色通道来生成相应的原色通道。它们使用加色法（additive color）进行组合，以创建一个完整的 RGB 图像。可以看到这 3 个通道组合为一个全彩色视频。

最后，第 4 个单色通道是 alpha。第 4 个通道没有定义任何颜色。相反，它定义不透明度，即像素的可见程度。在后期制作中，有几个不同的术语来描述第 4 个通道，包括可见性、透明度、混合器和不透明度。名称并不是特别重要，重要的是可以独立于颜色来调整每个像素的不透明度。

正如可以使用色彩校正来调整剪辑中的红色数量一样，可以使用不透明度控件来调整 alpha 透明度的数量。默认情况下，剪辑的 alpha 通道或不透明度是 100% 或完全可见的。在范围为 0 ~ 255 的 8 位视频中，这意味着它将是 255。动画、文字或 logo 图形剪辑通常有 alpha 通道，以控制图像的哪部分是不透明的或透明的。

用户可以设置源监视器和节目监视器，将透明像素显示为网格，如同在 Adobe Photoshop 中那样。

1. 打开源监视器的设置菜单（ ），确保没有选中透明度网格。

2. 在源监视器中，打开图像素材箱中的 Theft_Unexpected.png 剪辑（确保打开的是 PNG 剪辑）。

看起来好像是图形有一个黑色背景，但是这些黑色像素实际上是作为透明度而显示的。可以将它们当作源监视器的背景。

3. 单击源监视器的设置菜单（ ），选择透明度网格，结果如图 15.2 所示。

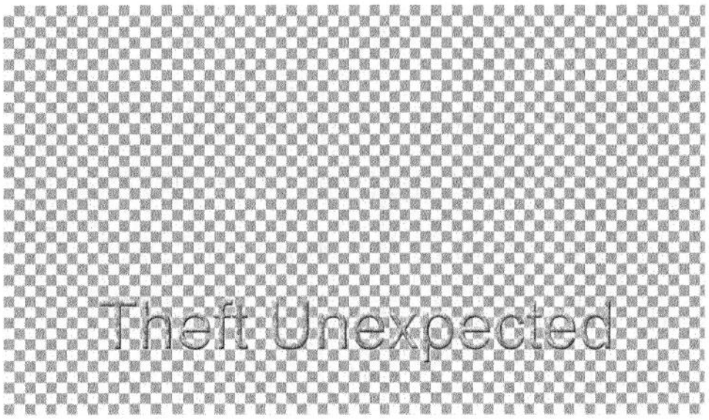

现在可以清晰地看到哪些像素是透明的。然而，对于某些类型的媒体，透明度网格并不是一个完美的解决方案。例如，本例中可能难以在网格上看到文本的边缘。

4. 打开源监视器的设置菜单，再次选择透明度

图15.2

网格，将其取消选中。

15.3 创建项目中的合成部分

使用组合特效和控件可以将后期制作提升到一个全新的水平。一旦开始使用 Premiere Pro 提供的合成效果后，用户可以了解拍摄的新方法，以及构建编辑以更容易地混合图像的新方法。

在合成时，前期规划、拍摄技巧和专用效果的结合生成了最有影响力的结果。用户可以将静态的环境图像与复杂有趣的图案相结合，以生成非凡的纹理。或者，用户可以删除不适合的图像部分并用其他内容替换它们。

合成是 Premiere Pro 的非线性编辑中具有创意的一部分。

15.3.1 在拍摄视频时就要考虑合成问题

当打算制作时，许多最有效的合成工作就开始了，用户可以思考如何帮助 Premiere Pro 识别想要变为透明的图像部分。有多种方式可以识别哪些像素是透明的。

Premiere Pro 识别想要变为透明的图像部分的方式有限。例如，色度抠像是一种标准特效，许多主流的电影作品使用它在一些很危险的环境中或身体不可能到达的地方（比如在火山内部）执行某些动作。

电影演员实际上站在绿屏前面。特效技术使用绿色来识别应该是透明的像素。演员的视频图像用作合成图的前景，并具有一些可见像素（演员）和一些透明像素（绿色背景），效果如图 15.3 所示。

接下来，将前景视频图像放到另一个背景图像前面。在史诗级的动作电影中，就是预置的设定，即一个真实世界中的位置，也可以是视觉效果艺术家创建的合成；也可以是任意其他图像。

事先规划对合成质量有很大影响。为了使绿屏有效工作，背景需要一种一致的颜色，使该颜色不会在拍摄对象的任意位置出现。例如，在应用抠像效果时，绿色珠宝可能会变为透明的。

如果正在拍摄绿屏素材，那么拍摄方式可能会

图15.3

对最终结果有很大影响。试着将拍摄对象的布光与想要使用的替换背景相匹配。

要使用柔光捕捉背景并避免溢出（spill），即从绿屏反射的光反弹到了拍摄对象上。如果出现这种情况，就很难抠出拍摄对象部分或使其变透明，原因是拍摄对象有与打算移除的绿色背景一样的颜色。

15.3.2 主要术语

在本课中，我们将使用一些新术语。下面将介绍其中一些重要术语。

- **Alpha/alpha 通道**：每个像素的第 4 个信息通道。alpha 通道定义像素的透明度。它是一个单独的灰度（单色）通道，并且可以完全独立于图像内容来创建它。

- **抠像**：根据像素颜色或亮度有选择性地将它们变为透明的过程。色度抠像效果使用彩色来生成透明度（即更改 alpha 通道），而亮度抠像效果使用亮度。

- **不透明度**：在 Premiere Pro 中，该术语用于描述序列中剪辑的总体 alpha 通道值。不透明度的值越大，剪辑越不透明（与透明度相反）。用户可以使用关键帧随着时间调整剪辑的不透明度，如同在前面的课程中调整音频级别一样。

- **混合模式**：一种起源于 Adobe Photoshop 的技术。它不是简单地将前景图像放置到背景图像前面，用户可以选择其中一种混合模式来让前景与背景进行交互。例如，用户可能仅想查看比背景亮的像素，或者是仅将前景剪辑的颜色信息应用于背景。第 13 课中使用了混合模式。尝试通常是学习混合模式的最好方式。

- **绿屏**：一个常见术语，描述在绿色屏幕前拍摄对象，然后使用一种特效选择性地将绿色像素变为透明的整个过程。再将该剪辑与背景图像合成。老式的天气预报是一个好的绿屏示例。

- **蒙版**：用于识别应该为透明或半透明的图像区域的图像、形状或视频剪辑。Premiere Pro 支持多种类型的蒙版，本课稍后将使用它们。用户可以使用图像、另外一个视频剪辑或者一个视觉效果（比如色度抠像），基于像素的颜色动态生成一个蒙版。

在第 14 课进行二次色彩调整时，Premiere Pro 生成了一个应用到色彩调整中的蒙版。

二次色彩调整将动态生成的蒙版应用到一个效果中，对发生变化的像素进行限制。色度抠像效果将蒙版应用到 alpha 通道，选择性地让像素变成透明的。

15.4 使用不透明度效果

用户可以在时间轴或效果控件面板中使用关键帧来调整剪辑的总体不透明度。

1. 打开序列 Desert Jacket。该序列的前景图像是一个穿夹克的男人，而背景图像是沙漠。

2. 增加 Video 2 轨道的高度。方法有下面几种：拖动 V2 和 V3 轨道之间的分割线；将鼠标光标悬停到 V2 轨道标题上，然后按住 Alt（Windows）或 Option（macOS）键滚动鼠标滚轮。

3. 单击时间轴的设置菜单，并确保启用了显示视频关键帧，效果如图 15.4 所示。

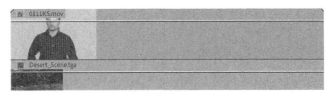

图15.4

4. 现在可以使用剪辑橡皮带来调整设置，并对应用于剪辑的效果使用关键帧。由于固定效果包括不透明度，因此会自动启用该选项。实际上，它是默认选项，这意味着橡皮带已经表示了剪辑的不透明度。尝试使用选择工具在 Video 2 的剪辑上向上或向下拖动橡皮带，如图 15.5 所示。

> **提示**：调整橡皮带时，在开始拖动之后，可以按住 Ctrl（Windows）或 Command（macOS）键来进行精细控制。注意，不要在单击之前按住修饰符键，否则将添加一个关键帧。

图15.5　在本例中，前景被设置为60%的不透明度

以这种方式使用选择工具时，会移动橡皮带，并且不会添加关键帧。

15.4.1　对不透明度应用关键帧

在时间轴上对不透明度应用关键帧与对音量应用关键帧完全一样。可以使用相同的工具和键盘快捷键，并且结果与预期的完全一样：橡皮带越高，剪辑的可见性越高。

1. 打开序列素材箱的 Theft Unexpected 序列。

该序列位于轨道 Video 2 上，它的前景中有一个字幕。在不同的时间以不同的持续时间自上而下或自下而上地淡入字幕很常见。用户可以使用一种切换效果来执行此操作，就像为视频剪辑添加切换一样；或者，为了获得更多的控制，可以使用关键帧来调整不透明度。

2. 确保轨道 Video 2 是展开的，这样可以看到前景字幕 Theft_Unexpected.png 的橡皮带，如图 15.6 所示。

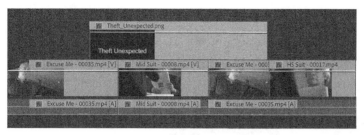

图15.6

3. 按住 Ctrl（Windows）或 Command（macOS）键并单击字幕图形的橡皮带以添加 4 个关键帧：两个位于开头，两个位于结尾，如图 15.7 所示。不用太在意新添加的关键帧的精确位置。

> **Pr** 提示：首先为橡皮带添加关键帧标记，然后拖动以调整它们，这种做法通常更简单。

4. 采用与调整音频关键帧来调整音量的相同方式来调整关键帧，以便它们表示自上而下或自下而上的淡入，如图 15.8 所示。

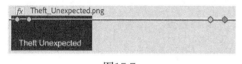
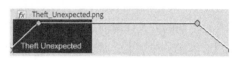

图15.7　　　　　　　　　　　　　　　图15.8

5. 播放序列并查看应用关键帧的结果。

> **Pr** 提示：按住 Ctrl（Windows）或 Command（macOS）键单击并添加了关键帧后，可以释放按键，并开始拖动鼠标以设置关键帧位置。

可以使用效果控件面板来为剪辑的不透明度添加关键帧。与音频音量关键帧控件一样，效果控件面板中的不透明度设置默认启用了关键帧。

15.4.2　基于混合模式组合轨道

混合模式是混合前景像素和背景像素的特殊方式。每种混合模式会应用不同的计算来组合前景 RGBA（红色、绿色、蓝色和 alpha）值和背景 RGBA 值。在计算每个像素时，会将它与后面的像素直接结合起来，以进行计算。

默认的混合模式是正常。在此模式下，前景图像在整个图像中有一个统一的 alpha 通道值。前景图像的不透明度越大，背景像素前面的这些像素的浓度就越大。

了解混合模式如何工作的最好方式是使用它们。

1. 使用图像素材箱中更复杂的字幕 Theft_Unexpected_Layered.psd 替换 Theft Unexpected 序列中的当前字幕，如图 15.9 所示。

替换现有字幕的方法是，按住 Alt（Windows）或 Option（macOS）键，将字幕拖放到现有字幕上。以这种方式替换剪辑会保留时间轴上剪辑的关键帧。

2. 在时间轴上选择新字幕，并查看效果控件面板。

3. 在效果控件面板中，展开不透明度控件并浏览混合模式选项，如图 15.10 所示。

图15.9

图15.10

4. 现在，混合模式设置为正常。尝试几种不同的选项来查看结果，如图 15.11 所示。每种混合模式会以不同的方式计算前景图层像素和背景像素之间的关系。请参见 Premiere Pro 的帮助文档来了解混合模式。在结束尝试之后，选择正常混合模式。

> **Pr** 提示：将鼠标光标悬停到混合模式菜单，但是不要单击，然后滚动鼠标，可以快速浏览模式。

图15.11　在本例中，图形应用了变亮混合模式。在该模式中，
只有当像素比它后面的像素还要亮时，才能看到它

15.5　处理 alpha 通道透明度

很多类型的媒体的像素已经有了不同的 alpha 通道级别。字幕图形就是一个明显的例子：存在文字时，像素的不透明度为 100%；而没有文字时，像素的不透明度通常是 0%。文字背后的投影等元素通常具有一个中间值。保持投影的一些透明度可使它看起来更真实一些。

Premiere Pro 能更清楚地显示 alpha 通道中值更高的像素。这是解释 alpha 通道常见的方式，但是有时可能会遇到以相反的方式配置的媒体。你会立刻意识到问题，因为在另一个黑色图像中图像会被修剪掉。这个问题很容易解决，如同 Premiere Pro 可以解释剪辑的声道一样，它还可以选择不同的方式来解释 alpha 通道。

使用 Theft Unexpected 序列中的字幕，可以看到结果。

1. 在项目中找到 Theft_Unexpected_Layered.psd。

2. 右键单击剪辑，然后选择修改 > 解释素材选项。在修改剪辑对话框中的下半部分，找到 alpha 通道解释选项，如图 15.12 所示。

图15.12

alpha 通道预乘选项与半透明区域的解释方式有关。如果发现半透明图像区域是块状的，或者渲染质量很差，可以尝试选择预乘 alpha，并查看结果。

> **Pr** **注意**：在改变 alpha 通道的解释方式时，混合模式仍然适用。如果反转 alpha 通道并使用诸如变亮这样的混合模式，则黑色背景不可见。

3. 尝试选择忽略 alpha 通道，然后选择反转 alpha 通道并在节目监视器中查看结果（在显示更新之前需要单击确定按钮），如图 15.13 所示。

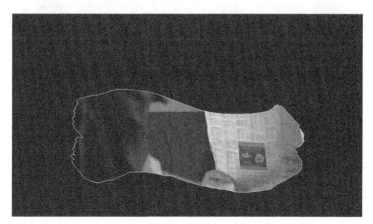

图15.13　当alpha通道有问题时，可以很容易发现

- **忽略 alpha 通道**：将所有像素的 alpha 视为 100%。如果不想使用序列中的背景剪辑，而是想使用黑色像素，则这种方法非常有用。

- **反转 alpha 通道**：反转剪辑中每个像素的 alpha 通道。这意味着完全不透明的像素将变为完全透明的，并且透明像素将变为不透明的。

15.6　对绿屏剪辑进行色彩抠像

使用橡皮带或效果控件面板更改剪辑的不透明度级别时，会以同样的数量调整图像每个像素的 alpha。用户还可以根据像素在屏幕上的位置、亮度或颜色选择性地调整像素 alpha。

色度抠像效果根据具体亮度、色相和饱和度值调整一系列像素的不透明度。其原理非常简单：选择一种颜色或多种颜色，像素与所选颜色越像，透明度就会越高。像素与所选颜色越接近，其 alpha 通道值降低得就越多，直到它变为完全透明的。

> **Pr** **注意**：高度压缩的媒体文件（比如 H.264 4:2:0）通常不会生成与使用高端相机拍摄的 RAW 文件或轻度压缩文件（比如 ProRes 4:4:4:4）一样的结果。

下面进行色度抠像合成。

1. 将 Greenscreen 素材箱中的剪辑 Timekeeping.mov 拖动到项目面板的新建项目菜单上。这将创建一个与媒体完美匹配的序列，且剪辑位于 Video 1 上。

2. 在序列中，将剪辑 Timekeeping.mov 向上拖动到 Video 2 上，这将是前景，如图 15.14 所示。

图15.14

3. 将剪辑 Seattle_Skyline_Still.tga 直接从 Shots 素材箱拖动到轨道 Video 1 上，并位于时间轴的 Timekeeping.mov 剪辑下面。

因为这是一个单帧的图形，所以默认持续时间非常短。

4. 修剪 Seattle_Skyline_Still.tga 剪辑，使其持续时间足够长以便用作 Video 2 上前景剪辑完整持续时间的背景，如图 15.15 所示。

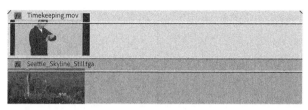

图15.15

5. 在项目面板中，序列依然以 Timekeeping.move 命名，而且存储在同一个 Greenscreen 素材箱中。将序列重命名为 Seattle Skyline，并将它拖动到序列素材箱中。

这种类型的实时（on-the-fly）文件组织有助于对项目进行控制。

现在有了前景和背景剪辑，我们还需要绿色像素变为透明的。

 注意：在 Premiere Pro 中创建多层的合成时没有特殊的秘密。将剪辑放到多个轨道上，并且上层轨道上的剪辑会先于下层轨道上的剪辑出现。

15.6.1 预处理素材

在理想情况下，处理的每个绿屏剪辑都具有无瑕疵的绿色背景，并且前景元素的边缘很整齐。实际上，有很多原因会让你面对不完美的素材。

在创建视频时，总是存在因为光线不足造成的潜在问题。但是，许多摄像机保存图像信息的方式还会造成另一个问题。

由于眼睛在识别颜色时，不像亮度信息那样准确，因此摄像机通常会减少保存的颜色信息数量。

摄像系统使用减少颜色捕捉的方式减小文件大小，并且方法因系统而异。有时会每隔一个像素保存颜色信息；有时可能会每隔第一行对每隔一个像素保存一次颜色信息。以这种方式来缩小文件大小通常是一个好主意，否则要想存放完整的文件，会占用相当巨大的存储空间。然后，这种类型的视觉压缩会使抠像变得更困难，因为颜色细节并不尽如人意。

如果发现素材的抠像不是很好，请尝试以下操作。

- 在抠像之前，考虑应用一个较小的模糊效果。比如混合像素细节，柔化边缘，并通常提供一个看起来更平滑的结果。如果模糊数量非常小，则不会明显降低图像质量。我们可以为剪辑应用模糊效果，调整设置，然后在顶部应用色度抠像效果。色度抠像效果会在应用了模糊效果之后使用，因为它位于效果控件面板中效果列表的下面。

- 在抠像之前对剪辑进行颜色校正。如果剪辑的前景和背景缺少良好的对比度，那么首先使用 Lumetri 颜色面板来调整图像有时会有所帮助。

15.6.2 使用极致抠像效果

Premiere Pro 有一个强大、快速且直观的色度抠像效果，名为极致抠像。操作非常简单：选择想要变为透明的颜色，然后调整设置以进行匹配。与绿屏抠像一样，极致抠像效果会根据颜色选择动态生成蒙版（定义了哪些像素应该是透明的）。如果使用极致抠像效果的详细设置，那么蒙版就是可调整的。

1. 将极致抠像效果应用于 Seattle Skyline 新序列中的 Timekeeping.mov 剪辑，如图 15.16 所示。在效果面板的搜索框中输入 Ultra，可以快速找到该效果。

图15.16　可以通过单击色板然后选择拾色器，或者使用吸管单击图像的方式来设置键控颜色

2. 在效果控件面板中，选择键控颜色吸管，如图 15.17 所示。

图15.17

3. 按住 Ctrl（Windows）或 Command（macOS）键，在节目监视器中使用吸管单击绿色区域。该剪辑在背景中具有一致的绿色，因此单击什么位置并不重要。对于其他素材，可能需要尝试找到合适的点。

提示：如果在使用吸管单击时按住 Ctrl（Windows）或 Command（macOS）键，则 Premiere Pro 会采用 5×5 的平均像素采样，而不是选择单个像素。这通常会捕捉更好的颜色来进行抠像。

极致抠像效果识别出用户选择的具有绿色的所有像素，并将其 alpha 设置为 0%，如图 15.18 所示。

图15.18

4. 在效果控件面板中，将极致抠像效果的输出设置更改为 alpha 通道。在这种模式下，极致抠像效果将 alpha 通道显示为灰度图像，其中暗像素将变为透明的，而亮像素将变为不透明的，如图 15.19 所示。

图15.19

这是一个非常好的抠像，但是有一些灰色区域，其中像素是部分透明的，这并不是我们想要的结果。在这个灰色区域中，有一些自然的半透明细节，比如头发或衣服的边缘，它们应该有一些灰色，但是左侧和右侧没有任何绿色，因此不会对这些像素进行抠像。稍后将处理这些像素。不过，alpha 通道的主区域中，应该是纯黑色或纯白色。

5. 在效果控件面板中，将极致抠像效果的设置菜单更改为攻击。这将清理选择。浏览剪辑以查看它是否具有干净的黑色区域和白色区域。如果在该视图中看到灰色像素出现在不应该的位置，则结果是该部分在图像中变为部分透明的。

6. 将输出设置切换回合成以查看结果，如图 15.20 所示。

图15.20

攻击模式更适合该剪辑。默认、放松和攻击模式修改蒙版生成、蒙版清除和溢出抑制设置。用户还可以手动修改它们，以针对更具挑战性的素材获得更好的抠像。

下面是每种设置的概述。

- **蒙版生成**：选择抠像颜色后，蒙版生成控件会更改解释方式。通过对更具挑战性的素材调整这些设置，通常可以获得积极的结果。

- **蒙版清除**：定义了蒙版后，可以使用这些控件调整它。

- **阻塞**：缩小蒙版的大小，如果抠像选择丢失了一些边缘，那么它非常有用。一定不要阻塞蒙版太多，因为这样会开始在前景图像中丢失边缘细节，在视觉效果行业，这通常称为提供"数码修剪"。

- **柔化**：为蒙版应用模糊，这通常会改进前景和背景图像的混合，生成更令人信服的合成图。

- **对比度**：会增加 alpha 通道的对比度，使黑白图像变为对比强烈的黑白图像，从而更清晰地定义抠像。增加对比度通常可以获得更干净的抠像。

- **溢出抑制**：溢出抑制会补偿从绿色背景反射到拍摄对象的颜色。当出现这种情况时，绿色背景的组合和拍摄对象自己的颜色通常并不相同，因此并不会出现部分拍摄对象抠像为透明的。但是，当拍摄对象的边缘是绿色时，抠像看起来不太好。溢出抑制自动补偿抠像颜色，方法是为前景元素边缘添加颜色（所添加的颜色位于色轮上相反的位置）。例如，当对绿屏进行抠像时会添加洋红色，或者当对蓝屏进行抠像时添加黄色。这会中和颜色"溢出"，而且采用的方式与修复色偏的方式一样。

> **Pr** | **注意**：在本例中使用的素材具有绿色背景，也可能要抠像的素材具有蓝色背景，工作流程是完全一样的。

内置的颜色校正控件提供了一种调整前景视频外观，并将其与背景混合的快速且简单的方式（见图 15.21）。

通常情况下，这 3 个控件足够制作出更自然的效果了。注意，这些调整会在抠像之后应用，因此使用这些控件调整颜色时不会生成抠像问题。用户可以使用 Premiere Pro 中的任何颜色调整工具，包括 Lumetri 颜色面板。

图15.21

15.7 对剪辑进行蒙版处理

极致抠像效果会根据剪辑中的颜色动态生成蒙版，还可以创建自己的自定义蒙版或者将另一个剪辑用作蒙版的基础。

创建自己的蒙版时，将在剪辑中使用应用到不透明度设置中的蒙版功能。接下来创建一个蒙版，移除 Timekeeping.mov 剪辑中的边缘。

1. 返回到 Seattle Skyline 序列。

前面的案例中，前景剪辑有一个演员站在绿屏前，但是绿色并没有到达图像的边缘。以这种方式拍摄绿屏素材很常见，尤其是拍摄场所没有可用的全套演播室设备时。

2. 在效果控件面板中单击切换效果按钮（ fx ），禁用极致抠像效果，不用删除它，从而能够再次清楚地看到图像的绿色区域。

3. 还是在效果控件面板中，展开不透明度控件，然后单击不透明度控件标题下面的 Create 4-Point Polygon Mask（创建四角多边形蒙版）按钮（ ▣ ）。

这会为剪辑应用一个蒙版，使得大部分图像成为透明的，如图 15.22 所示。

图15.22

4. 调整蒙版的大小，以便显示出剪辑的中间区域，同时隐藏黑色边缘。用户需要将节目监视器缩小到 50% 或 25%，才能看到图像边缘之外的内容。

在效果控件面板中选择蒙版后，可直接在节目监视器中单击，重新定位蒙版的角控点，如图 15.23 所示。

图15.23　蒙版扩展到了图像边缘外。这没有问题，因为主要目的是选择想要排除的部分。
本例中成功排除了幕布

5. 将节目监视器的缩放选项设置为适合。

6. 在效果控件面板中切换回极致抠像效果，然后取消选中剪辑，移除可见的蒙版手柄。

这将产生一个干净的抠像，如图 15.24 所示。

图15.24

15.7.1 使用图形或其他剪辑作为蒙版

为效果控件面板的不透明度设置添加一个蒙版，会设置一个应该为可见或透明的用户定义区域。Premiere Pro 还可以使用另一个剪辑作为一个蒙版的参考。

轨道蒙版抠像效果使用了来自轨道上任意剪辑的亮度信息或 alpha 通道信息，为另外一个轨道上选择的剪辑定义一个透明度蒙版。只要一点点计划和准备，这个简单的效果就可以生成很好的结果，因为用户可以使用任何剪辑作为参考，甚至为剪辑应用效果，从而更改最终的蒙版。

使用轨道蒙版抠像效果

下面将使用轨道蒙版抠像效果来为 Seattle Skyline 序列添加一个分层字幕。

1. 选择并删除 Video 2 轨道上的 Timekeeping.mov 剪辑。

2. 将 Shots 素材箱中的 Laura_06.mp4 剪辑编辑到 V2 轨道上，位于序列的开始位置。

3. 将字幕剪辑 SEATTLE 从图像素材箱拖放到时间轴的 V3 轨道上，直接位于 Laura_06.mp4 剪辑的上面。

4. 修剪 SEATTLE 图形剪辑，以匹配 Laura_06.mp4 剪辑的持续时间，如图 15.25 所示。

图15.25

5. 在效果面板中找到 Track Matte Key 效果，并将其应用到 V2 轨道的 Laura_06.m04 剪辑中。

6. 在效果控件面板中，将轨道遮罩键菜单设置为 Video 3，如图 15.26 所示。

7. 浏览序列以查看结果。顶部剪辑不再可见（见图 15.27）。该剪辑作为指南用来定义 V3 上剪辑的可见和透明区域。

图15.26   图15.27

提示： 本例使用了一个静态图像作为轨道遮罩键效果的参考。也可以使用任何剪辑，包括其他视频剪辑。

默认情况下，轨道遮罩键效果使用位于所选轨道上的剪辑的 alpha 通道生成抠像。如果参考的剪辑没有使用 alpha 通道，可将合成方式菜单修改为 Luma 遮罩，此时将使用参考剪辑的亮度来生成抠像。

轨道遮罩键效果非同寻常，因为其他大多数效果会只改变使用了它们的剪辑。而轨道遮罩键效果不但改变了使用它的剪辑，还更改了用作参考的剪辑。

Laura_06.mp4 剪辑中的颜色在背景剪辑的蓝色对比下，工作得很好，但是完全可以更生动一些。可以尝试其他颜色校正工具使红色更明亮，从而使合成更引人注目。

用户可能想要为 Laura_06.mp4 剪辑添加一个模糊效果，并更改播放速率，从而创建更柔和、移动更缓慢的纹理。

15.8　复习题

1. RGB 通道和 alpha 通道之间的区别是什么？

2. 如何为剪辑应用混合模式？

3. 如何对剪辑的不透明度应用关键帧？

4. 如何更改解释媒体文件的 alpha 通道的方式？

5. 对剪辑应用"抠像"意味着什么？

6. 对可用作轨道遮罩键效果参考的剪辑类型，是否有什么限制？

15.9　复习题答案

1. 区别在于 RGB 通道描述颜色信息，而 alpha 通道描述不透明度。

2. 混合模式位于效果控件面板中的不透明度类别中。

3. 在时间轴上或者在效果控件面板中调整剪辑不透明度的方式与调整剪辑音量的方式相同。要在时间轴上做出调整，确保查看想要调整的剪辑的橡皮带，然后使用选择工具拖动它。如果在单击时按住 Ctrl（Windows）或 Command（macOS）键，将添加关键帧。用户可以使用钢笔工具来处理关键帧。

4. 右键单击文件，并选择修改 > 解释素材命令。

5. 抠像通常是一种特效，使用像素的颜色或者亮度来定义应该为透明和可见的图像部分。

6. 可以使用任何剪辑并使用轨道遮罩键效果创建抠像，只要它位于想要应用抠像效果的剪辑上方的轨道上。甚至可以对参考剪辑应用特效，这些效果的结果会反映在蒙版中。用户甚至可以使用多个剪辑，因为设置是基于轨道的，而不是基于一个特定的剪辑。

第 16 课 创建字幕

课程概述

在本课中，你将学习以下内容：

- 使用基本图形面板；
- 处理视频版式；
- 创建字幕；
- 风格化文字；
- 处理形状和 logo；
- 创建滚动字幕和游动字幕；
- 使用模板字幕。

本课大约需要 90 分钟。

在构建序列时，尽管我们可以将音频和视频作为主要的组成部分，但是通常也需要为项目添加文字。Adobe Premiere Pro CC 中包含了强大的字幕和图形创建工具，可以在时间轴面板中正确使用。

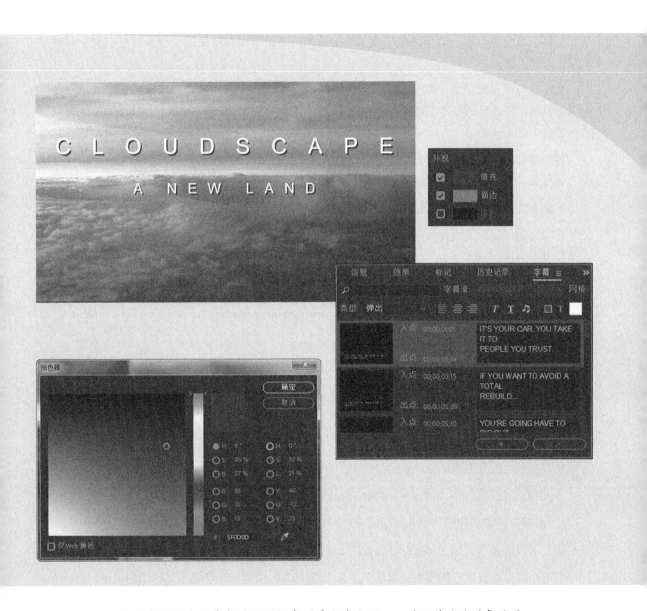

用户可以使用基本图形面板来创建文字和形状，然后将这些对象放置在视频中或者用作独立的剪辑向观众传达信息。

16.1 开始

当想要快速地将信息传递给观众时，文字非常有效。例如，在采访时可以通过叠加姓名和字幕（通常称为字幕安全区 [lower-third]）来识别视频中的演讲者。用户还可以使用文字来识别较长视频的片段（通常称为缓冲片段）或致谢演员和剧组成员（使用致谢）。

与解说员解说相比，恰当地使用文字要更清晰，并且可以在对话期间传递信息。文字可以用来强化关键信息。

基本图形面板提供了一系列文本编辑和形状创建工具，可以使用它们来设计字幕。用户可以使用加载到计算机上的字体（可通过 Adobe Typekit 来使用，Adobe Typekit 是 Creative Cloud 成员的一部分）。

用户还可以控制不透明度和颜色，可以插入使用其他 Adobe 应用程序（比如 Adobe Photoshop 或 Adobe Illustrator）创建的图形元素或 logo。

下面来尝试使用几种图形和字幕工具。

1. 打开 Lesson 16 文件夹中的 Lesson 16.prproj。

2. 将项目保存为 Lesson 16 Working.prproj。

3. 单击工作区面板中的图形选项，或者选择窗口 > 工作区 > 图形，切换到图形工作区。

4. 单击工作区面板上的效果菜单，然后选择重置为保存的布局，或者选择窗口 > 工作区 > 重置为保存的布局，重置工作区。

图形工作区会显示基本图形面板，并将工具面板放置到节目监视器附近，以便能够轻松访问到可以直接在视频预览中使用的图形工具。

16.2 基本图形面板概述

基本图形面板分为两部分。

- **浏览**：用来浏览大量的内置字幕模板，其中很多模板包含了动画（见图 16.1）。

- **编辑**：对添加到序列中的字幕或在序列中创建的字幕做出修改（见图 16.2）。

除了可以从模板开始之外，也可以使用文字工具（![T]）在节目监视器中单击，创建新的字幕。

也可以直接在节目监视器中使用钢笔工具（![钢笔]）创建形状，在字幕中用作图形元素。

注意，钢笔工具有一个小三角形，表示这也是一个菜单。如果单击并按住钢笔工具，则会显示矩形工具和椭圆工具，如图 16.3 所示。

图16.1

图16.2

如果单击并按住文字工具，将显示直排文字工具，这可以以列的形式（而非行的形式）来输入文字，如图 16.4 所示。

图16.3

一旦创建了新的图形和文字元素，可以使用选取工具（ ▶ ）调整其位置和大小。

图16.4

所有这些创意性的工作都可以直接在节目监视器和时间轴面板中执行。

先从一些预格式化的文本开始，然后对其进行修改。这种方法可以快速了解基本图形面板的强大功能。本课稍后将从头开始创建字幕。

1. 打开序列 01 Clouds，如图 16.5 所示。

2. 将时间轴播放头移动到 V2 轨道上 Cloudscape 字幕的上方，将其选中。

3. 切换到基本图形面板的编辑面板，如图 16.6 所示。

与效果控件面板相同，基本图形面板的编辑面板会显示与时间轴面板中选中的剪辑相关的选项。

与效果控件面板相同的是，每次只能查看一个剪辑的选项。

与 Lumetri 颜色面板相同的是，在基本图形面板中做出的更改将作为效果控件面板中的效果出现，而且带有所有可用的设置，其中包括创建效果预设的选项，以及使用关键帧对图形元素进行动画处理的选项。

图16.5

图16.6

注意，在基本图形面板顶部列出了两个项目：Cloudscape 和 Shape 02，如图 16.7 所示。

图16.7

如果熟悉 Adobe Photoshop，则会意识到这就是图层。图形中的每一个项目在基本图形面板中显示为图层。

与时间轴轨道一样，顶部图层在底部图层的前面，可以在列表中上下拖动项目。

面板中还应该显示一个熟悉的眼睛图标（ ），可以用来启用或禁用图层。

4. 单击基本图层面板顶部的 Shape 02 图层。

这将显示 Shape 02 图层的标准对齐和外观控件，如图 16.8 所示。这里是一条跨越屏幕的红色条带。

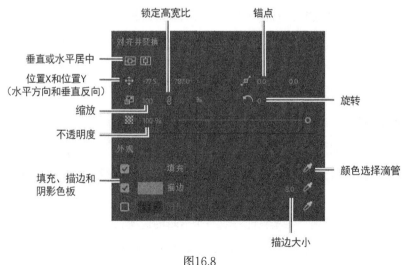

图16.8

我们使用过效果控件面板的运动效果，因此应该已经很熟悉其中部分选项了。

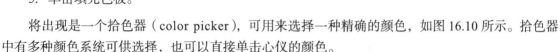

图16.9

外观区域（见图 16.9）的选项应该是新的，可以在这个区域为形状的填充、描边（用来描绘形状边缘的彩线）和阴影指定一种颜色。

用户应该也很熟悉这些色板，它们的工作方式很直观。

5. 单击填充色板。

将出现是一个拾色器（color picker），可用来选择一种精确的颜色，如图 16.10 所示。拾色器中有多种颜色系统可供选择，也可以直接单击心仪的颜色。

6. 单击取消按钮，然后单击位于基本图形面板右侧的填充颜色的滴管（🖌）。

可以使用滴管从图像的任何位置拾取一种颜色。事实上，可以从计算机屏幕上的任何位置拾取颜色。如果用户有一系列想要使用的颜色（比如 logo 或品牌的颜色），该操作会相当有用。

7. 单击位于云朵之间的细窄的蓝色天空，形状将填充与天空匹配的颜色，如图 16.11 所示。

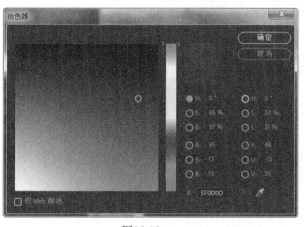

图16.10

图16.11

注意，可以在节目监视器的形状上看到控制手柄。用户可以使用选取工具直接改变形状。现在，将使用选取工具来选择字幕中的另外一个图层。

> **Pr** 注意：使用选取工具，在节目监视器中项目之外的地方单击，隐藏控制手柄，可以更清晰地看到结果。

要在节目监视器中选择一个图层，需要先取消选中已经选中的图层。用户可以单击节目监视器的背景，或者取消选中时间轴面板中的字幕剪辑，来实现上述目的。

8. 使用选取工具单击节目监视器中的单词 Cloudscape。

> **注意**：可能需要展开窗口，或者滚动窗口，才能看到所有的基本图形面板选项。

> **注意**：经过单击和测试发现，我们可能会不小心取消选中图层。如果文字或形状周围没有带手柄的边界框，可使用时间轴中的选取工具进行选择。

> **提示**：如果不确定某个控件的用途，可以将鼠标光标悬停到图标上，这将出现一个工具提示来显示控件的名字。

在基本图形面板中将出现对齐和变换和外观控件，但是还有一些其他的控件决定了文字的外观，如图 16.12 所示。

字体
字体样式
字体大小
文本
Arial
Bold
100
文本对齐
字间距
制表符宽度
400
间距挤压
字偶距
行间距
基线位移
段落文本对齐

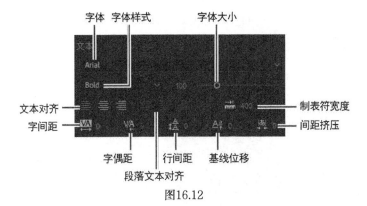

图16.12

9. 通过尝试几种字体和字体样式体验控件的使用（见图 16.13）。无论在何处看到蓝色数字，都可以使用鼠标进行拖放，更新其设置。这是一种了解控件用途的快速方式。

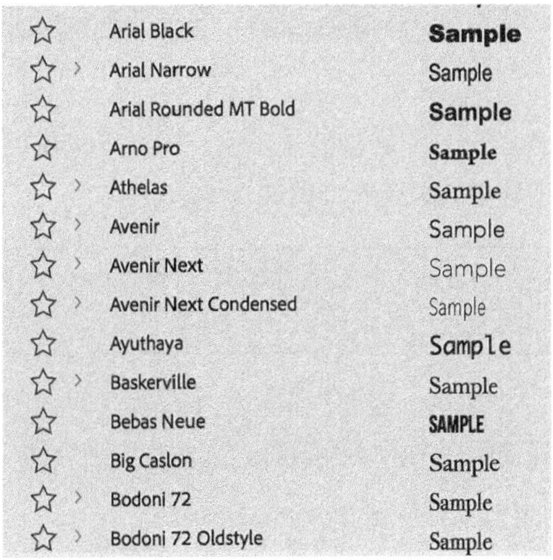

Arial Black
Sample
Arial Narrow
Sample
Arial Rounded MT Bold
Sample
Arno Pro
Sample
Athelas
Sample
Avenir
Sample
Avenir Next
Sample
Avenir Next Condensed
Sample
Ayuthaya
Sample
Baskerville
Sample
Bebas Neue
SAMPLE
Big Caslon
Sample
Bodoni 72
Sample
Bodoni 72 Oldstyle
Sample

图16.13

每个系统中载入的特定字体不尽相同，Adobe Creative Cloud 账户可以访问很多字体，而且其数量比开始使用的字体要多很多。

要添加更多的字体，请访问图形菜单，然后选择从 Typekit 添加字体，访问 Adobe Typekit 网站，其中包含了数千种可用的字体。

 注意：Premiere Pro 会将更新后的字幕自动保存到项目文件中，而且不是作为硬盘中单独的文件出现。

16.3 掌握视频版式基础知识

为视频设计文字时，重要的是要遵守版式约定。如果文字是在一个具有多种颜色的移动视频背景上合成的，则需要采取一些工作来创建一个清晰的设计。

 提示：如果想了解有关版式的更多知识，请参阅 Erik Spiekermann 著作的 *Stop Stealing Sheep & Find Out How Type Works*，*Third Edition*（Adobe Press，2013）。

要在易读性和样式之间找到一个平衡，确保屏幕上有足够的信息，而且又不会显得拥挤。如果文字太多，则会阅读困难，使观众沮丧。

16.3.1 字体选择

计算机中可能有许多种字体，因此可能很难选择一种能够使视频工作的恰当字体。为了简化选择过程，请使用分类方法并考虑下面这些因素。

- **可读性**：所使用的字体大小是否容易读取？所有的字符都是可读的么？如果快速浏览一遍，然后闭上眼睛，你还会记得文本块吗？

- **样式**：仅使用形容词，如何描述自己所选的字体？字体是否传达了恰当的情绪？选择合适的字体是整体设计成功的关键。

- **灵活性**：字体是否与其他内容很好地混合在一起？是否有使传达意义变得更简单的多种字体粗细（比如粗体、斜体和半粗体）？能否创建传达各种不同信息的分层信息，比如在演讲者的字幕安全区名字图层放置名字和字幕。

这些原则应该有助于用户更好地设计字幕。我们可能需要尝试来找到最佳字体。幸运的是，用户可以轻松地修改现有字幕或者复制它并更改副本，以进行并排比较。

16.3.2 颜色选择

尽管用户可以创建无限数量的颜色组合，但是在设计中选择并使用合适的颜色可能非常棘手。

这是因为只有几种颜色适用于文字且观看者能够清楚地看到（见图 16.14）。如果编辑的视频用于播放，或者设计必须匹配一系列产品的风格和品牌，那么这一任务就变得更加困难。即使是将文字放置在杂乱的移动背景上也应该能够容易辨认。

> **Pr** **注意：** 创建供视频使用的文字时，通常会发现需要将文字放置在拥有许多颜色的背景上。这使得很难形成合适的对比（这是保持易读性的关键）。在这种情况下，可能需要添加一个边缘描边或投影来获得一个对比边缘。

图16.14　白色文字在深色背景上很容易阅读，蓝色文字比较难阅读，
因为文字的颜色和色调与天空类似

尽管可能会觉得有些保守，但是视频中常见的文字颜色是白色。不必惊讶，第二种常见的颜色是黑色。使用颜色时，它们通常是采用非常浅或非常深的色调。选择的颜色相对于文字将要放置的背景，必须提供一种适当的对比。

16.3.3　调整字偶距

一种常见的情况是调整一个字幕的字符之间的间距，改进文字的外观，并使它与背景的设计相匹配（见图 16.15）。这个过程称之为字偶距调整（kerning）。字体越大，花时间手动调整文字就越重要（因为字体越大，则越容易发现不合适的字偶距）。字偶距的目标是改进文字的外观和易读性，同时创建光流（optical flow）。

通过研究专业设计的一些材料（比如海报或杂志），可以学习到有关字偶距调整的更多知识。

> **提示：** 开始调整字偶距的常见位置是调整首个大写字母和后续小写字母之间的距离，尤其是字符具有非常小的基底时，比如 T，可能会造成基线处具有过多空间的感觉。

现在对一个已有字幕进行字偶距调整。

1. 在 Assets 素材箱中找到字幕剪辑 White Cloudscape。

2. 将该剪辑编辑到 01 Cloud 序列中，而且位于 V2 轨道第一个字幕的后面。

确保字幕被放置到背景视频剪辑的上方，以便可以将其用作定位的参考，如图 16.16 所示。

图16.15　逐个字符应用字偶距调整，
　　　从而允许创造性地使用间距

图16.16

3. 使用文字工具选择节目监视器中的文本，将 I 形光标放置到单词 CLOUDSCAPE 的 D 和 S 之间。

4. 在基本图形面板的编辑面板中，在文本区域，将字偶距设置为 250（ VA 250 ）。

只有在选择了单个字幕或者 I 形光标出现在两个字幕之间时，字偶距选项才是可用的。

5. 为剩余的字母重复这一过程。

6. 在基本图形面板的对齐和变换区域单击水平居中按钮，调整文字的位置，结果如图 16.17 所示。然后单击时间轴面板中的空白轨道，取消选中文字。

图16.17

7. 选择选取工具。

> **Pr** 提示：在使用了不同的工具之后，最好再切换回选取工具，以免意外添加新的文字，或者对序列做出不想要的更改。

16.3.4　设置字间距

另一个重要的文字属性是字间距（与字偶距类似）。它可以对一行文字中所有字母之间的距离进行总体控制。字间距用于从全局压缩或扩展一行文字。

通常在下列场景中使用它。

- **紧凑的字间距**：如果一行文字太长（比如演讲者的字幕安全区有冗长的字幕），可能想稍微收紧它，以适合屏幕。这一操作将保持相同的字体大小，但是会在可用的空间中容纳更多的文字。

- **松散的字间距**：当使用的所有字母都是大写，或者需要对文字应用外部描边时，松散的字间距可能很有用。它通常用于大型字幕，或者是当文字用作设计或运动图形元素时。

用户可以在基本图形面板的文本区域调整字间距。只需选中文本图层然后调整设置即可，效果如图 16.18 所示。

图16.18

16.3.5　调整行间距

字偶距和字间距控制字符之间的水平距离，而行间距（leading）用来控制文字行之间的垂直距离。它的名称来自印刷机上用于在文字行之间创建距离的铅条。

在基本图形面板中编辑面板的文本区域调整行间距，效果如图 16.19 所示。

图16.19

在大多数情况下，你会发现默认设置可以很好地用于行间距。调整行间距会对字幕造成很大的影响。不要将行间距设置得太紧密，否则顶部行中的下行字母（比如 j、p、q 和 z 的下行线）将跨越下一行的上行字母（比如 b、d、k 和 l 的上行线）。这一冲突很有可能使文字难以辨认。

16.3.6　设置对齐

尽管用户可能已经习惯了文字左对齐的情况，比如报纸，但是对齐视频文字没有硬性规定。通常来讲，字幕安全区中使用的文字是左对齐或右对齐的。

我们通常会在滚动的字幕序列或分段缓冲中居中放置文字。基本图形面板中有用来对齐文本的多个按钮，如图 16.20 所示。

图16.20

16.3.7 设置字幕安全框

在创建字幕时，用户可能想查看参考线来定位文本和图形元素。

打开节目控制器中的设置菜单，然后选择安全框，可以启用或禁用上述功能，如图 16.21 所示。

图16.21

外围的边框显示了 90% 的可视区域，它被视为操作安全框。在电视机上查看视频信号时，此框外的所有内容可能会被切除，因此要将想要被看到的所有关键元素（比如 logo）放在该区域中。

内部的边框显示 80% 的可视区域，它被称为字幕安全区。正如本书有页边空白来避免文字与边缘距离太近一样，用户需要将文字放在中心或字幕安全区。这使得观众更易于读取信息（见图 16.22）。

图16.22

16.4 创建字幕

创建字幕时，用户需要选择如何在屏幕上显示文字。有两种方法可以用来创建文字，每一种方法都提供了水平和垂直文字方向选项。

- **点文字**：这种方法在输入时建立一个文字范围框。文字会排在一行，直到按下 Enter（Windows）或 Return（macOS）键。改变文字框的形状和大小会相应地改变基本图形面板中的缩放属性。

- **段落（区域）文字**：在输入文字前先设置文本框的大小和形状。改变文本框的大小可以显示更多或更少的文字，但不会改变文字的形状和大小。

在使用节目监视器中的文字工具时,在第一次单击时可以选择要添加哪种类型的文字。

- 单击并输入,可以添加点文字。

- 通过拖动创建一个文字框然后输入,可以添加段落文字。

基本图形面板中的大多数选项都可以应用到这两种类型的文字上。

16.4.1 添加点文字

下面介绍使用一个新序列头开始构建字幕。

创建一个新字幕,用来宣传一个旅游目的地。

1. 打开序列 02 Cliff。

2. 选择文字工具。

3. 单击节目监视器,输入 The Dead Sea,如图 16.23 所示。

一个新的图形剪辑将添加到时间轴面板的序列中,位于下一个可用的视频轨道中。这里是 V2。

> **Pr** 注意:如果你之前使用过基本图形面板,则字幕可能看起来与这里的不一样。最后一次使用的设置将应用到新创建的字幕上。

4. 拖动时间轴播放头,尝试更改背景视频的帧。在设计字幕时,要仔细选择背景帧。因为视频在播放时是动态的,所以可能会发现字幕位于剪辑的开始位置,而非末尾。

5. 选择选取工具,在文字边界框上出现了手柄,如图 16.24 所示。

这里不要使用选取工具的键盘快捷键,因为要在文字边界框中进行输入。

图16.23

图16.24

6. 拖动文字边界框的角和边。注意字体大小、宽度和高度都没有发生变化。相反,只是调整了缩放设置。默认情况下,高度和高度将保持相同的缩放比例。

单击设置缩放锁,分别调整高度和宽度。

7. 将鼠标光标悬停到文字边界框一个角的外面，直到变成一个弯曲的双箭头（见图 16.25），可以使用该箭头旋转文字边界框。通过拖动来旋转边界框，使其偏离水平方向。

图16.25

注意，锚点的默认位置是剪辑的左下角。在旋转时，锚点不会围绕着中心（而是围绕着那个角）进行旋转。

8. 使用选取工具单击边界框的任何位置，将文字和边界框朝着右上角拖动。

9. 单击切换轨道输出按钮（  ），禁用 Video 1 的轨道输出。

10. 单击节目监视器的设置按钮，启用透明网格选项，如图 16.26 所示。

使用基本图形面板中的设置（见图 16.27），尝试匹配这里给出的例子。

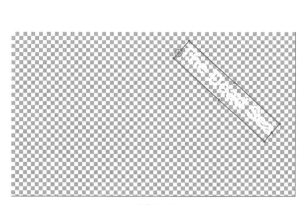

图16.26

图16.27

现在可以看到透明棋盘背景下的字幕，但还是无法辨认。

11. 在选中文字的情况下，访问基本图形面板的外观区域，启用描边选项，如图 16.28 所示。将颜色设置为黑色，将描边宽度设置为 7。

图16.28

现在可以很容易地看到文字了（见图 16.29），而且在一系列背景颜色下依然保持很好的可读性。

图16.29

16.4.2　添加段落文字

尽管点文字非常灵活，但是使用段落文字可以更好地控制布局。该选项将在文字到达段落文本框边缘时自动换行。

继续处理与上一个练习相同的字幕。

1.　选择文字工具。

2.　在节目监视器中拖动，以创建填充字幕安全区左下角的一个文本框。

3.　开始输入旅游的参与者的姓名。可以使用此处的名称或自己添加姓名。每输入完一个名字按下 Enter（Windows）或 Return（macOS）键换行。

在输入一个名字时，输入足够多的字符，使它超出文字框的末尾（见图 16.30）。用户需要缩小文字大小，以便同时看到几行文字。与点文字不同，区域文字会将文字限制在定义的边界框之内，并在边界框的边缘换行。

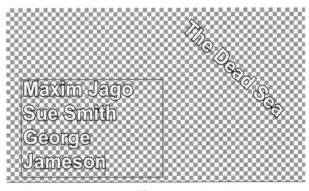

图16.30

4.　按 Enter（Windows）或 Return（macOS）键添加新行。

5.　单击选择工具，更改边界框的大小和形状，使它更好地适合周围的文字，如图 16.31 所示。

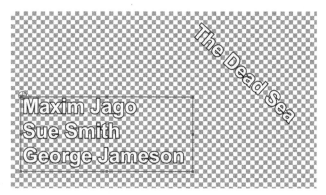

图16.31

调整文本框的大小时，文字大小不会改变，而是调整其在文本框中的位置。如果边界框太小，容纳不下所有文字，多余的文字会位于文字框底部边缘之下。

 提示：避免拼写错误的一种好方法是从已批准的脚本或经客户或制作者审核的电子邮件中复制并粘贴文字。

现在基本图形面板中有两个图层，每一个文本项是一个单独的图层，而且带有自己的控件。

16.5 风格化文字

基本图形面板可以对文字的字体、颜色、位置、缩放、旋转和颜色进行全面控制。

此外，视觉效果也可以应用到字幕中，如同应用到视频剪辑中那样。

16.5.1 更改字幕的外观

在基本图层面板的外观区域，有两个主要的选项用来提升文字的可读性，如图 16.32 所示。

- **描边**：描边是一个添加到文字外部的细边缘。它有助于保持文字在视频或复杂背景上是清晰、易读的。

- **阴影**：我们通常会对视频文字添加投影，以使文字易于阅读。一定要调整阴影的柔和度。此外，一定要将阴影和项目中所有字幕的角度保持一致。

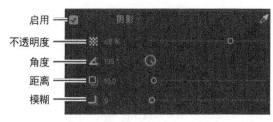

图16.32

与文字填充一样，我们可以将描边和阴影设置为任何颜色。通过为描边和阴影选择一个填充颜色的较暗阴影，通常会获得良好的效果。

现在来处理当前字幕的颜色。

1. 启用 Video 1 的轨道跟踪。

2. 体验基本图形面板中的选项，使文字更具可读性，然后在合成中添加更多的颜色，如图 16.33 所示。

图16.33

3. 尝试与本练习中字幕的外观进行匹配。

16.5.2 保存自定义样式

如果创建了自己喜欢的外观，则可以将它保存为样式，将来就可以节省时间。样式描述了文字的颜色和字体特征。通过单击可以应用样式来更改文字的外观，文字的所有属性都将更新，从而与预设相匹配。

下面使用上一练习中修改的文字来创建一种样式。

1. 继续处理同一个字幕，使用选择工具选择一个蓝色文字。

2. 在基本图形面板中，打开主样式菜单，然后选择创建主文字样式，如图 16.34 所示。

3. 将样式命名为 Blue Bold Text，然后单击确定按钮。这个样式将添加到主样式菜单中，如图 16.35 所示。

图16.34

这个新的主样式也将出现在项目面板中（见图 16.36)，从而更容易地在项目之间共享文字样式。

图16.35

图16.36

4. 选择其他文字图层，然后使用主样式菜单，应用蓝色加粗文字样式，效果如图 16.37 所示。

目前为止，我们已经处理了在序列中创建的一个字幕，还在项目面板中编辑了一个字幕，并创建了一个新字幕。

几乎在所有的情况下，Premiere Pro 要求序列中的任何素材也必须存在于项目面板中。但是，字幕是一个例外。

还记得在前面编辑到 01 Cloud 序列中的 White Cloudscape 字幕么？现在将该字幕的第二个实例编辑到序列中（可以轻松地将剪辑拖放到时间轴面板中），效果如图 16.38 所示。

图16.37

图16.38

Pr | **注意**：字幕的默认持续时间是在用户首选项中设置的，这与其他单帧媒体一样。

对字幕所做的更改将应用到项目面板的主剪辑中，这是因为字幕是主图形。

主图形会保持链接状态，因此对一个实例所做的更改将更新到其他所有的实例上。在字幕背景中，如果只打算更新前景文本，则该选项很有用。

用户可以将任何字幕转换为主图形，方法是在时间轴中选中字幕，然后进入图形菜单，选择升级为主图形选项，如图 16.39 所示。

一个新的图形剪辑将添加到项目面板中，可以轻松地在序列之间或多个项目之间共享该剪辑。

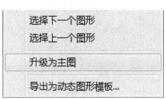

图16.39

创建一个Adobe Photoshop图形或字幕

用户可以在Adobe Photoshop中为Premiere Pro创建字幕或图形。尽管Photoshop被称为修改照片的首要工具，但是它还拥有许多创建优雅字幕或logo的功能。Photoshop提供了几个高级选项，包括高级格式化（比如科学计数法）、灵活的图层样式和拼写检查器。

要在Premiere Pro中创建一个Photoshop新文档，请遵循以下步骤：

1. 选择文件 > 新建 > Photoshop文件选项。

2. 这将弹出新建Photoshop文件对话框，该对话框的设置以当前的序列为基础。

3. 单击确定按钮。

4. 选择一个位置来保存PSD文件，对其进行命名并单击保存按钮。

5. 打开Adobe Photoshop，准备编辑字幕。Photoshop以参考线的形式自动显示安全操作和安全字幕区。这些参考线不会出现在最终的图像中。

6. 按T键以选择文字工具。

7. 通过拖动绘制文字块，从字幕安全区的左上角向右下角绘制。这将创建一个容纳文字的段落文字框。与在Premiere Pro中一样，在Photoshop中使用段落文字框可以精确控制文字的布局。

8. 输入想要使用的一些文字。

9. 使用屏幕顶部选项栏中的控件来调整字体、颜色和字体大小。

10. 单击选项栏中的提交按钮（ ✓ ），提交文字图层。

11. 选择图层 > 图层样式 > 投影来添加投影。根据个人喜好进行调整。

> **Pr** | 提示：如果在 Photoshop 的视图选项中禁用了参考线，可以选择视图 > 显示 > 参考线，重新启用。

在Photoshop中完成操作后，可以关闭并保存字幕。字幕已经出现在Premiere Pro项目中的项目面板中。

如果想在Photoshop中编辑字幕，可以在项目面板或时间轴中选择它，然后选择编辑 > 在Adobe Photoshop中编辑。当在Photoshop中保存更改时，字幕将自动在Premiere Pro中更新。

16.6　处理形状和 logo

在创建字幕时，用户很可能需要文字以外的内容来构建完整的图形。Premiere Pro 还提供了创建矢量形状作为图形元素的功能。用于文字的许多字幕属性也可以用于形状，还可以导入完成的图形（比如 logo）来增强字幕。

16.6.1 创建形状

如果曾经在 Photoshop 或 Adobe Illustrator 等图形编辑软件中创建过形状，会发现在 Premiere Pro 中创建几何对象的方式非常类似。

选择钢笔工具，在节目监视器中单击多个点，创建一个独特的形状。

用户还可以使用钢笔工具子菜单，选择矩形或椭圆形工具。使用其中任一种工具，在节目监视器中拖放，创建新的形状。

尝试使用如下步骤在 Premiere Pro 中绘制形状：

1. 打开序列 03 Shapes。

2. 选择钢笔工具，在节目监视器中单击多个点，创建一个形状。

每次单击都将添加一个新的控制点，如图 16.40 所示。

3. 单击第一个控制点，完成形状的绘制。

图16.40

> **Pr** | **注意**：新形状的外观与在基本图形面板中最后选择的外观相同，用户可以轻松更改该设置。

4. 在形状被选中的情况夏，尝试更改填充颜色和描边颜色。

5. 使用钢笔工具创建一个新形状，如图 16.41 所示。这次不是仅单击，而是在每次单击时进行拖动。

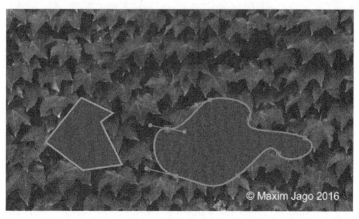

图16.41

在单击时拖动将创建带有贝塞尔手柄的控制点，这些手柄与设置关键帧时用到的手柄相同，可以精确控制创建的形状。

6. 单击并按住钢笔工具，访问矩形工具。

7. 使用矩形工具创建矩形。在绘制时按住 Shift 键将创建正方形，如图 16.42 所示。

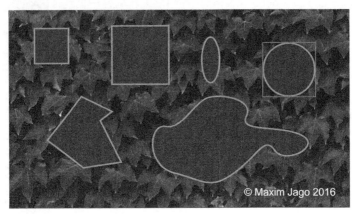

图16.42

8. 现在来尝试椭圆形工具。在绘制时按住 Shift 键将创建完美的圆形。

尽管这些类型的随机形状不可能赢得任何设计奖项，但是用户应该对这些形状工具的灵活性有一定的了解。

9. 选择钢笔工具，多移动一系列控制点，创建自由的形状，如图 16.43 所示。

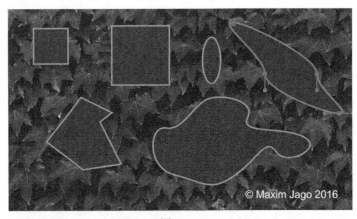

图16.43

钢笔工具可以用来调整任何已有的形状，甚至可以使用钢笔工具单击，为更加复杂的形状添加控制点。

10. 按住 Ctrl + A（Windows）或 Command + A（macOS）组合键，然后按下 Delete 键，生成一个干净的画布。

用户也可以在基本图形面板中选择图形，然后将它们删除。

11. 尝试不同的形状选项。尝试使用不同的颜色、不同的透明度来重叠不同的形状。

16.6.2 添加一个图形

用户可以使用常见的文件格式，包括矢量图像（.ai、.eps）和静态图像（.psd、.png、.jpeg），将图像文件添加到字幕设计中。

下面使用一个现有的字幕进行尝试。

1. 打开序列 04 Logo，如图 16.44 所示。

这是一个简单的序列，图形中的空间供 logo 使用。

图16.44

2. 在序列中选择"Add a logo"字幕剪辑。

3. 在基本图形面板的编辑面板中，打开新建图层菜单，然后选择来自文件选项，如图 16.45 所示。

4. 浏览 Lessons/Assets/Graphics 文件夹，找到 logo.ai 文件，然后单击导入选项。

5. 使用选取工具，将 logo 拖放到想要它在字幕中出现的位置。调整 logo 的大小、不透明度、旋转和缩放，效果如图 16.46 所示。

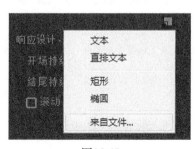

图16.45

图16.46

16.7 创建滚动字幕和游动字幕

用户可以轻松地为片头和片尾字幕创建滚动字幕，也可以创建像字幕新闻这样的游动字幕。

现在我们在 04 Logo 序列的末尾进行尝试。

1. 使用节目监视器的设置菜单，禁用透明网格。本练习将使用时间轴的黑色背景。

2. 使用文字工具，在节目监视器中单击，添加文字。

3. 在文本字框中输入一些文字，作为演职人员的字幕，每输入完一行后按 Enter（Windows）键或 Return（macOS）键。

对本练习来说，不要对单词的精确性担心。

输入足够多的文字，而不仅是填充满垂直的屏幕，如图 16.47 所示。

只有在时刻调整文字位置的情况下，才能添加更多文本。在文档中准备文字通常比较容易，这样可以复制文字并粘贴到 Premiere Pro 中。

4. 使用基本图形面板根据需要对文本进行格式化处理。

5. 取消选中文本图层，方法是使用选取工具单击节目监视器的背景。

这将在基本图形面板中显示图形属性，其中包括创建滚动字幕的选项。

6. 选中复选框，添加滚动效果，如图 16.48 所示。

图16.47

图16.48

在启用滚动效果时，节目监视器中会出现一个滚动条（见图 16.49）。现在，当播放剪辑时，字幕将以滚动的方式进出屏幕。

有以下几种选项。

- **开始于屏幕外**：将字幕设置为开始时是完全从屏幕外滚进，还是从字幕在节目监视器中放置的位置开始滚动。

图16.49

- **结束于屏幕外**：指出字幕是完全滚动出屏幕还是滚动到屏幕末端。

- **预滚动**：设置第一个单词在屏幕上显示之前要延迟的帧数。

- **缓入**：指定在开始位置将滚动或游动的速度从零逐渐增加到最大速度的帧数。

- **缓出**：指定在末尾位置放慢滚动或游动字幕速度的帧数。

- **后滚动**：指定滚动或游动字幕结束后播放的帧数。

时间轴上滚动或游动字幕的长度定义了播放速度。较短字幕的滚动或游动速度要快于较长的字幕。

7. 播放滚动字幕。

16.7.1　处理模板字幕

基本图形面板的浏览面板包含了许多预制的模板字幕，可以添加到系列中并修改，以适合项目，如图16.50所示。许多预设都包含了运动，因此也将它们称之为运动图形模板。

模板按分类进行划分，可以将选中的模板拖放到序列中进行添加。

有些模板可能有一个黄色字体的警告标志（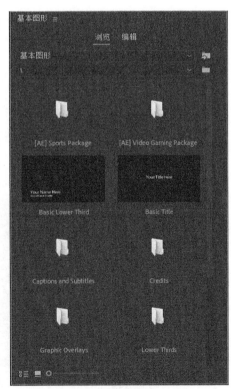），如图16.51所示。这表示模板使用的字体当前在系统中没有安装。

如果使用了这样的一个模板，将弹出解析字体对话框。

如果缺失的字体在Typekit服务中是可用的，则将出现在该对话框中。

图16.50

图16.51　这一公共服务通告是由RHED Pixel制作，并由美国国家信用咨询基金会提供

选中缺失字体的复选框，它将自动安装并可以在该字幕中使用。

创建自定义的模板字幕

用户也可以将自定义的字幕添加到基本图形面板的浏览面板中。只需选中想要添加的字幕，然后单击图形按钮，选择导出为运动图形模板选项即可。

为新模板字幕选择一个名字，并在基本图形面板或本地存储中为其选择一个存储位置，然后单击确定按钮，如图 16.52 所示。

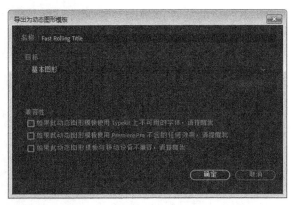

图16.52

如果选择的是本地存储位置，可以在任何计算机上导入该文件，方法是选择图形 > 安装运动图形模板选项；或者是单击基本图形面板的浏览面板中的按钮（ ）。

这可以很容易地共享自定义的模板字幕，或者将其存储起来，供以后使用。

16.8 字幕介绍

在制作用于电视广播等目的的视频时，可能会遇到两种类型的字幕[①]：隐藏式（Closed）字幕和开放式（Opened）字幕。

隐藏式字幕被嵌入到视频流中，可以由观众来启用或禁用；而开放式字幕则一致显示在屏幕上。

Premiere Pro 允许使用相同的方式来使用这两种字幕。事实上，用户可以将一种字幕文件转换为另外一种。但是，这里有一个限制，即隐藏式字幕文件的颜色范围和设计特征的限制相较于开放式字幕要更多。这是因为它们是在观众的电视、机顶盒或在线观看软件上显示的，在开始播放之前，隐藏式字幕的控件已经准备就绪。

下面的工作流描述的是隐藏式字幕的工作方式，开放式字幕的工作方式与之相同——只需要右键单击导入的字幕文件，然后选择修改选项，将文件修改为一个开放式字幕，或者从头开始创建另一个全新的开放式字幕。

16.8.1 使用隐藏式字幕

在可访问的情况下，视频内容得到了更多人的喜爱。一种常用的做法是添加能够被电视设备解码的隐藏式字幕信息。可见的字幕将插入到视频文件中，并借助于支持的格式传输到特定的播放设备。

只要已经准备好了合适的字幕，添加隐藏式字幕信息相对来说较为容易。字幕文件通常使用 MacCaption、CaptionMake 和 MovieCaptioner 等软件工具来制作。

下面是为一个现有序列添加字幕的方式。

1. 关闭当前项目，然后打开 Lesson 16_02.prproj。

2. 将项目保存为 16_02 Working.prproj。

3. 打开序列 NFCC_PSA。

4. 选择文件 > 导入命令，导航到 Lessons/Assets/Closed Captions 文件夹，导入 NFCC_PSA.scc 文件（支持 .scc 和 .mcc 格式）。

[①] 在此之前，本书中出现最多的一个词是 title，有 "标题"、"字幕" 的意思。为了与本书之前版本保持一致，该词均翻译为 "字幕"。本节中出现的这个 caption 依然有 "字幕" 的意思，在查询了相关资料后，发现也需要译作 "字幕"。因此，在本小节中，"字幕" 指的是 caption，而不是 title。——译者注

字幕文件将如同视频剪辑那样添加到素材箱中，而且带有帧速率和持续时间。

5. 将封闭式字幕剪辑编辑到序列中所有剪辑上方的轨道上，在这里是 V2 轨道。

6. 单击节目监视器中的设置菜单（🔧），选择隐藏式字幕显示 > 启用选项。

7. 播放序列，查看字幕。如果字幕的显示不正确，可再次打开节目监视器中的设置菜单，选择隐藏式字幕显示 > 设置选项。确保设置与使用的文件类型相匹配。在本例中，选择 CEA-608 选项。

8. 可以使用字幕面板调整字幕（选择窗口 > 字幕选项）。用户可以使用面板中的控件调整字幕的内容、时序和格式，如图 16.53 所示。

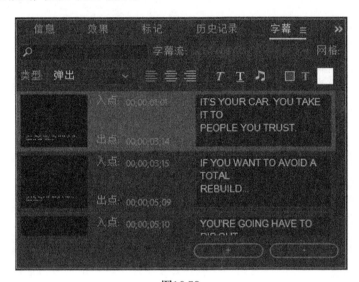

图16.53

用户也可以通过拖动时间轴上每一个字幕的手柄来更改其时序。

在 Premiere Pro 中，用户可以创建自己的隐藏式字幕。

1. 选择文件 > 新建 > 字幕选项，打开新建字幕对话框。

2. 默认设置以当前的序列为基础。这些设置还不错，所以单击确定按钮。

3. 这将出现另外一个对话框，请求用于广播工作流的高级设置。

CEA-608（也称为 Line 21）是模拟广播最常使用的标准。CEA-708 用于数字广播。TelxText 有时用于使用了 PAL 广播标准的国家。开放式字幕总是可见的，从而给了字幕外观最大的灵活度。对于该剪辑，我们选择 CEA-708。

4. 流菜单中 Server 1 的默认选项将其设置为隐藏式字幕的第一个流。单击确定按钮。隐藏式字幕剪辑将添加到项目面板中。

5. 删除 Video 2 轨道上已有的隐藏式字幕剪辑，方式是选中该剪辑，然后按下退格键（Windows）或 Delete 键（macOS）。

6. 将新的隐藏式字幕剪辑编辑到 Video 2 轨道上。对序列来讲，它太短了（默认只有 3 秒的长度）。拖动字幕的末尾进行修剪，使其满足需要的持续时间。在时间轴上选择隐藏式字幕剪辑，进入字幕面板（选这窗口 > 字幕选项）。

7. 单击节目监视器的设置菜单，选择隐藏式字幕显示 > 设置选项。在标准菜单中，选择 CEA-708，然后单击确定按钮。

8. 输入与对话和 / 或叙事相匹配的文字，然后单击面板底部的加号按钮（+），添加另外一个字幕。

9. 在字幕面板中调整每一个字幕的 In 和 Out 持续时间，或者直接在时间轴上调整。

10. 使用字幕面板顶部的格式控件，调整每一个字幕的外观。

由于字幕的总长度变长，需要修剪序列中的剪辑，使其变长，以显示所有的内容。

> **Pr** **注意**：使用按钮编辑器可以自定义节目监视器，为其添加一个隐藏式字幕显示按钮以便轻松切换可见的字幕。

16.8.2 使用开放式字幕

用户可以创建、导入、调整和导出开放式字幕，而且其方式与处理隐藏式字幕的方式相同。

区别是开放式字幕总是可见的，因此在许多方面，开放式字幕的功能与标题很像。

使用开放式字幕的优势是，它的时序是在 Premiere Pro 中的字幕文件或字幕剪辑中设置的，在将文字与讲话进行同步时，可以节省大量的时间。

开放式字幕与常规标题的另外一个相似之处是，外观选项的数量要比隐藏式字幕的选项多。

在使用隐藏式字幕时限制其颜色和字体的范围，是因为隐藏式字幕实际上是在电视设备或软件播放器上显示的。为了确保布局和外观一致，设置了通用的标准。

而开放式字幕则没有这样的限制。

在项目面板中右键单击字幕的剪辑，然后选择修改 > 字幕命令，可以修改字幕的类型。

在目标流格式区域，可以为字幕剪辑指定流类型，如图 16.54 所示。

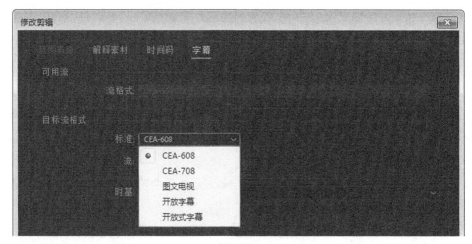

图16.54

因为开放式字幕有许多额外的选项可用，所以可以将隐藏式字幕转换为开放式字幕，但是反过来则不行。

16.9 复习题

1. 点文字和段落（或区域）文字之间的区别是什么？

2. 为什么显示字幕安全区？

3. 如何使用矩形工具绘制出完美的正方形？

4. 如何应用描边或投影？

16.10 复习题答案

1. 可以使用文字工具在节目监视器中单击，创建点文字。在输入时，其文字框会相应地扩展。当使用文字工具在节目监视器中拖放时，则定义了一个边界框，字符会保持在其范围内。改变边界框的形状会相应地显示更多或更少的字符。

2. 一些电视设备会裁切图像的边缘。裁切量随电视设备的不同而不同。将文字保持在字幕安全框内，可以确保观众能够看到所有字幕。这个问题在新的平板电视上并不严重，对于在线视频来说也不重要，但使用字幕安全区限制字幕区域仍是一个好方法。

3. 用矩形工具绘制时按住 Shift 键，可以创建出完美的正方形。

4. 要应用描边或投影，请选择要编辑的文字或对象，然后启用基本图形面板中的描边（Outer[外部] 或 Inner[内部]）或阴影选项即可。

第**17**课 管理项目

课程概述

在本课中，你将学习以下内容：

- 在项目管理器中工作；
- 导入项目；
- 管理协作；
- 管理硬盘。

 本课大约需要 60 分钟。

在本课中，我们将学习在处理多个 Adobe Premiere Pro CC 项目时如何保持井然有序。最好的组织系统是在当需要时，它已经存在了。本课将通过一些规划帮助读者更具有创造性。

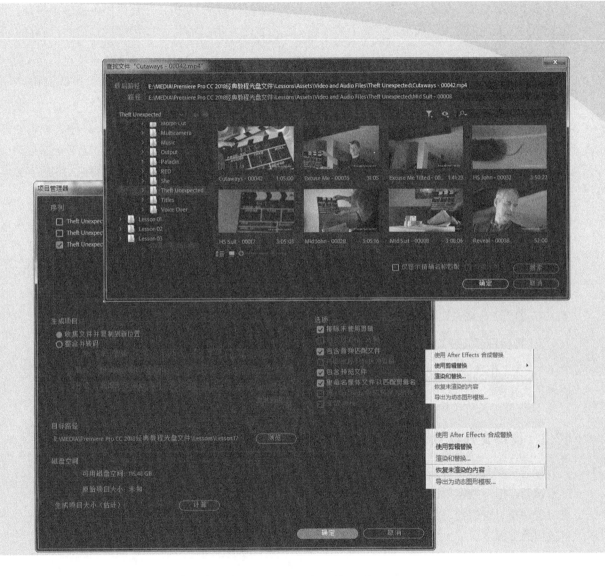

通过一些简单的步骤在媒体和项目中保持主动。

17.1　开始

使用 Premiere Pro 创建项目时，保持项目井然有序非常重要。如果正在处理第一个项目，将很容易在硬盘中找到该项目。

开始处理多个项目时，保持井然有序就会变得有点复杂。因为我们将会使用来自多个存储位置的多个媒体资源；将有多个序列，而且每个序列都有其特定的架构，并且将要生成多个字幕。每个项目可能还拥有多个效果预设和字幕模板。总而言之，我们需要一个存档系统来保持所有的项目元素井然有序。

解决方案是为项目创建一个组织系统，并制定一个合适的计划来存档可能会再次使用的项目。

如果已经拥有一个组织系统，那么它通常更容易使用。让我们从另一个角度来解释：如果在需要一个组织系统时没有组织系统可用，例如，需要将一个新视频剪辑放在某个位置，可能由于太忙而没有时间去思考名称和文件位置等问题。结果是，项目常常会使用相似的名称，并保存在相似的位置，并且出现了许多文件混合在一起的情况。

解决方案非常简单：提前创建一个组织系统。用笔和纸来画图，并制定出将采用的过程，从获取源媒体文件开始，到进行编辑，最后是输出和存档等工作。

本课将首先介绍一些有助于你保持秩序的功能，从而可以关注最重要的工作，即创造性工作，然后将介绍一些积极的协作方法。

1. 打开 Lesson 17 文件夹中的 Lesson 17.prproj。

2. 将项目存储为 Leeson 17 Working.prproj。

3. 在工作区面板中单击编辑选项，然后单击编辑选项附近的菜单，选择重置为保存的布局，或者是选择窗口 > 工作区 > 重置为保存的布局。

17.2　使用文件菜单

尽管大多数创造性工作都可以使用界面中的按钮或使用键盘快捷键来执行，但一些重要的选项仅存在于菜单中。文件菜单允许访问项目设置和项目管理器，如图 17.1 所示。项目管理器是一个自动简化项目过程的工具。

图17.1

17.2.1　使用文件菜单命令

下面是一些用于项目管理的重要的文件菜单选项。

• **批量采集**：该选项允许通过磁带来采集（捕获）多个剪辑（请见第 3 课）。只有在项目面板中选择了一个或多个"脱机"（offline）剪辑，而且没有相关的媒体时，才能使用该选项。

- **链接媒体**：如果剪辑已经断开了链接，可以使用该选项打开链接媒体对话框，然后重新链接媒体（见 17.2.2 节）。

- **解除关联**：可以故意断开项目面板中选择的剪辑及其媒体文件之间的关联（见下一小节）。

> **Pr** 提示：当右键单击选中的剪辑时，项目面板中出现可用的链接媒体和解除关联选项。

- **项目设置**：创建项目时将从中选择设置（请见第 2 课）。

- **项目管理器**：将自动执行项目和相关媒体文件的备份过程，并丢弃未使用的媒体文件（本课后面将讲解）。

17.2.2 使剪辑脱机

根据上下文，"脱机"（offline）和"在线"（online）在后期制作流程有不同的意义。在 Premiere Pro 中，它们指剪辑和其所链接的媒体文件之间的关系。

- **在线**：剪辑链接到媒体文件。

- **脱机**：剪辑没有链接到媒体文件。

当一个剪辑脱机时，仍然可以将它编辑到序列中，甚至可以为它应用效果，但不会看到任何视频。相反，我们将会看到媒体脱机的警告，如图 17.2 所示。

在几乎所有的操作中，Premiere Pro 是完全无损的。这意味着无论如何处理项目中的剪辑，都不会修改原始媒体文件。使剪辑脱机是一种罕见的例外。

如果右键单击项目面板中的一个剪辑，或者访问文件 > 解除关联菜单，将会看到两个选项（见图 17.3）。

- **媒体文件保留在磁盘上**：这将断开剪辑和媒体文件的链接，并保持媒体文件不变。

- **删除媒体文件**：这将删除媒体文件。删除媒体文件的效果是，由于不再有链接的媒体文件，因此将剪辑变为脱机。

使剪辑脱机的好处是可以将它们重新链接到新媒体。如果一直在处理低分辨率的媒体，这意味着可以用更高的质量重新捕捉磁带媒体，或重新导入文件媒体。

如果磁盘空间有限或有大量剪辑，则可以使用低分辨率的媒体。当编辑工作完成并准备精加工时，可以使用高分辨率、大尺寸的媒体文件来替换低分辨率、小尺寸的媒体文件。

图17.2   图17.3

代理编辑工作流能够很好地处理这个过程（请见第 3 章），但是有时需要将一个或多个特定的剪辑设置为脱机，然后将它们链接到新的媒体文件。

> ![Pr] **提示**：可以使用单个步骤使多个剪辑脱机。在选择菜单选项之前，只需选择想要使其脱机的任意剪辑即可。

使用解除关联选项时一定要小心！一旦媒体文件被删除，就不能恢复了。在使用删除实际媒体文件的选项时，一定要小心。

17.3 使用项目管理器

接下来介绍一下项目管理器。要打开它，可访问文件 > 项目管理器菜单。项目管理器菜单提供了一些选项，可以自动化简化合并（consolidate）项目的过程，或者将项目中使用的所有媒体文件聚集在一起，如图 17.4 所示。

如果想归档项目或共享作品，则项目管理器非常有用。使用项目管理器可以将所有媒体文件聚集在一起，确保在将项目移交给同事时不会丢失任何内容或者使剪辑脱机。

使用项目管理器会生成一个新的、独立的项目文件。由于新文件独立于当前的项目，因此在删除原始媒体或者项目文件时，应该仔细检查新项目是否符合要求。

以下是选项的概述。

- **序列**：选择项目中的一个或所有序列。项目管理器将根据所选的序列来处理剪辑和媒体文件。

- **生成的项目**：创建一个包含序列中所有剪辑副本的新项目，或者仅根据序列中包含的已经修剪的剪辑部分，使用新媒体文件来创建一个新项目。在进行转码时（即将媒体文件转换为另外一种新的格式和编解码器），可以为新创建的媒体文件选择多种格式和编解码器。

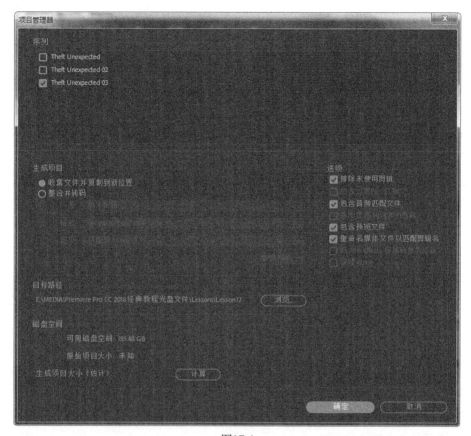

图17.4

注意：并非所有的媒体格式都可以被修剪。如果创建了一个修剪的项目，但是该项目中的媒体不能被修剪，则项目管理器将创建完整原始剪辑的副本。

- **排除未使用剪辑**：选中该选项时，新项目将仅包含在所选序列中使用的剪辑。

- **包含手柄**：如果使用合并和转码选项创建一个修剪的项目，这将为序列中新修剪的剪辑版本中添加指定数量的帧。这些额外的内容为修剪和调整编辑的时序提供了更大的灵活性。

- **包含音频匹配文件**：包含与项目匹配的音频，Premiere Pro 将不用重复执行音频分析。用户并不需要这些文件，因为 Premiere Pro 会根据需要自动创建它们，这将节省很多时间。

- **将图像序列转换为剪辑**：如果已经导入了一个或多个动画图像序列或定格摄影序列作为剪辑，该选项可以将它们转换为普通的视频文件。这通常是一个很有用的选项，因为它节省了空间，而且简化了文件的管理。它还能提升播放性能。

- **包含预览文件**：如果已经渲染了效果，可以将预览文件包含在新项目中，以避免再次渲染。这些文件不是必要的，但是它们可以节省大量的时间。

- **重命名媒体文件以匹配剪辑名**：顾名思义，该选项重命名媒体文件以匹配项目中的剪辑名（如果已经对剪辑进行了重命名以便更容易找到它们时，该选项很有用）。使用该选项前仔细斟酌，因为它可能使识别剪辑的原始源媒体变得更加困难。

- **将 After Effects 合成转换为剪辑**：该选项会将动态链接的 After Effects 合成排除在外，并使用渲染的视频文件来替代。该选项很有价值，因为 Project Manager 无法收集动态链接的 After Effects 合成以及与合成相关的媒体文件。After Effects 和 Premiere Pro 结合使用时，可以使一切更加井然有序。

- **保留 alpha 通道**：如果对素材进行转码，可以选择保留 alpha 通道信息，透明区域依然保持透明。这将生成更大的文件，但是可以保留有价值的图片信息。

- **目标路径**：为新项目选择一个位置。

- **磁盘空间**：单击计算按钮，查看新项目需要的估计空间。

使用动态链接进行媒体管理

动态链接允许 Premiere Pro 将 After Effects 合成用作导入的媒体，并且仍然可以在 After Effects 中编辑它们。要使动态链接正常工作，Premiere Pro 必须访问包含合成的 After Effects 项目文件，并且 After Effects 必须能访问合成中使用的媒体文件。

在安装了这两种应用程序且媒体资源位于内部存储器的计算机上进行工作时，可以自动实现这些访问。

如果使用项目管理器来收集 Premiere Pro 新项目的文件，则不会导入动态链接文件的副本，也不会包含将剪辑发送到 Adobe Audition 时创建的重复的音频文件。相反，将需要在 Windows Explorer（Windows）或 Finder（macOS）中自己制作文件的副本。这非常容易实现；只需复制文件夹并将它包含在已收集的资源中。在 After Effects 中选择文件 > 依赖 > 收集文件，将自动实现这一过程。

17.3.1 收集文件并将它们复制到一个新位置

也许媒体文件位于存储系统的多个位置，或者需要与其他编辑人员共享作品，或者需要在途中进行编辑。并不需要将每一个剪辑都合并到新创建的项目中，可以在一个新的位置为原始的完整媒体文件有选择性地创建副本（使用排除未使用剪辑选项）。

我们没有必要通过项目来完成该过程，只需要了解可以将所选序列中使用的所有文件收集到一个新位置的选项。

1. 选择文件 > 项目管理器选项。

2. 选择想要包含在新项目中的序列。

3. 选择收集文件并复制到新位置选项，如图 17.5 所示。

4. 选择排除未使用剪辑选项，如图 17.6 所示。

图17.5

图17.6

如果想要包含素材箱中的所有剪辑，无论是否在序列中使用了它们，请取消选择该选项。如果正在创建新项目来更好地组织媒体文件，则取消选择该选项，因为可能是从许多不同的位置将媒体文件导入的。在创建新项目时，链接到项目的所有媒体文件都将复制到新项目位置。

5. 确定是否想要包含现有的预览文件，以避免在新项目中重新渲染效果。

6. 确定是否想要包含音频匹配文件，以避免 Premiere Pro 再次分析音频文件。

7. 确定是否想要重命名媒体文件。通常情况下，最好保留媒体文件的原始名称。但是，如果正在制作与其他编辑人员共享的项目，则重命名媒体文件可能有助于辨别媒体文件。

8. 单击浏览按钮并为新项目文件和关联的媒体选择位置。

9. 单击计算按钮，Premiere Pro 会根据所选内容来估算新项目的总体大小。然后单击确定按钮。

Adobe Premiere Pro 将在一个位置制作原始文件的副本。如果打算为整个原始项目创建一个存档，则这是一种方式。

17.3.2　合并和转码

使用项目管理器中的这个选项，Premiere Pro 只需要一个步骤就可以将项目中的所有媒体转码为一种新格式和编解码器。

如果计划使用夹层编解码器（有时也称为房子编解码器 "house codec"），这会相当有用。夹层编解码器会先转换媒体，然后再将其存储到媒体服务器上或者进行编辑。相较于摄像机编码器，编辑系统通常更容易播放这些编解码器。而且相较于原始媒体，使用这些编解码器生成的媒体具有很高的质量，通常也有较高的位深（因此具有更多的色感）。它不会提升质量，但是有助于维持质量。

要创建所有媒体的副本，取消选中排除未使用剪辑。否则，该选项与在创建修剪项目时选择的选项类似。

创建修剪项目

要使用新媒体文件创建一个新的修剪项目，使其只包含在所选序列中使用的剪辑，请执行如下步骤。

1. 访问文件菜单，选择项目管理器选项。

2. 选择想要包含到新项目中的序列。

3. 选择合并和转码选项。

4. 使用源菜单，从下述选项中进行选择。

- **序列**：如果所选序列中的剪辑与序列设置（帧大小、帧速率等）匹配，则新创建的剪辑将被格式化，以匹配剪辑所在的序列。如果不匹配，则复制媒体文件。

- **单独的剪辑**：新创建的剪辑将匹配它们的原始帧大小和格式（尽管有可能更改了编解码器）。用户很可能会选择这个选项来维护素材的最佳质量。

- **预设**：该选项使用预设菜单指定一个新格式；有多个选项可用。

5. 使用格式菜单，并从下述选项中进行选择。

- **DNxHR/DNxHD MXF OP1a**：选择一个 MXF 文件类型，而且 DNxHR/DNxHD 被预先选作编解码器。DNxHR 和 DNxHD 是 Avid Media Composer 的首选编解码器，其播放性能在 Premiere Pro 中也相当出色。

- **MXF OP1a**：将在预设菜单中选择具有一系列编解码器选项的 MXF 文件类型。

- **QuickTime**：将选择 QuickTime MOV 文件类型，从而访问预设菜单中的 GoPro CineForm 编解码器和 Apple ProRes 编解码器。

6. 选择想要的编解码器，或者单击导入一个预设。可以在 Adobe 媒体编码器中创建一个转码预设。

7. 选择排除未使用的剪辑。

8. 添加一些手柄。默认在序列中所用剪辑的每一端添加 1 秒。如果想更为灵活地修剪和调整新项目中的剪辑，可以考虑添加更多的手柄。

> **Pr** | 提示：在剪辑的每一端选择添加 5 秒或 10 秒的媒体不会产生其他影响，只是媒体文件将会大一些。

9. 决定是否想要重命名媒体文件。一般来讲，最好保留媒体文件的原始名称。然而，如果正在制作与其他编辑人员共享的修剪项目，则重命名媒体文件可能有助于编辑人员识别媒体文件。

GoPro CineForm编解码器

你应该已经对不同的文件类型（比如.mov、.avi）的思想有所了解，但是可能不熟悉编解码器。就使用的每种文件类型来说，可以将文件当作容器。包含在文件中的是编码后的视频和音频。单词codec（编解码器）是单词compressor（压缩器）和decompressor（解压缩器）的缩写，这是存放图片和声音信息的方式。

尽管编解码器技术可能很复杂，但是为选择一款编解码器而做出的决定通常很简单。用户可以基于下述内容进行选择。

- 作为内部工作流一部分的要求。
- 匹配原始媒体编解码器的要求。
- 根据个人喜好选择编解码器。

GoPro CineForm编解码器的效率很高，而且很适合在后期制作中使用，它可以支持高分辨率的视频，可以存储alpha通道。如果你在处理的媒体具有透明像素（比如片头动画），这将相当重要。

10. 单击浏览按钮，为新项目文件选择一个存储位置。

11. 单击计算机按钮，使 Premiere Pro 根据用户的选择来估算项目需要的总大小。然后单击确定按钮，关闭对话框。

创建一个新转码的修剪项目的好处是，不需要的媒体文件不会再扰乱存储硬盘。这是一种使用最小的存储空间，把项目转移到新位置的简便方法，对于归档来说也相当不错。

该选项的危险是一旦删除了未使用的媒体文件，就再也找不回来了。要确保对未使用的媒体文件进行了备份，或者在创建修剪项目之前，肯定不再需要用到这些媒体文件。

在创建修剪项目时，Premiere Pro 不会删除原始文件。万一用户选择了错误的文件，总是可以返回去检查，然后再手动删除硬盘上的文件。

 注意：如果媒体文件的帧大小不标准，或者需要选择保留 alpha 通道，但是却选择了不支持 alpha 通道的编解码器，则将对媒体文件进行复制操作，而不是进行转码，并且还会出现一个警告信息来通知用户。

17.3.3 渲染和替换

前面在处理视觉效果时，我们已经探究了用来渲染和替换序列中剪辑的选项。有时，序列中会有一个系统播放时会丢帧的特定剪辑。例如，如果有一个高分辨率的原始（raw）媒体文件、定格照片或者一个动态链接到 Adobe After Effects 的复杂合成图像，你可能会发现有必要进行渲染，以便在全帧速率下播放。

还有另外一种方式:如果右键单击序列中的一个剪辑片段,并选择渲染和替换,如图 17.7 所示。这将打开渲染和替换对话框,如图 17.8 所示。

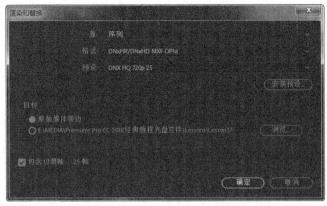

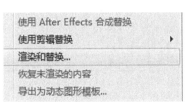

图17.7   图17.8

与只是渲染序列的选定部分相比,该选项的关键优势是,可以像处理其他剪辑那样来处理渲染和替换的剪辑。将剪辑移动到一个不同的位置,将它与其他剪辑整合起来,并添加视觉效果,我们将体验到显著提升的实时性能。

渲染和替换对话框中的选项与项目管理器中的选项相似。

> **Pr** 提示:并非所有的编解码器都支持 alpha 通道(在剪辑中允许部分透明性)。QuickTime 格式允许你使用包含 alpha 通道的 GoPro CineForm 编解码器版本。

在渲染和替换剪辑时,新创建的媒体文件链接到项目面板中的一个剪辑,该剪辑用来替换原始的序列剪辑。

记住,如果已经使用渲染和替换选项替换了剪辑,可以右键单击剪辑,然后选择恢复为未渲染的内容选项,将链接恢复到原始的剪辑(包含动态链接的 After Effects 合成图像),如图 17.9 所示。

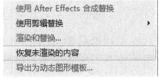

图17.9

这将允许用户在 Premiere Pro 中对原始剪辑做出更改,并进行更新。

17.3.4　使用链接媒体面板和查找命令

链接媒体面板提供了简单的选项,可以将素材箱中的剪辑与存储硬盘上的媒体文件重新链接起来。

如果在打开一个项目时,项目中的剪辑没有链接到媒体文件,该面板将自动出现,如图 17.10 所示。

链接媒体面板中的默认选项工作得很好,但是如果重新链接到不同的文件类型,或者使用更复杂的系统来组织媒体文件,则可能想要启用或禁用一些用于文件匹配的选项。

图17.10

注意：链接媒体不同于替换素材。使用替换素材将单个剪辑链接到一个可替换的媒体文件上，所产生的结果相同，但是将绕过自动搜索选项，从而将剪辑链接到不同的文件上。

链接媒体面板底部有许多按钮，如图 17.11 所示。

- 全部脱机：Premiere Pro 将剪辑保存在项目中，但是不会自动提示重新链接。

图17.11

- 脱机：Premiere Pro 将选择的剪辑（在剪辑列表中高亮显示）保存在项目中，但是不会自动提示重新链接它们。剪辑列表中的下一个剪辑将高亮显示，以便供用户做出选择。

- 取消：关闭该对话框。

- 查找：如果想要重新链接剪辑，可以选择选项来定义搜索设置（包含文件名和 / 或文件扩展名），并单击查找按钮。将弹出查找文件面板（见图 17.12），在这里可以搜索缺失的媒体。

注意：Premiere Pro 也有一个选项可以保存解释素材设置。如果已经修改了 Premiere Pro 解释媒体的方式，可选择保存解释素材设置复选框，为新链接的媒体文件应用相同的设置。

查找文件面板可以轻松快速地查找缺失的媒体。查找文件的最简单的方式如下所示。

1. 将最后路径信息视为查找文件的一个指导。通常情况下，存储盘已经发生了改变，但是存储盘内的路径相同。用户可以使用该消息手动搜索一个包含文件夹（a containing folder）。

2. 在左侧的文件夹浏览器中，选择认为包含媒体的一个文件夹，或者是子文件夹。不要担心选择了包含媒体的特定子文件夹。

图17.12

3. 单击搜索按钮。Premiere Pro 将找到与所选的缺失剪辑相匹配的文件，并将其高亮显示。

4. 选择仅显示精确的名字匹配选项。Premiere Pro 将隐藏不匹配的媒体文件，从而更容易识别要选择的文件。

5. 双击正确的文件，或者选中它，然后单击确定按钮。

单击确定按钮时，Premiere Pro 会自动在同一个位置搜索其他丢失的媒体文件。这个自动机制能够显著加速重链接缺失的媒体文件的过程。

17.4　执行最终的项目管理步骤

如果用户的目标是以新项目为基础，希望能以最大的灵活性来重新编辑序列，可以选择编辑 > 删除未使用项目选项，然后再使用项目管理器。

删除未使用项目选项将仅保留序列中当前使用的剪辑。没有用到的剪辑将被删除（这可能导致素材箱为空）。

然后，用户可以继续处理项目，而且项目也因为删除了无用的剪辑而变得简洁。

17.5　使用媒体浏览器面板浏览项目

与导入各种各样的媒体文件一样，Premiere Pro 可以导入现有项目的序列以及用于创建项目的所有剪辑。

用户可以导入其他 Premiere Pro 项目文件（好比它们是媒体文件），有限制地访问项目中的内容，或者使用媒体浏览器浏览项目。

下面来看一下这两个选项。

1. 使用喜欢的方法来导入新媒体文件。如果双击项目面板的空白区域，将出现导入对话框。

2. 选择 Lesson 17 文件夹中的文件 Lesson 17 Desert Sequence .prproj，并单击导入按钮。

图17.13

将出现导入项目按钮对话框，如图 17.13 所示。

- 导入整个项目：将导入正在导入的项目中的所有序列以及已导入素材箱中的所有剪辑。

- 导入所选序列：选择想要导入的特定序列。只会导入在此序列中使用的剪辑。

 注意：如果导入了一个 Premiere Pro 项目文件，并选择导入选择的序列，则出现导入 Premiere Pro 序列对话框。使用该对话框，可以选择性地导入特定的序列，这会自动将相关的剪辑放入到项目中。

- 为导入的项目创建文件夹：这将在项目面板中为导入的项目创建一个素材箱，而不是将它们添加到主项目面板中，从而防止它们与现有的项目混合。

- 允许导入重复的媒体：如果导入的剪辑链接到了之前已经导入的媒体文件，默认情况下 Premiere Pro 会将这两个剪辑合并为一个。如果希望这两个剪辑同时存在，可以选择该选项。

3. 现在，单击取消按钮，准备使用另外一个方法。

使用媒体浏览器，也可以导入整个项目，或者单独的剪辑和序列。只需要浏览一个项目，然后像打开一个文件夹那样打开该项目即可。

以这种方式使用媒体浏览器访问项目文件的内容，可以访问项目的整个内容，如同项目是文件夹一样。用户可以浏览素材箱，选择要导入的剪辑，甚至查看序列的内容。

当想导入一个项目时（也包括一个序列），可将它拖到当前的项目文件中，或者右键单击，然后选择导入命令。

下面就来试一下。

1. 保存并关闭当前项目。

2. 打开 Lesson 17 文件夹中的项目 Lesson 17 Desert Sequence.prproj，确保已经正确链接了媒体文件。

这是一个蒙太奇序列，显示了沙漠的图像。从这个项目中取出一些剪辑。

3. 保存并关闭项目。这将更新项目文件，而且文件链接指向复制到本地存储中的媒体。

4. 选择文件 > 打开最近项目选项，然后选择 Lesson 17.prproj（位于之前你为它选择的存储位置），也可以浏览 Lesson 17 文件夹，然后打开 Lesson 17 Working.prproj。

5. 在媒体浏览器中，浏览 Lesson 17 文件夹，然后双击 Lesson 17 Desert Sequence.prproj，在项目内部浏览。

6. 双击 Desert Montage 序列。

该序列在源监视器中打开（如同打开一个剪辑那样）。这个序列同在一个只读的时间轴面板上打开，用户可以在该面板上查看序列，但是无法进行修改，如图 17.14 所示。

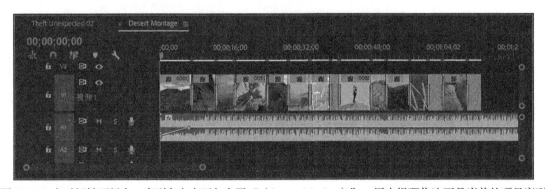

图17.14　在时间轴面板中，序列名字中还包含了"（Source Monitor）"，用来提醒你这不是当前的项目序列

通过右键单击并选择导入命令，可以从媒体浏览器中轻松导入整个序列。然而，也可以将剪辑从这个源监视器时间轴面板中直接拖放到项目面板中。

如果将只读的时间轴面板定位到当前序列的时间轴面板附近，可以直接在这两个面板间拖动剪辑。

17.5.1　打开多个项目

可以同时打开并处理多个项目。

每一个打开的项目都有自己的项目面板，在这个面板中有序列、剪辑等内容。

在同时处理多个打开的项目时，很容易将剪辑和序列从一个项目复制到另外一个项目中。这有时可能会有点混乱，因为菜单选项适用于任意给定时刻用户正在处理的任何项目。

有一个简单的方法可以立即知道用户在处理哪个项目：查看 Premiere Pro 界面的顶部，如图 17.15 所示。

/MEDIA/Lessons/Lesson 17/Lesson 17 Working.prproj

图17.15

用户可以看到当前活跃的项目文件路径和文件名显示在这里。

与通过媒体浏览器浏览项目的内部不同，当打开多个项目时，它们都是可编辑的。这意味着你需要小心一点，才不至于做出错误的修改。当你打开别人的项目文件，而且项目文件共享基于网络的存储，并从中复制内容时，更要多加小心。

17.6 管理协作

用来导入其他项目并且打开多个项目的选项，为协作提供了新的工作流和机会。例如，可以在不同的编辑人员之间共享一个节目的不同部分（它们使用了相同的媒体资源）。然后，一个编辑人员可以导入所有其他项目以将它们合并为一个完整的序列。

项目文件非常小，通常可以通过电子邮件发送。这允许编辑人员通过电子邮件的方式将更新的项目文件发送给其他人，打开它们并进行比较，或者是导入它们以在项目进行并排比较，只要所有编辑人员都有相同媒体文件的副本即可。用户还可以使用本地文件夹文件共享服务来更新链接到本地媒体文件副本的共享项目文件，也可以使用 Creative Cloud 共享文件。

用户可以将带有注释的标记添加到时间轴中，因此当更新序列时，考虑添加一个标记来突出显示为协作者所做的更改。

> 提示：尽管超出了本书的范围，但是检查 Adobe Creative Cloud for Teams，可以了解更多高级的协作项目共享工作流。

警告：Adobe Premiere Pro 在使用项目文件时不会锁定它们，这意味着两个人可以同时访问同一项目文件，这可能会比较危险，因为当一个人保存文件时会更新文件。在另一个人保存文件时会再次更新文件。最后一个保存项目文件的人定义了文件，并使用这个人所做的更改替换了其他人的更改。如果用户想协作，则最好在单独的项目文件上工作，或者仔细管理项目文件的访问权限。

有几个由第三方制造的专用媒体服务器，它们有助于在使用共享媒体文件时进行协作。它们允许以一种多个编辑人员同时可访问的方式保存和管理媒体。

思考以下关键问题：

· 谁拥有编辑序列的最新版本？

· 媒体文件保存在什么位置？

如果有这些问题的答案，就可以使用 Premiere Pro 进行协作并共享创造性工作。

Premiere Pro 允许将所选择的剪辑或序列导出为一个新的 Premiere Pro 项目。这个精简的项目文件使协作变得更容易，因为它允许专注于重要的内容。

要将所选内容导出为一个 Premiere Pro 项目，可在项目面板中选择项目，然后选择文件 > 导出 > 选择为 Premiere 项目。为新项目文件选择一个名字和存储位置，然后单击保存按钮。

这个新项目文件将链接到现有的媒体文件。

17.7 使用 Libraries 面板

库面板可以在 Premiere Pro 内部直接访问在其他地方创建或通过 Creative Cloud 共享的资源、

图形，运动图形模板标题以及 LUTS。

用户也可以将媒体文件放到 Creative Cloud Files 文件夹中，如果在其他计算机上登录了 Creative Cloud 账户，媒体文件将自动保存至这些计算机上的 Creative Cloud Files 文件夹。

与其他用户共享文件夹也很容易，因此 Creative Cloud Files 文件夹是一种共享项目文件的有用方式。

17.8 管理硬盘

使用项目管理器创建新的项目副本后，或者已经完成了项目及其媒体，那么可能需要清理硬盘。视频文件非常大。即使拥有非常大的存储硬盘，也会很快就需要考虑保留和删除媒体文件。也可以将项目文件移动到一个运行较慢但是通常更大的归档存储上，以尽可能让快速的媒体存储用于当前的项目。

完成项目时，要使删除未使用的媒体变得更简单，请考虑通过项目文件夹或媒体驱动器上项目的具体位置来导入所有媒体文件。这意味着在导入之前将媒体副本存放在一个位置，因为在导入媒体时，Premiere Pro 会创建一个这个位置的链接。

通过在导入之前组织媒体文件，会发现在创意工作流结束时可以更轻松地删除不想要的内容，因为所有内容都位于同一个位置。

记住，删除项目中的剪辑或者删除项目文件本身并不会删除任何媒体文件。如果使用了代理文件，要记得用于代理文件的账户。代理文件的存储位置很有可能不同于全分辨率原始媒体所在的位置。

17.8.1 移除缓存和预览文件

在将新媒体文件导入项目并且在进行分析时，Premiere Pro 媒体缓存会使用存储空间。此外，每次渲染效果时，Premiere Pro 都会创建预览文件。

要从硬盘上删除这些文件并腾出更多空间，有下面几种方法。

- 选择编辑 > 首选项 > 媒体缓存（Windows）或 Premiere Pro CC > 首选项 > 媒体缓存（macOS），并在媒体缓存文件区域单击删除未使用项目。这将删除项目不再引用的缓存文件。

- 删除与当前项目相关的渲染文件，方法是选择序列 > 删除渲染文件选项。

- 选择文件 > 项目设置 > 暂存盘选项找到 Preview Files 文件夹。然后使用 Windows Explorer（Windows）或 Finder（macOS）删除文件夹及其内容。

在选择媒体缓存和项目预览文件的存放位置时应谨慎。这些文件可能占用非常大的空间，而且硬盘的速度会影响到 Premiere Pro 的播放性能。

17.9　复习题

1. 为什么要选择使剪辑脱机？

2. 在使用项目管理器创建修剪项目时，为什么会选择包含手柄？

3. 为什么会选择名为收集文件并复制到新位置的项目管理器选项？

4. 编辑菜单中的删除未使用项目选项有什么作用？

5. 如何从另一个 Premiere Pro 项目导入序列？

6. 在创建新项目时，项目管理器是否会收集动态链接资源，比如 After Effects
合成？

17.10　复习题答案

1. 如果正在处理低分辨率的媒体文件副本，则会想要使剪辑脱机，以便可以在全
分辨率下重新捕捉或重新导入它们。

2. 修剪的项目只包括序列中使用的剪辑部分。为了提供一些灵活性以便在日后调
整编辑点，可以添加手柄；24 帧手柄实际上会为每个剪辑的总持续时间添加
48 个帧，因为会在每个剪辑的开头和结尾各自添加一个手柄。

3. 如果从计算机的多个不同位置导入媒体文件，则可能很难找到所需内容并保持
井然有序。通过使用项目管理器将所有媒体文件收集到一个位置，可以使管理
项目媒体文件变得更简单。

4. 选择删除未使用剪辑选项时，Premiere Pro 会从项目中删除序列未使用的剪辑。
记住，这不会删除任何媒体文件。

5. 要从另一个 Premiere Pro 项目导入序列，可以像导入任意媒体文件那样导入此
项目文件。用户可以使用媒体浏览器在项目文件内部浏览，或者打开其他项目
文件，然后在两个项目之间进行复制和粘贴。

6. 在创建新项目时，项目管理器不会收集动态链接资源。基于此原因，可以在与
项目文件夹相同的位置或项目的专用文件夹中创建新的动态链接项目。用户可
以轻松地找到并复制新项目的资源。

第18课 导出帧、剪辑和序列

课程概述

在本课中，你将学习以下内容：

- 选择正确的导出选项；
- 导出单帧；
- 创建电影、图像序列和音频文件；
- 使用 Adobe Media Encoder；
- 上传到社交媒体；
- 使用编辑决策列表。

本课大约需要 90 分钟。

对于编辑视频来说，最好的事情是终于可以与观众分享视频了。Adobe Premiere Pro CC 提供多种导出选项，可以将项目录制到磁带上，或者转换为其他数字文件。

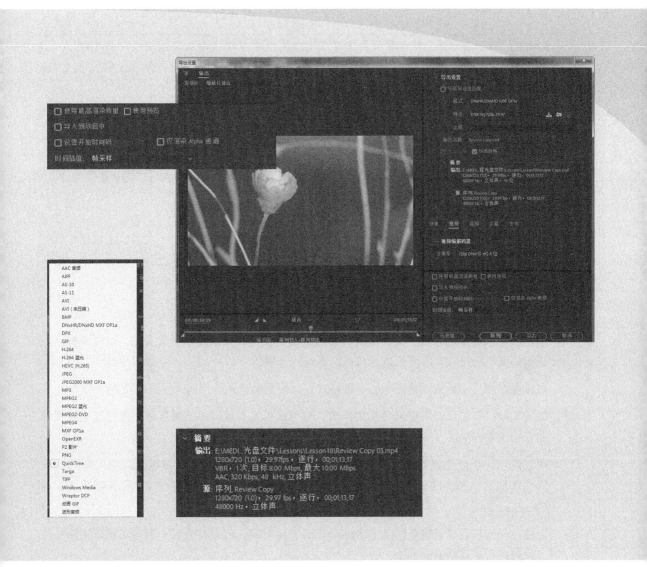

导出项目是视频制作过程中的最后一个步骤。Adobe Media Encoder 提供多种高级输出格式，这些格式中有非常多的选项，而且能以批方式导出。

18.1 开始

现在，媒体分发的主要形式是数字文件。要创建这些文件，可以使用 Adobe Media Encoder CC。Adobe Media Encoder 是一个独立的应用程序，它以批方式导出文件，这样在使用其他应用程序（包括 Premiere Pro 和 Adobe After Effects）的同时，可以同时以多种格式导出文件，并在后台进行处理。

> **Pr** 注意：Premiere Pro 可以导出在项目面板中选择的剪辑，以及资源面板中的序列或部分序列。选择文件 > 导出时所选的内容就是 Premiere Pro 将导出的内容。

18.2 理解导出选项

无论是已经完成了一个项目，还是仅想要共享一个正在进行的审核，都会有大量导出选项。

* 可以导出文件，将其发布到网上，或者创建一个 DCP（数字电影包）文件，用于影院的分发。
* 可以导出单个帧或一系列帧。
* 可以选择只输出音频、只输出视频，或者同时输出音频和视频。
* 导出的剪辑或静态图像还可以自动重新导入回项目，以便后续使用。
* 可以直接导出到录像带上。

除了选择一种导出格式外，还可以设置其他一些参数。

* 可以选择以与原始媒体类似的格式、相同的视觉质量和数据速率创建文件，也可以将它们压缩到更小的尺寸，以便通过光盘或网络进行分发。
* 可以将媒体从一种格式转码为另一种格式，以便更轻松地与协同人员进行交换。
* 如果某种已有的预设不能满足你的要求，你可以自定义帧大小、帧速率、数据速率或视频和音频压缩方法。
* 可以应用一个颜色查找表（LUT，lookup table）来分配外观；设置叠加时间码和其他剪辑文本信息；添加图像叠加；或直接将文件上传到社交媒体账户、FTP 服务器或 Adobe Creative Cloud 中。
* 通过自动缩短或延长较低活动（low activity）的时间，可以在最后一刻对新媒体文件的持续时间进行不易察觉的调整。

18.3 导出单帧

在编辑过程中，用户可能想要导出一个静态帧，将它发送给团队成员或客户进行审核。在将视频文件发布到互联网时，可能想要导出一个图像，用作视频文件的缩略图。

当从源监视器导出一个帧时，Premiere Pro 创建一个静态图像来匹配源视频文件的分辨率。

当从节目监视器导出一个帧时，Premiere Pro 创建一个静态图像来匹配序列的分辨率。

下面来试一下。

1. 从 Lessons/Lesson 18 文件夹中打开 Lesson 18_01.prproj。

2. 将该项目存储为 Lesson 18_01 Working.prproj。

3. 打开序列 Review Copy，如图 18.1 所示。将时间轴的播放头放在想要导出的帧上。

4. 在节目监视器中，请单击右下角的导出帧按钮（ ），出现如图 18.2 所示的对话框。

如果看不到此按钮，可能是因为自定义了节目监视器的按钮，也可能需要调整面板的大小。可以选择节目监视器并按 Shift + Ctrl + E（Windows）或 Shift + E（macOS）组合键来导出一个帧。

图18.1

图18.2

5. 在导出帧对话框中，输入一个文件名。

6. 使用格式菜单，选择一个静态图像格式。

• JPEG、PNG、GIF 和 BMP 是普遍可读的。JPEG 和 PGN 常用于网站设计。

• TIFF、Targa 和 PNG 适用于印刷和动画工作流。

• DPX 通常用于数字电影或色彩分级工作流。

• OpenEXR 用于存储高动态范围的图像信息。

> **注意**：在 Windows 中，可以导出为 BMP、DPX、GIF、JPEG、OpenEXR、PNG、TGA 和 TIFF 格式。在 Mac 中，可以导出为 DPX、JPEG、OpenEXR、PNG、TGA 和 TIFF 格式。

7. 单击浏览按钮，选择要存放新静态文件的位置。在 Lessons 文件夹中创建一个名为 Exports 的文件夹，并选择它，然后单击选择按钮。

8. 选择导入到项目中选项，将静态图像添加回当前项目，然后单击确定按钮。

注意：该项目中的音乐名为 Tell Somebody，是由 Alex 和 Admiral Bob 演唱的。由 Creative Commons Attribution 3.0 授权。

18.4 导出一个主副本

创建一个主副本（master copy）允许制作编辑项目的原始数字拷贝，可以将它存档以便将来使用。主副本是一个独立（self-contained）且完全渲染的数字文件，它是使用最高分辨率和最佳品质来输出的序列。创建主副本后，可以使用这种类型的文件作为一个单独的源，以生成其他压缩的输出格式，而且无需在 Premiere Pro 中打开原始文件。

18.4.1 匹配序列设置

理想情况下，主文件将与它基于的序列具有匹配的帧大小、帧速率和编解码器。在进行导出时，Adobe Premiere Pro 提供了一个匹配序列设置选项，从而使这一过程变得非常简单。

1. 继续处理 Review Copy 序列。

2. 在项目面板或时间轴面板中选择此序列，然后选择文件 > 导出 > 媒体选项。

将打开导出设置对话框，如图 18.3 所示。

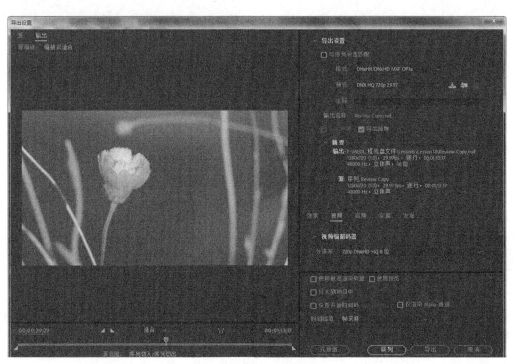

图18.3

3. 后面将详细介绍该对话框。现在，选择匹配序列设置复选框，如图 18.4 所示。

4. 显示输出名字的蓝色文本实际上一个打开另存为对话框的按钮。用户将在 Adobe Media Encoder 中看到同样类型的"文本即按钮"。现在单击输出名称，如图 18.5 所示。

图18.4

图18.5

5. 选择一个目标位置（比如之前创建的 Exports 文件夹），并将序列命名为 Review Copy 01.mxf，然后单击保存按钮。

6. 查看摘要信息，确认输出格式与序列设置匹配（见图 18.6）。在本例中，应该使用 29.97fps 的 DNxHD 媒体（比如 MXF 文件）。摘要信息可以提供快捷的参考，可以帮助避免能引发重大后果的小错误。如果源和输出的摘要设置相匹配，这可以将转换降至最低，有助于维护最终输出的质量。

> **注意**：在某些情况下，匹配序列设置选项不会写入原始相机媒体的一个精确匹配。例如，XDCAM EX 将写入到一个高质量的 MPEG2 文件中。在大多数情况下，写入的文件都会有一个相同的格式，并严格匹配原始源文件的数据速率。

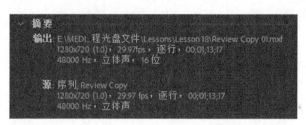

图18.6　在导出序列时，序列是源，剪辑不是源，而且剪辑已经遵循了序列的设置

7. 单击导出按钮，基于序列创建一个媒体文件。

18.4.2　选择另一种编解码器

在导出一个新媒体文件时，可以选择使用的编解码器。有些摄像机捕获格式（比如通常由 DSLR 摄像机生成的常见的 H.264.MP4 文件）已经进行了高度压缩。使用高品质的母带处理编解码器有助于保留主文件的质量。

1. 选中同一个序列，然后选择文件 > 导出 > 媒体选项，或者按 Ctrl + M（Windows）或 Command + M（macOS）组合键。

2. 在导出设置对话框中，打开格式菜单，选择 QuickTime。

3. 单击输出名称（蓝色文本），并将文件重命名为 Review Copy 02.mov。将它保存到与上一个练习相同的文件夹中。

4. 单击选择窗口底部的视频区域。

5. 在对话框的视频编解码器区域，选择一个已经安装的视频编解码器。

尝试使用 GoPro CineForm 编解码器（见图 18.7）。该选项会生成质量非常高（但大小合理）的文件。确保帧大小和帧速率与源设置匹配。可能需要向下滚动窗口或调整面板大小，才能看到所有设置。

图18.7

> **Pr**　注意：GoPro CineForm 是一个专业的编解码器，具有 Adobe Creative Cloud 应用程序的原生支持。与所有的编解码器一样，不支持该编解码器的应用程序无法播放这种格式的媒体。

GoPro CineForm编解码器选项

GoPro CineForm编解码器有3种配置，可以使用导出设置对话框顶部的预设菜单进行选择。

- GoPro CineForm RGB 12-bit with Alpha at Maximum Bit Depth：将创建一个高质量的文件，它使用12位颜色（而不是常见的8位）存储图像信息，并使用完整的RGB色域，而且其效果是使用32位浮点数计算的，并带有一个alpha通道。尽管在生成文件时所用的时间要长一些，文件也要更大一些，但是文件质量相当出色。
- GoPro CineForm RGB 12-bit with Alpha：将创建与第一个选项相同的高质量文件，但是它是使用标准的颜色位深来执行编码的。它仍然是一个高质量的文件，但是编码速度更快。
- GoPro CineForm YUV 10-bit：将使用YUV颜色来创建一个高质量的视频文件，YUV颜色也是用于相机媒体和电视的最常见的颜色模式。这里没有alpha通道，几乎用不到它。尽管该文件是使用10位颜色（而不是12位）创建的，但是大多数的视频是使用8位颜色来创建的。

6. 单击匹配源按钮，如图 18.8 所示。

图18.8

在匹配源按钮下面，每一个输出格式设置都有一个复选框。如果选中复选框，则设置自动匹配源。

7. 单击选中音频区域。在基本音频设置区域，选择 48000Hz 作为采样速率，将采样大小设置为 16 bit。将音频通道配置输出通道设置为输出立体声，如图 18.9 所示。

图18.9

8. 单击对话框底部的导出按钮，导出序列，并将它转码为新的媒体文件。

提示：HEVC/H.265 是一个新的压缩系统，它是由制定 H.264 的同一个运动图像专家组（Motion Picture Experts Group，MPEG）制定的。尽管它更有效，但是很少有播放器能支持它。在生成 UHD 内容时，系统会让用户提供使用这种编解码器的媒体。

最常见的交付格式和编解码器是使用了 H.264 编解码器的 MPEG4（.mp4）文件。如果在格式菜单中选择了 H.264，则会找到用于 YouTube 和 Vimeo 的预设。

18.5　使用 Adobe Media Encoder

Adobe Media Encoder CC 是一个独立的应用程序。它可以独立运行，也可以通过 Premiere Pro 启动。使用 Media Encoder 的一个优势是，可以直接从 Premiere Pro 发送一个编码工作，然后在编码的处理过程中继续处理编辑。如果客户想在结束编辑之前查看作品，则 Media Encoder 可以在不中断工作流的情况下创建文件。

默认情况下，当在 Premiere Pro 中播放视频时，Media Encoder 将暂停编码，从而使播放性能最大化。用户可以在 Premiere Pro 播放首选项中进行修改。

18.5.1 选择导出的文件格式

如何交付最终的作品可能是一个挑战。从根本上来说,选择交付格式是一个向后规划(planning backward)的过程;找到文件的呈现方式,通常可以很容易地根据用途找到最合适的文件类型。通常,客户都有需要遵守的交付规范,可以很容易地选择用于编码的适当选项。

Premiere Pro 和 Adobe Media Encoder 可以多种格式导出文件(见图 18.10)。

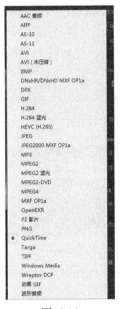

图18.10

 注意:如果使用一种专业的主(mastering)格式,比如 MXF OP1a、DNxHD MXF OP1a 或者 QuickTime,在格式允许的情况下,最多可以导出 32 通道的音频。原始的序列必须使用一个多通道主轨道以及相应的轨道数量。

使用格式

Adobe Media Encoder支持多种格式,选择使用哪种设置可能会有些困难。我们来查看一些常见的场景并回顾通常使用的格式。尽管这些不是完全绝对的,但是它们可以使你接近正确的输出。在开始生成一个完整长度的最终文件时,先在一小部分视频上进行输出测试是一个不错的主意。

- **为上传到用户生成内容的视频网站进行编码**:H.264格式分别包含在宽屏、SD、HD和4K中时用于YouTube和Vimeo的预设。使用这些预设作为所提供服务的起点。

- **针对设备进行编码**：针对当前设备（Apple iOS设备、Apple TV、Kindle、Nook、Android和TiVo）使用H.264格式，并对一些通用的3GPP预设使用H.264格式；对于较老的基于MPEG4的设备，需要使用MPEG4格式。一定要查阅生产厂商网站上的规范。
- **针对DVD/蓝光光盘进行编码**：通常情况下，我们为较短的视频项目使用MPEG2格式——也就是对于DVD使用MPEG2-DVD预设，而对于蓝光光盘则使用MPEG2 Blu-ray预设。在这些高比特率应用程序中，MPEG2的视觉质量和H.264没有明显的差别，但编码速度快很多。但是，H.264编解码器更有效，可以在更小的存储空间中容纳更多的内容。

总的来说，我们已经证明Premiere Pro预设可以满足预期目的。当使用为设备或光盘设计的预设时，要避免调整设置，因为硬件播放器具有很严格的媒体要求，所以看似细微的更改可能会使文件无法播放。

大多数Premiere Pro预设是很保守的，采用默认设置能够提供很好的结果，因此，自行修改参数可能不会提升最终的质量。

18.5.2 配置导出

要从 Premiere Pro 导出配置到 Adobe Media Encoder 中，将需要对导出进行排队。第一步是使用导出设置对话框对将要导出的文件做出选择。

1. 继续处理 Review Copy 序列。在项目面板中将其选中，或者在时间轴面板中将其打开，而且时间轴面板是活动面板。

2. 选择文件 > 导出 > 媒体选项，或按 Ctrl + M（Windows）或 Command + M（macOS）快捷键。

最好按照从上到下的顺序处理导出设置对话框，首先选择格式和预设，然后选择输出，最后决定是否要导出音频、视频或同时导出两者。

3. 从格式菜单中选择 H.264。在将文件上传到在线视频网站时，通常选择该格式。

4. 在预设菜单中选择 Vimeo 720p HD。

这些设置将匹配序列的帧大小和帧速率。编解码器和数据速率与 Vimeo 站点的要求相匹配。

5. 单击输出名称（蓝色文本），并将文件重新命名为 Review Copy 03.mp4。将它保存到与上一个练习相同的位置。

6. 检查摘要信息文本，查看配置（见图 18.11）。

图18.11

下面简要介绍摘要选项卡中显示的各个选项卡。

- 效果：在输出媒体时，用户可以添加许多有用的效果和叠加（下一小节将讲解这些选项）。

- 视频：该选项卡用于调整帧大小、帧速率、场序和配置文件。它们的默认值是基于所选择的预设。

- 音频：该选项卡允许调整音频的比特率，某些格式还允许调整编解码器。它们的默认值是基于所选择的预设。

- 多路调制器：这些控件允许你确定编码方法是否针对具体设备的兼容性进行了优化。它还可以控制音频是与视频合并，还是作为单独的文件交付。

- 字幕：如果序列有字幕，可以指定是忽略它们，还是烧录（永久添加到视觉效果中）到输出文件。

- 发布：该选项卡允许针对要交付的文件输入多个社交媒体服务的细节。本课后面将详细介绍。

> **Pr** 注意：取决于用户选择的格式，导出设置对话框中显示的设置会发生变化。大多数重要的选项包含在视频和音频选项卡中。

导出效果

用户可以使用选项对输出文件应用多种效果，添加信息叠加，并进行自动调整。

下面是每个选项的简单概述。

- Lumetri 外观 /LUT：从一系列或内置的 Lumetri 外观中选择，或者浏览自定义的外观，可以对输出文件的外观快速应用一个细微的调整。

- SDR 遵从：如果序列是一个高动态范围，可以生成一个标准动态范围（Standard Dynamic Range，SDR）版本的序列。

- 图像叠加：添加一个图形，比如公司 logo 或网络"窃听器"（bug），并将它放到屏幕上。图形将集成到图像中。

- 名称叠加：为图像添加一个文本叠加。在使用一个简单的水印来保护内容，或者作为标记不同版本的方式时，该选项特别有用。

- 时间码叠加：为完成的视频文件显示时间码，使得观众无须使用专门的编辑软件，就能轻松注意到用作评论用途的参考时间。

- 时间调谐器：在 −10% ~ +10% 的范围内指定了一个新的持续时间或播放速率，这是通过对较低活动的时间（此时没有配乐）应用细微的调整来实现的。结果会因为处理的媒体而有所不同，因此需要测试不同的速率来比较最终的结果。音乐配乐可能会对结果形成干扰。

- 视频限幅器：尽管它通常用于使序列中的视频具有合适的级别，但是也可以在这里应用它。

- 响度正常化：使用响度范围对输出文件中的音频电平进行正常化处理。与视频色阶一样，它可以使序列具有合适的响度，但是因为在导出期间，响度级别将受到限制，从而提供了一种额外的安全性。

18.5.3 使用源和输出面板

移动到导出设置对话框的左侧，将发现源范围菜单。

从该菜单可以导出整个序列，或导出使用入点和出点标记设置的序列范围，或导出使用工作区栏设置的范围（时间轴面板中的一个额外选项被替换为使用入点和出点标记），或导出一个使用小三角形手柄和导航条直接在菜单上选择的自定义区域。默认情况下，在导出文件时，如果入点和出点标记已经存在于序列或剪辑上，则会使用入点和出点标记。

导出设置对话框的左上角是输出和源面板。输出面板显示要被编码的视频的一个预览。在输出面板上查看视频是很有用的，可以发现错误，比如不想要的宽屏，或者一些视频格式中使用的形状不规则的像素导致的失真。

源面板可以访问基本的裁剪控件。在源面板上做出更改后，需要查看输出面板，它将显示最终的结果。

18.5.4 对导出进行排队

在准备好创建媒体文件时，需要考虑下面几个选项（见图 18.12）。这些选项可以在导出设置对话框的右下角找到。

- **使用最高渲染质量**：当从较大的图像尺寸缩放为较小的图像尺寸时，要考虑启用该设置。该选项需要的 RAM 较多，会显著延缓输出。通常不使用该选项，除非是在工作时没有 GPU 加速，或者是缩小图像，

图18.12

同时希望具有最高质量的输出时。

- **使用预览**：在渲染效果时，将生成预览文件，而且预览文件看起来像是最初的素材整合了效果。如果启用了该选项，预览文件将用作新导出的源文件，可以节省再次渲染效果所花费的大量时间。取决于序列预览文件的格式，最终结果的质量可能较差（请见第 2 课）。

- **导入到项目中**：该选项将新创建的媒体文件自动导入到当前的项目中。

- **设置开始时间码**：该选项可以指定一个新文件的开始时间码。如果在广播环境中工作，其中交付要求会指定一个具体的开始时间码，此时该选项就相当有用了。

- **只渲染 alpha 通道**：一些后期制作工作流需要一个表示 alpha 通道（该通道定义了不透明度）的独立灰度文件。该选项可以生成这种文件。

- **时间插值**：如果导出的文件有不同于序列的帧速率，该选项可以指定帧速率更改的渲染方式。该选项与更改剪辑播放速率所应用的选项相同。

- **元数据**：单击该按钮将打开元数据导出面板，如图 18.13 所示。用户可以指定大量设置，包括有关版权、创作者和版权管理的信息。甚至可以嵌入有用的信息（比如标记、脚本和音频转录数据）来实现高级交付选项。在某些情况下，用户可能更倾向于将元数据导出选项设置为无，从而移除所有的元数据。

图18.13

- **队列**：单击队列按钮，将文件发送到 Adobe Media Encoder，该应用程序将自动打开，从而允许在导出文件的同时，可以继续在 Premiere Pro 中工作。

- **导出**：选择该选项将直接从导出设置对话框导出，而不是将文件发送到 Adobe Media Encoder 队列中。这是一种较简单的工作流，通常具有较快的导出速度，但是只有在导出结束之后，才能在 Premiere Pro 中进行编辑。

 注意：在视频选项卡上，还可以找到以最大深度渲染选项。如果工作时没有 GPU 加速，该选项使用更高的精度来生成颜色，从而改善输出的视觉质量。但是，该选项会增加渲染时间。

单击队列按钮将文件发送到 Adobe Media Encoder，后者将自动启动。

Media Encoder 不会自动开始编码。要开始编码，需要单击右上角的开始队列按钮（▶）。

18.5.5　Adobe Media Encoder 中的其他选项

使用 Adobe Media Encoder 有几个好处。尽管除了单击 Premiere Pro 中导出设置面板的导出按钮外，还需要一些额外的步骤，但这些选项值得你这么做（见图 18.14）。

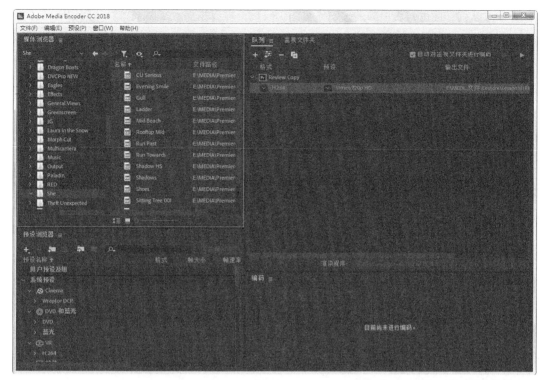

图18.14

> **Pr** 注意：Adobe Media Encoder 不一定必须在 Adobe Premiere Pro 中使用。可以单
> 独启动 Adobe Media Encoder，然后浏览 Premiere Pro 项目，选择要转码的素材。

下面是 Adobe Media Encoder 中的一些有用的功能。

- **添加用于编码的文件**：选择文件 > 添加源选项，可以将文件添加到 Adobe Media Encoder 中。甚至可以直接将 Windows Explorer（Windows）或 Finder（macOS）中的文件拖放到 Adobe Media Encoder 中。还可以使用媒体浏览器面板查找并选择素材，如同在 Premiere Pro 中那样。

- **直接导入 Premiere Pro 序列**：可以选择文件 > 添加 Premiere Pro 序列选项来选择一个 Premiere Pro 项目文件，并选择要编码的序列（无须启动 Premiere Pro）。

- **直接渲染 After Effects 合成图**：选择文件 > 添加 After Effects 合成选项，可以从 Adobe After Effects 导入并编码合成图，而无需打开 Adobe After Effects。

- **使用监视文件夹**：如果想要对一些编码任务进行自动化处理，则可以创建监视文件夹，方法是选择文件 > 添加监视文件夹选项，然后为该监视文件夹分配一个预设。该文件夹中的媒体文件将自动编码成预设中指定的格式。

- **修改队列**：使用列表顶部的按钮（见图 18.15），可以添加、复制或删除任何编码任务。
- **开始编码**：在媒体编码器首选项中，可以将队列设置为自动开始编码。也可以单击开始队列按钮（▶），启动编码。队列中的文件将逐个进行编码。在开始编码后，也可以在队列中添加文件。甚至可以在编码进行期间，直接从 Premiere Pro 中将文件添加到队列中。
- **修改设置**：当编码任务载入到队列中后，修改设置就很简单了。单击项目中的格式或预设选项，将出现导出设置对话框（见图 18.16）。

图18.15   图18.16

编码结束之后，可以退出媒体编码器。

18.6　上传到社交媒体

返回 Premiere Pro，确保时间轴面板为活动状态，然后选择文件 > 导出 > 媒体命令，打开导出对话框。

选择发布设置，如图 18.17 所示。

图18.17

在编码结束之后，发布设置允许用户将导出的视频上传到 Creative Cloud Files 文件夹、Adobe Behance、Fancebok、FTP 服务器（FTP 是将文件传输到远程文件服务器的标准方式）、Twitter、Vimeo 和 YouTube 上。

社交媒体平台成为越来越重要的媒体分发渠道，Adobe 也在开发新的技术和工作流，使得用户更容易地分享创意作品，并使受众的参与度最大化。

18.7　与其他编辑应用程序交换

在视频的后期制作中，合作往往是必不可少的。Premiere Pro 可以读取、写入与市场上许多高级编辑和色彩分级工具相兼容的项目文件。因此，即使你与你的合作者使用的是不同的编辑系统，也可以很容易地分享创意作品。

Premiere Pro 支持 EDLs、OMF、AAF 和 XML 的导入和导出。

如果我们与一位使用 Avid Media Composer 的编辑人员进行合作，可以使用 AAF 作为中介，交换剪辑信息、编辑的序列和有限数量的效果。

如果我们与一位使用 Apple Final Cut Pro 的编辑人员进行合作，可以采用相似的方式将 XML 作为中介。

用户可以很容易地从 Premiere Pro 中导出 AAF 或 XML 文件。只需选择想要导出的序列，然后选择文件 > 导出 >AAF 选项或者选择文件 > 导出 > Final Cut Pro XML 选项。

有关在应用程序之间共享创意工作的最佳做法，请参考在线帮助文件。

18.7.1　导出到 OMF

Open Media Framework（开放式媒体框架，OMF）已经成为在系统之间交换音频信息的一种标准方式（通常用于音频混合）。导出 OMF 文件时，典型的方法是使用内部的所有音频轨道创建一个单独的文件。当一个兼容的应用程序打开 OMF 文件时，它将显示所有轨道。

下面是创建 OMF 文件的步骤。

1. 选择一个序列，选择文件 > 导出 >OMF 命令，出现如图 18.18 所示的对话框。

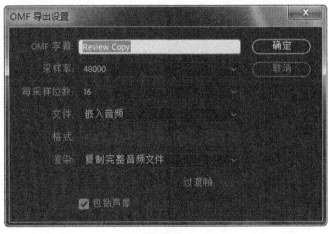

图18.18

2. 在 OMF 导出设置对话框中，在 OMF 字幕字段中为文件输入一个名称。

3. 确认采样率和每采样位数的设置与素材匹配；48000 Hz 和 16 位是最常见的设置。

4. 从文件菜单中选择其中一个选项。

- **嵌入音频**：该选项导出一个包含项目元数据和所选序列的所有音频的 OMF 文件。

- **分离音频**：该选项将单独的单声道音频文件导出到 omfiMediaFiles 文件夹。

5. 如果正在使用分离音频选项，请在 AIFF 和广播波格式之间选择。这两种格式的质量都非常高，但是要检查需要进行交换的系统。AIFF 文件的兼容性是最高的。

6. 使用渲染菜单，选择复制完整的音频文件或修剪音频文件，以缩小文件。在修改剪辑时，可以指定要添加的手柄（额外的帧），以提供更大的灵活性。

7. 单击确定按钮，生成 OMF 文件。

8. 选择目标位置并单击保存按钮。现在可以存放到自己的课程文件夹中。

> **Pr** | 注意：所有的 OMF 文件最大为 2GB——如果在处理一个很长的序列，可能需要将它分成两部分，然后分别导出。

使用编辑决策列表

编辑决策列表（Edit Decision List，EDL）是一个简单的文本文档，具有一系列对编辑任务进行自动化处理的指令。其指令的格式遵循标准，从而使得许多不同的系统都可以读取EDL。

尽管请求EDL的事情很少见，但是可以将序列导出为最常使用的格式 CMX3600。

要创建一个CMX3600 EDL，在项目面板中选择一个序列，或者在时间轴面板中打开一个序列，然后选择文件 > 导出 > EDL命令。

EDL的需求通常非常具体，所以在创建EDL之前要了解EDL规范。幸好，EDL文件通常都非常小，因此如果不确定应该选择什么设置，可以创建多个版本，然后查看哪个最好。

18.8 最后的练习

祝贺你！你已经学习了使用Premiere Pro导入媒体、组织项目、创建序列、添加 / 修改 / 移除效果、混合音频、处理图形和标题，以及输出作品等相关的许多知识。

本书至此已经学习完毕，但是你可能想要进行一些练习。为了使练习简便，用于少量作品的媒体文件已经被合并到一个单独的项目文件中，以便读者探索已经学习到的技术。

这些媒体文件只能用于个人练习，不允许以任何形式进行分发，包括 YouTube 以及其他在线平台，因此不要上传使用了这些媒体文件的任何剪辑或最终结果。它们不能用于进行公开分享，只能用于私人练习。

Lessons 文件夹中的 Final Practice.prproj 项目文件包含了用于少量作品的原始剪辑（见图 18.19）。

图18.19

- 360 Media：360° 视频电影的一个简短的介绍片段。使用该媒体可以体验 360° 视频播放控件。

- Andrea Sweeney NYC：这是一个简短的公路电影纪录片。使用画外音作为指导，在单个时间轴上练习合并 4K 和 HD 素材。如果选择使用 HD 序列设置，可以尝试在 4K 素材内进行平移和扫描。

- Bike Race Multi-Camera：这是一个简单的多机位素材。供用户体验在多机位项目中进行实时编辑。

- Boston Snow：以 3 种分辨率对波士顿公园的剪辑进行混合。使用缩放到帧大小、设置为帧大小和关键帧控件来缩放该媒体。尝试使用变形稳定器效果锁定其中一个高分辨率的剪辑，然后放大该剪辑，创建从一侧到另一侧的平移。

- City Views：一系列有关天空和陆地的镜头。使用该媒体来体验图像稳定、色彩调整和视觉效果。

- Desert：使用不同的颜色来尝试色彩校正工具，并将素材与音频整合起来，创建蒙太奇。

- Jolie's Garden：以 96 帧每秒拍摄，其播放速率设置为 24 帧每秒，拍摄的是有关媒体社交活动的场景，使用该媒体体验 Lumetri 颜色面板外观和速率更改效果。

- Laura in the Snow：这是一个规范的商业拍摄，其拍摄速率为 96 帧每秒，播放速率为 24 帧每秒。使用该素材来练习色彩校正和分级调整。体验缓降动作，并对视频和应用的效果进行蒙版处理。

- Music：使用这些音乐剪辑练习创建音频混合，并为音乐添加视觉效果。

- Music Video Multi-Camera：一个音乐视频媒体。使用该素材练习多机位编辑技巧。

- She：一系列风格化的慢动作剪辑，用于体验速度的更改和视觉效果。

- Theft Unexpected：这是由 Maxim Jago 导演和编辑的一个获奖短片。使用该素材体验修剪技巧，并练习调整简单对话中的时序（timing）。

18.9　复习题

1. 如果想创建一个独立的文件，而且该文件与序列预览设置中的原始质量非常匹配，那么导出数字视频的一种简单方法是什么？

2. Adobe Media Encoder 提供了哪些用于互联网的导出选项？

3. 导出到大多数移动设备时应使用哪种编码格式？

4. 在处理一个 Premiere Pro 新项目前，必须等待 Adobe Media Encoder 完成其队列的处理吗？

18.10　复习题答案

1. 使用导出对话框中的匹配序列设置选项。

2. 这因平台而异，但是 Windows 和 macOS 都包含 H.264 和 QuickTime。

3. 导出到大多数移动设备时所采用的编码格式是 H.264。

4. 不需要。Adobe Media Encoder 是一个独立的应用程序。用户可以在它处理渲染队列期间处理其他应用程序，甚至开始一个 Premiere Pro 新项目。